電気電子工学シリーズ 17

［編集］岡田龍雄　都甲 潔　二宮 保　宮尾正信

ベクトル解析とフーリエ解析

杙川一弘
金谷晴一［著］

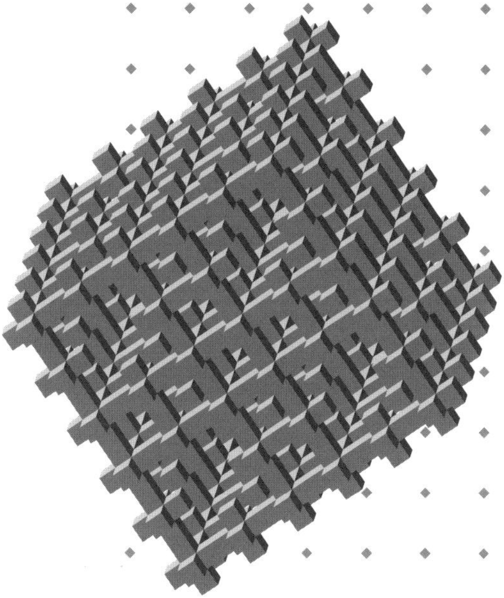

朝倉書店

執筆者

柁川一弘　九州大学大学院システム情報科学研究院・准教授
金谷晴一　九州大学大学院システム情報科学研究院・准教授

まえがき

著者が所属する九州大学工学部電気情報工学科では，平成 6 年の教養部廃止に伴う履修科目の見直しで新設した低年次専攻教育科目の一環として，学部 1 年生を対象として前期に「電気情報数学」を開講している．この電気情報数学では，電気工学の基礎数学科目であるベクトル解析およびフーリエ解析を理解することを目的としており，その教科書として本書を執筆した．ベクトル解析は，電磁気学を学ぶうえで必須となる数学的記述体系であり，通常は人間の目で直接見ることのできない電磁場を頭の中でイメージ可能にする強力な道具である．また，フーリエ解析は，回路理論における交流電圧や交流電流をフェーザ表示により簡潔に記述し，任意の周期的信号を各周波数成分の重ね合わせとして取り扱う際の数学的基盤を与える．

このように，ベクトル解析とフーリエ解析は，電気工学を専攻するうえで必須の電磁気学や回路理論を効果的に理解するために不可欠な数学的技巧であるが，大学学部の初学年で習得するには，敷居が高いようである．そこで，特に平成 18 年度以降に大学へ入学する学生が対象となる，いわゆる「ゆとり教育」を受けた世代の勉学者も内容を理解しやすいように，数学的基礎概念から丁寧に説明することを心がけた．特に，微積分や級数論などの基礎数学は通常大学入学後に学ぶため，ベクトル解析やフーリエ解析を取り扱ううえで必要となる内容を，各章の最初で説明している．つまり，高校までに学習する数学的知識をもつ者であれば誰でも，ベクトル解析とフーリエ解析の基礎を本書のみで独学できるように工夫した．

上記のように，本書はベクトル解析とフーリエ解析の基礎を一冊の本にまとめたものであるが，両者の内容にはベクトルまたは関数の直交性を除いて，あまり共通点がない．そこで，前半の第 1 章から第 4 章のベクトル解析を著者の 1 人である柁川が，後半の第 5 章から第 7 章のフーリエ解析をもう 1 人の金谷が担当した．まず，これまでの講義実績をもとに，それぞれが担当箇所を執筆し，編集者と出版社も含めた数回の意見交換を経て，全体構成を見直した．また，柁川が最終的に全体を精読することにより，一冊の本として文調を整えた．このような配慮から，読者は同一の文体やペースに従って，最初から最後まで学習を進めることができると信じている．

以下に，各章の記述内容を概説するとともに，週1回2時間の講義を12週間程度で履修する場合を想定して，学習すべき内容の配分例を示す．

まず，第1章では，ベクトル解析の基礎について記述する．本章の内容は，その全体の習得が次章以降を理解するうえで不可欠だが，特にベクトルの内積と外積の演算方法だけでなく，それらのイメージを頭の中に描けることが重要である．時間配分例として，1回程度が望ましい．

次に，第2章では，ベクトルの微分演算について説明する．ベクトル場を視覚的に表現する力線の概念を学んだ後，微分演算子ナブラを用いたスカラー場の勾配やベクトル場の発散・回転をたがいに混同せずに理解する必要がある．最後に記載しているポテンシャルの概念については，余裕があれば学習してほしい．2回程度が望ましい．

第3章では，ベクトルの積分演算を学習する．スカラー場やベクトル場の線積分・面積分および体積分の演算方法を習得した後に，本章で最も重要であるガウスの定理とストークスの定理について，その物理的イメージと意味を十分理解してほしい．後半のポテンシャルに対するポアソン方程式の解については，興味のある人への話題提供にとどめる．4回程度が望ましい．

第4章では，座標変換について簡単に説明する．前章までは主に，デカルト座標系に基づいてベクトル解析の内容を記述しているが，場の対称性から別の座標系を用いた方が便利なことが多い．本章では特に，一般的によく使用される円柱座標と球座標について，場の微積分に関する演算方法の概要を把握してほしい．1回程度が望ましい．

続く第5章では，周期関数のフーリエ級数について述べる．三角関数の直交性を利用して，フーリエ級数とフーリエ係数の一般表式を導出する．また，フーリエ級数の収束性の議論を通じて，どのような場合に関数の復元が実現できるかを理解する．2回程度が望ましい．

第6章では，前章で説明したフーリエ級数が，複素数の性質を利用することにより非常に簡単な表現になることを学ぶ．まず，オイラーの公式を理解した後に，この複素フーリエ級数の一般表式を導く．1回程度が望ましい．

第7章では，フーリエ変換について説明する．前章で学習した複素フーリエ級数の周期を無限大の極限に拡張することで，非周期関数に対するフーリエ変換と逆変換の一般表式を求める．その際に，級数和が積分に移行することを理解する．また，関数の収束性についても簡単に述べる．1回程度が望ましい．

最後に，本書を執筆する機会を与えてくださった，本電気電子工学シリーズの編集者である九州大学大学院電子デバイス工学部門の都甲 潔教授と宮尾正信教授，および同電気電子システム工学部門の二宮 保教授と岡田龍雄教授に感謝申し上げます．また，不慣れな著者らを懇切丁寧に指導してくださった，朝倉書店編集部の方々に謝意を表します．

2007年10月

柁川一弘
金谷晴一

目　　次

1. ベクトル解析の基礎

電気工学では，さまざまな電磁気に関する現象を工学的に応用するため，それを体系的に取りまとめた電磁気学の内容を理解する必要がある．この電磁気学を含む物理学では，われわれが生活する実空間を対象とするため，空間内の位置を指定するのと類似して，3 つの成分をもつベクトルを用いてさまざまな現象を数学的に記述する．このベクトル量は一般に，大きさと向きをあわせもつ．一方，大きさだけを有して向きをもたないスカラー量も，物理学では使用される．本章では，物理学が対象とするさまざまな現象の記述に不可欠な，スカラーとベクトルの数学的表現方法の基本的な事項について学ぶ．本章の内容は，後に学ぶスカラー場とベクトル場の微分（第 2 章）と積分（第 3 章）を理解する際の基礎となるため，自在に取り扱えるよう十分に習熟する必要がある．

1.1 ベクトルの性質

力学（mechanics）や**流体力学**（fluid dynamics），**電磁気学**（electromagnetism）に代表される**物理学**（physics）では主に，**物理量**（physical quantity）を**スカラー**（scalar）または**ベクトル**（vector）を用いて表現し，諸々の現象を記述する．スカラーは「大きさ」のみで表せる量であり，数直線上の 1 点で表示できる（図 1.1 参照）．スカラーは一般に，普通の斜体文字（a, b, c, T など）を用いて数学的に表現する．一方，ベクトルは**大きさ**（magnitude）と**向き**（direction）の両方をもつ量であり，矢印を用いて幾何学的に図示する（図 1.2 参照）．矢印の矢筈（やはず）を始点，矢尻（やじり）を終点といい，矢印の長

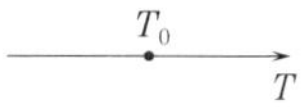

図 1.1 スカラーの表示

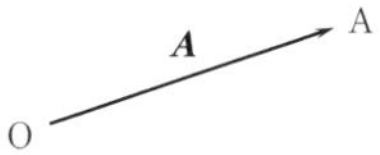

図 1.2 ベクトルの表示

さがベクトルの大きさを表す．ベクトルの数学的表現方法として一般に，太文字（$\boldsymbol{A}, \boldsymbol{B}, \boldsymbol{C}, \boldsymbol{r}$ など）や矢印付き文字（$\vec{A}, \vec{B}, \vec{C}, \vec{r}$ など）が使われるが，本書では主に前者を使用する．また，図 1.2 に示すように，矢印の始点および終点をそれぞれ O, A で表すとき，説明のしやすさからベクトルを $\overrightarrow{\mathrm{OA}}$ と表現する場合もある．これ以外に物理学では，**テンソル**（tensor）という量も一般に使用されるが，本書の対象外とする．

以下に，ベクトルの基本的性質を述べる．

ベクトル $\boldsymbol{A}$ の大きさを，$|\boldsymbol{A}|$ と表す．$|\boldsymbol{A}|$ は非負の実数である．$|\boldsymbol{A}|$ をベクトル $\boldsymbol{A}$ の**絶対値**（absolute value）あるいは**長さ**（length）ともいう．

大きさ 1 のベクトルを，**単位ベクトル**（unit vector）という．つまり，単位ベクトル $\boldsymbol{e}$ は，$|\boldsymbol{e}|=1$ である．

始点と終点が一致するベクトルを，**零ベクトル**（zero vector）という．零ベクトルは一般に $\boldsymbol{0}$ のように太字で表され，その大きさは 0 である（$|\boldsymbol{0}|=0$）．零ベクトルに限り，向きを定義できない．

ベクトル $\boldsymbol{A}=\overrightarrow{\mathrm{OA}}$ を平行移動して始点 O と終点 A がそれぞれ点 O′, A′ に一致するとき，$\overrightarrow{\mathrm{OA}}$ と $\overrightarrow{\mathrm{O'A'}}$ をたがいに同一のベクトル $\boldsymbol{A}$ とみなす（図 1.3 参照）．

始点 O が一致する 2 つのベクトル $\boldsymbol{A}=\overrightarrow{\mathrm{OA}}, \boldsymbol{B}=\overrightarrow{\mathrm{OB}}$ がつくる平行四辺形 OACB の対角 $\overrightarrow{\mathrm{OC}}$ を両者の和 $\boldsymbol{A}+\boldsymbol{B}$ という（図 1.4 参照）．ベクトル $\boldsymbol{B}$ を平行移動してベクトル $\boldsymbol{A}$ の終点に始点を一致させると，両者の和 $\boldsymbol{A}+\boldsymbol{B}$ はベクトル $\boldsymbol{A}$ の始点からベクトル $\boldsymbol{B}$ の終点に向かう矢印で表される．その逆も成り立つので，次のような**交換法則**（commutative law）が成り立つ．

$$\boldsymbol{A}+\boldsymbol{B}=\boldsymbol{B}+\boldsymbol{A}$$

次のように，ベクトル $\boldsymbol{A}$ に零ベクトルを加えても，全く変化しない．

$$\boldsymbol{A}+\boldsymbol{0}=\boldsymbol{0}+\boldsymbol{A}=\boldsymbol{A}$$

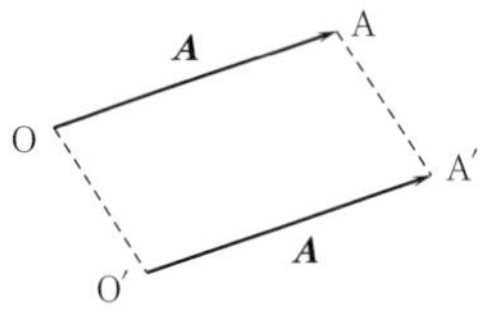

図 1.3　ベクトルの同等性

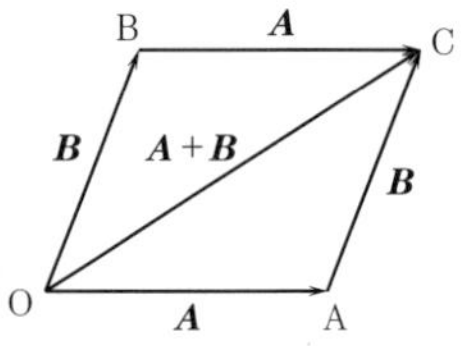

図 1.4　2 つのベクトルの和

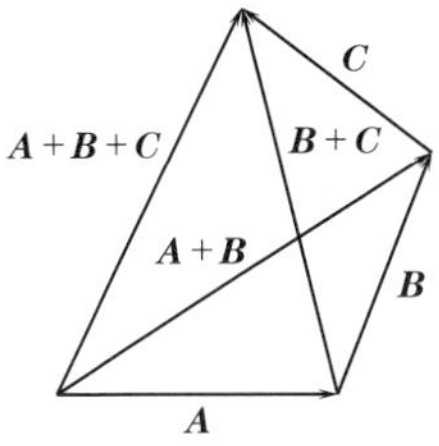

図 1.5 3つのベクトルの和

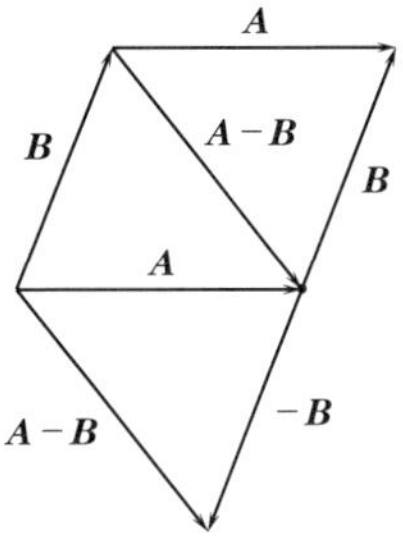

図 1.6 ベクトルの差

また，3つのベクトル $\boldsymbol{A}, \boldsymbol{B}, \boldsymbol{C}$ の和に関して，次のような**結合法則**（associative law）も成り立つ（図1.5参照）.

$$\boldsymbol{A}+(\boldsymbol{B}+\boldsymbol{C})=(\boldsymbol{A}+\boldsymbol{B})+\boldsymbol{C}$$

したがって，3つのベクトル和を $\boldsymbol{A}+\boldsymbol{B}+\boldsymbol{C}$ のように簡単に表現できる.

ベクトル $\boldsymbol{B}$ に対して，大きさが等しく反対向きのベクトルを $-\boldsymbol{B}$ と定義する．つまり，ベクトル $\boldsymbol{B}$ の始点と終点をたがいに入れ換えたものが，ベクトル $-\boldsymbol{B}$ であるとも解釈できる．このとき，2つのベクトル $\boldsymbol{A}, \boldsymbol{B}$ の差 $\boldsymbol{A}-\boldsymbol{B}$ は，

$$\boldsymbol{A}-\boldsymbol{B}=\boldsymbol{A}+(-\boldsymbol{B})$$

と変形できるので，$\boldsymbol{A}$ と $-\boldsymbol{B}$ の和で与えられる（図1.6参照）．したがって，始点が一致する2つのベクトル $\boldsymbol{A}, \boldsymbol{B}$ に対して，両者の差 $\boldsymbol{A}-\boldsymbol{B}$ は，$\boldsymbol{B}$ の終点を始点とし，$\boldsymbol{A}$ の終点を終点とするベクトルとなる．次のように，同一ベクトルの差は零ベクトルとなる.

$$\boldsymbol{B}-\boldsymbol{B}=\boldsymbol{B}+(-\boldsymbol{B})=\boldsymbol{0}$$

スカラー c とベクトル $\boldsymbol{A}$ に対して，$\boldsymbol{A}$ を c 倍したベクトル $c\boldsymbol{A}$ を次のように定義する.

（i） $c>0$ のとき，$c\boldsymbol{A}$ は $\boldsymbol{A}$ と同じ向きで，その大きさは $|\boldsymbol{A}|$ の c 倍である.

（ii） $c<0$ のとき，$c\boldsymbol{A}$ は $\boldsymbol{A}$ と反対向きで，その大きさは $|\boldsymbol{A}|$ の $|c|$ 倍である.

（iii） $c=0$ のとき，$c\boldsymbol{A}$ は零ベクトル $\boldsymbol{0}$ である.

このとき，スカラー a, b, c とベクトル $\boldsymbol{A}, \boldsymbol{B}$ に対して，次のような和に関する**分配法則**（distributive law）が成り立つ（図1.7,1.8参照）.

$$(a+b)\boldsymbol{A}=a\boldsymbol{A}+b\boldsymbol{A}$$

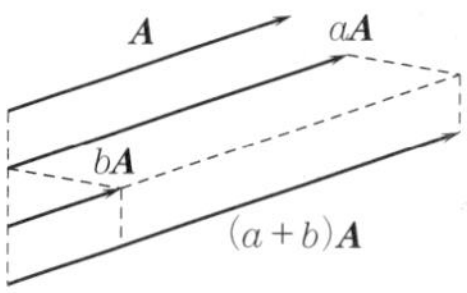

図 1.7　ベクトル和の分配法則 1

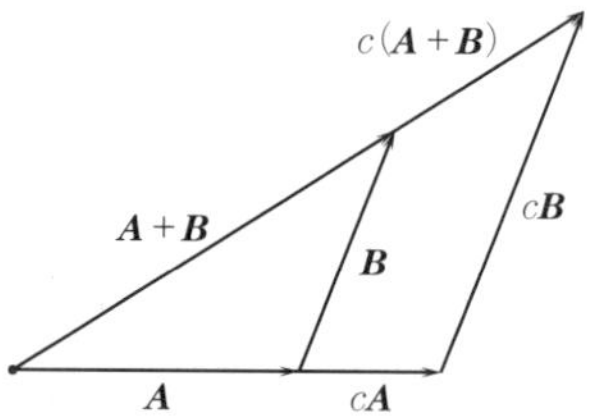

図 1.8　ベクトル和の分配法則 2

$$c(\boldsymbol{A}+\boldsymbol{B})=c\boldsymbol{A}+c\boldsymbol{B}$$

また，大きさが 0 でないベクトル $\boldsymbol{A}$ について，同一の向きをもつ単位ベクトル $\boldsymbol{e}$ は一般に，大きさ $|\boldsymbol{A}|$ の逆数を乗じることにより求められる．

$$\boldsymbol{e}=\frac{1}{|\boldsymbol{A}|}\boldsymbol{A}=\frac{\boldsymbol{A}}{|\boldsymbol{A}|}$$

1.2　ベクトルの成分表示

力学，流体力学および電磁気学などの物理学で使用されるベクトル量は一般に，**3 次元空間**（three-dimensional space）に対応して 3 つの**成分**（component）で表現される．また，**相対性理論**（theory of relativity）では，**時間**（time）と**空間**（space）をあわせた**時空**（spacetime）に対する物理現象の記述の必要性から，4 次元ベクトルが用いられる．この相対性理論は当初，**電磁場**（electromagnetic field）を記述する**マックスウェル方程式**（Maxwell's equations）に対する**慣性座標系**（inertial frame of reference）間の**共変性**（covariance）から導かれたため，電磁気学の一部も 4 次元ベクトルを用いて表現できる．本書は，4 次元ベクトルの取り扱いには触れず，3 次元のベクトル量に関する演算をまとめている．

ユークリッド空間（Euclidean space）内に，図 1.9 に示すようなデカルト座標系をとる．**デカルト座標**（Cartesian coordinates）では 3 つの座標軸である x, y, z 軸が原点 O でたがいに直交して（直角に交わって）いる．x, y, z 軸のそれぞれの正の向きに単位ベクトル $\boldsymbol{i}, \boldsymbol{j}, \boldsymbol{k}$ をとる．つまり，$|\boldsymbol{i}|=|\boldsymbol{j}|=|\boldsymbol{k}|=1$ である．図 1.9 に対して図 1.10 もデカルト座標系の一種である．図 1.9 では，x, y, z 軸の正の向きがそれぞれ右手の親指，人差し指，中指を広げた向きと一致するので，これを**右手系**（right-handed system）という．この場合，右ネジを x 軸から y 軸に回転したときに進む向きが z 軸の正の向きと一致する．一方，

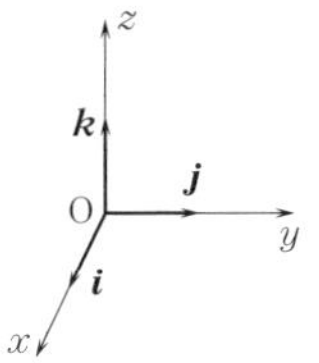

図 1.9　デカルト座標系（右手系）

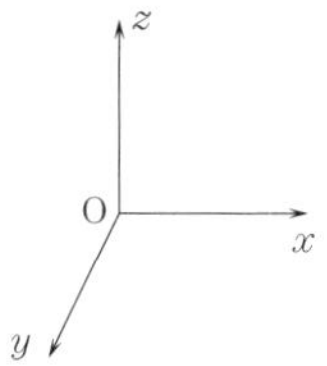

図 1.10　デカルト座標系（左手系）

図 1.10 に示す**左手系**（left-handed system）は，その逆である．本書では右手系を用いる．

空間内のベクトル $\boldsymbol{A}$ の始点を原点 O に移動した場合の終点を A とし，線分 OA を対角とする直方体の 3 つの辺 OX, OY, OZ がそれぞれ x, y, z 軸上にあるとすると，ベクトル $\overrightarrow{\mathrm{OX}}, \overrightarrow{\mathrm{OY}}, \overrightarrow{\mathrm{OZ}}$ は単位ベクトル $\boldsymbol{i}, \boldsymbol{j}, \boldsymbol{k}$ を用いて，それぞれ

$$\overrightarrow{\mathrm{OX}} = A_1\boldsymbol{i}, \quad \overrightarrow{\mathrm{OY}} = A_2\boldsymbol{j}, \quad \overrightarrow{\mathrm{OZ}} = A_3\boldsymbol{k}$$

と表せる（図 1.11 参照）．ベクトル $\boldsymbol{A}$ はこれら 3 つのベクトル和 $\overrightarrow{\mathrm{OX}} + \overrightarrow{\mathrm{OY}} + \overrightarrow{\mathrm{OZ}}$ で与えられるので，結局

$$\boldsymbol{A} = A_1\boldsymbol{i} + A_2\boldsymbol{j} + A_3\boldsymbol{k}$$

となる．A_1, A_2, A_3 をそれぞれベクトル $\boldsymbol{A}$ の x 成分，y 成分，z 成分という．単位ベクトル $\boldsymbol{i}, \boldsymbol{j}, \boldsymbol{k}$ は既知として明示せずに，次のように成分のみを表示する場合もある．

$$\boldsymbol{A} = (A_1, A_2, A_3)$$

この場合，単位ベクトル $\boldsymbol{i}, \boldsymbol{j}, \boldsymbol{k}$ 自身は，それぞれ次のようになる．

$$\boldsymbol{i} = (1, 0, 0), \quad \boldsymbol{j} = (0, 1, 0), \quad \boldsymbol{k} = (0, 0, 1)$$

このようなベクトル群を，**基本ベクトル**（fundamental vector）あるいは**基底**（basis）という．また，零ベクトルは次のように表される．

$$\boldsymbol{0} = (0, 0, 0)$$

ベクトル $\boldsymbol{A} = A_1\boldsymbol{i} + A_2\boldsymbol{j} + A_3\boldsymbol{k} = (A_1, A_2, A_3)$，$\boldsymbol{B} = B_1\boldsymbol{i} + B_2\boldsymbol{j} + B_3\boldsymbol{k} = (B_1, B_2, B_3)$ とスカラー a, b に対して，次が成り立つ．

$$|\boldsymbol{A}| = \sqrt{A_1^2 + A_2^2 + A_3^2}$$

$$a\boldsymbol{A} + b\boldsymbol{B} = (aA_1 + bB_1, aA_2 + bB_2, aA_3 + bB_3)$$

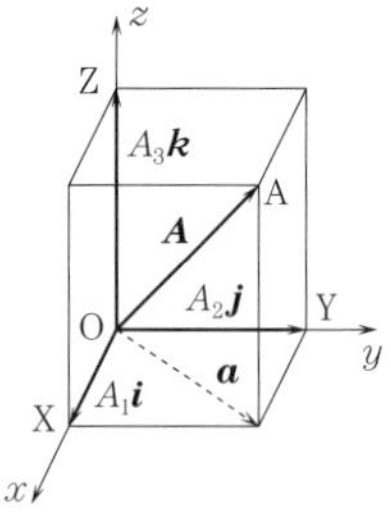

図 1.11　ベクトルの成分表示

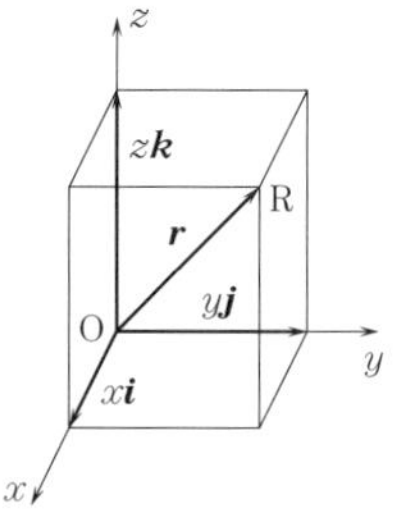

図 1.12　位置ベクトル

デカルト座標系における点 (x, y, z) の位置を定める特別なベクトルがある．これを**位置ベクトル**（position vector）といい，始点 O は原点，終点 R は位置 (x, y, z) である（図 1.12 参照）．位置ベクトル $\boldsymbol{r}$ は，次のように表される．

$$\boldsymbol{r} = (x, y, z) = x\boldsymbol{i} + y\boldsymbol{j} + z\boldsymbol{k}$$

【例題 1.1】　ベクトル $\boldsymbol{A} = A_1\boldsymbol{i} + A_2\boldsymbol{j} + A_3\boldsymbol{k}$ について，$|\boldsymbol{A}| = \sqrt{A_1^2 + A_2^2 + A_3^2}$ を示せ．

（解）　図 1.11 において，破線で表すベクトル $\boldsymbol{a}$ の長さ a は，ピタゴラスの定理より，$a = \sqrt{A_1^2 + A_2^2}$ となる．このベクトルがつくる辺と，点 A から xy 平面に下ろした垂線がつくる直角三角形に関して，再度ピタゴラスの定理を適用すると，ベクトル $\boldsymbol{A}$ の長さ $|\boldsymbol{A}|$ は，$|\boldsymbol{A}| = \sqrt{a^2 + A_3^2} = \sqrt{A_1^2 + A_2^2 + A_3^2}$ となる．

1.3　ベクトルの内積

2 つのベクトル $\boldsymbol{A}, \boldsymbol{B}$ のなす角を θ（$0 \leq \theta \leq \pi$）とするとき，次のスカラー量をベクトル $\boldsymbol{A}, \boldsymbol{B}$ の**内積**（inner product），**スカラー積**（scalar product）あるいは**ドット積**（dot product）という（図 1.13 参照）．

$$\boldsymbol{A} \cdot \boldsymbol{B} = |\boldsymbol{A}||\boldsymbol{B}| \cos\theta$$

ベクトル $\boldsymbol{A}, \boldsymbol{B}, \boldsymbol{C}$ とスカラー c に対して，内積は次のような特徴をもつ．

(1)　$\boldsymbol{A} \cdot \boldsymbol{B} = \boldsymbol{B} \cdot \boldsymbol{A}$　　（交換法則）

(2)　$\boldsymbol{A} \cdot (\boldsymbol{B} + \boldsymbol{C}) = \boldsymbol{A} \cdot \boldsymbol{B} + \boldsymbol{A} \cdot \boldsymbol{C}$　　（分配法則）

(3)　$\boldsymbol{A} \cdot (c\boldsymbol{B}) = (c\boldsymbol{A}) \cdot \boldsymbol{B} = c(\boldsymbol{A} \cdot \boldsymbol{B})$　　（結合法則）

(4)　$|\boldsymbol{A}| = \sqrt{\boldsymbol{A} \cdot \boldsymbol{A}}$

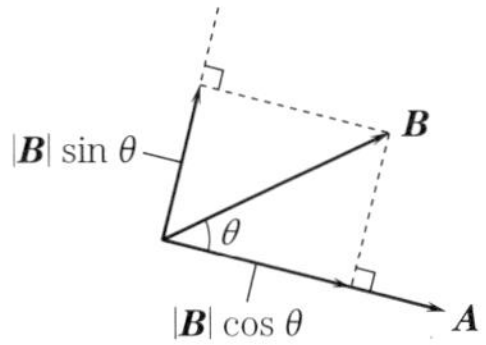

図 1.13　2 つのベクトルの内積

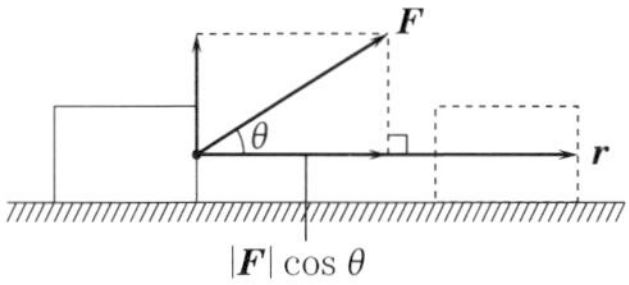

図 1.14　内積のイメージ

(5)　$|\boldsymbol{A}\cdot\boldsymbol{B}|\leq|\boldsymbol{A}||\boldsymbol{B}|$

定義から，次のような基本ベクトル $\boldsymbol{i},\boldsymbol{j},\boldsymbol{k}$ 間の内積の関係式が容易に導かれる．

$$\begin{cases}\boldsymbol{i}\cdot\boldsymbol{i}=\boldsymbol{j}\cdot\boldsymbol{j}=\boldsymbol{k}\cdot\boldsymbol{k}=1\\ \boldsymbol{i}\cdot\boldsymbol{j}=\boldsymbol{j}\cdot\boldsymbol{k}=\boldsymbol{k}\cdot\boldsymbol{i}=0\end{cases}$$

したがって，2 つのベクトル $\boldsymbol{A},\boldsymbol{B}$ を $\boldsymbol{A}=A_1\boldsymbol{i}+A_2\boldsymbol{j}+A_3\boldsymbol{k}$，$\boldsymbol{B}=B_1\boldsymbol{i}+B_2\boldsymbol{j}+B_3\boldsymbol{k}$ のように成分表示すると，両者の内積は次のようになる．

$$\begin{aligned}\boldsymbol{A}\cdot\boldsymbol{B}&=(A_1\boldsymbol{i}+A_2\boldsymbol{j}+A_3\boldsymbol{k})\cdot(B_1\boldsymbol{i}+B_2\boldsymbol{j}+B_3\boldsymbol{k})\\&=A_1B_1\boldsymbol{i}\cdot\boldsymbol{i}+A_1B_2\boldsymbol{i}\cdot\boldsymbol{j}+A_1B_3\boldsymbol{i}\cdot\boldsymbol{k}+A_2B_1\boldsymbol{j}\cdot\boldsymbol{i}+A_2B_2\boldsymbol{j}\cdot\boldsymbol{j}+A_2B_3\boldsymbol{j}\cdot\boldsymbol{k}\\&\quad+A_3B_1\boldsymbol{k}\cdot\boldsymbol{i}+A_3B_2\boldsymbol{k}\cdot\boldsymbol{j}+A_3B_3\boldsymbol{k}\cdot\boldsymbol{k}\\&=A_1B_1+A_2B_2+A_3B_3\end{aligned}$$

$$\therefore\ \boldsymbol{A}\cdot\boldsymbol{B}=A_1B_1+A_2B_2+A_3B_3$$

$\boldsymbol{A}\neq\boldsymbol{0},\boldsymbol{B}\neq\boldsymbol{0}$ の場合に $\boldsymbol{A}\cdot\boldsymbol{B}=0$ なら，2 つのベクトル $\boldsymbol{A},\boldsymbol{B}$ は直交しているという．つまり，$|\boldsymbol{A}|\neq0,|\boldsymbol{B}|\neq0$ なので，内積の定義より $\cos\theta=0$ となり，両者のなす角 θ（$0\leq\theta\leq\pi$）は，$\theta=\pi/2$ となる．

ベクトル $\boldsymbol{A}$ に対して角度 θ（$0\leq\theta\leq\pi$）をもつ単位ベクトル $\boldsymbol{e}$ を内積すると，$\boldsymbol{A}\cdot\boldsymbol{e}=\boldsymbol{e}\cdot\boldsymbol{A}=|\boldsymbol{A}|\cos\theta$ となり，$\boldsymbol{e}$ 方向の $\boldsymbol{A}$ の成分を求めることができる．

図 1.14 に示すように，平らな床の上に置かれた物体に外力を加えて，水平方向に動かす場合を考えてみよう．力は向きと大きさをもつため，ベクトル $\boldsymbol{F}$ で表せる．一方，向きも含めた移動距離も同様にベクトル $\boldsymbol{r}$ で表現できる．$\boldsymbol{F}$ と $\boldsymbol{r}$ が同じ向きの場合，すべての力 $\boldsymbol{F}$ が物体を動かすために有効に使われると考えることができる．一方，$\boldsymbol{F}$ と $\boldsymbol{r}$ が直交する場合，力 $\boldsymbol{F}$ により物体を $\boldsymbol{r}$ の方向に動かすことは無理である．$\boldsymbol{F}$ と $\boldsymbol{r}$ が角度 θ をもつ一般的な場合，力 $\boldsymbol{F}$ のうち物体を $\boldsymbol{r}$ の方向に動かすために有効に使われる成分は $|\boldsymbol{F}|\cos\theta$ と思われる．こ

の力の有効成分と移動距離の大きさ $|\boldsymbol{r}|$ の積を物理学では仕事といい，$W=|\boldsymbol{F}||\boldsymbol{r}|\cos\theta=\boldsymbol{F}\cdot\boldsymbol{r}$ と表現する．このように内積は，2つのベクトル間の相互作用の大きさを表すスカラー量である．

【例題 1.2】 2つのベクトル $\boldsymbol{A},\boldsymbol{B}$ の内積について，$\boldsymbol{A}\cdot\boldsymbol{B}=\boldsymbol{B}\cdot\boldsymbol{A}$ を示せ．

（解） $\boldsymbol{A}=(A_1,A_2,A_3)$，$\boldsymbol{B}=(B_1,B_2,B_3)$ とする．

$$\therefore\ \boldsymbol{A}\cdot\boldsymbol{B}=A_1B_1+A_2B_2+A_3B_3=B_1A_1+B_2A_2+B_3A_3=\boldsymbol{B}\cdot\boldsymbol{A}$$

1.4 ベクトルの外積

2つのベクトル $\boldsymbol{A},\boldsymbol{B}$ のなす角を θ $(0\leq\theta\leq\pi)$ とするとき，次の条件を満たすベクトル $\boldsymbol{C}$ をベクトル $\boldsymbol{A},\boldsymbol{B}$ の**外積**（outer product），**ベクトル積**（vector product）あるいは**クロス積**（cross product）といい，$\boldsymbol{C}=\boldsymbol{A}\times\boldsymbol{B}$ と表す（図1.15参照）．

（i） ベクトル $\boldsymbol{C}$ の大きさ $|\boldsymbol{C}|$ は，ベクトル $\boldsymbol{A},\boldsymbol{B}$ を2辺とする平行四辺形の面積 S に等しい．つまり，$|\boldsymbol{C}|(=S)=|\boldsymbol{A}||\boldsymbol{B}|\sin\theta$ である．

（ii） ベクトル $\boldsymbol{C}$ の向きは，ベクトル $\boldsymbol{A},\boldsymbol{B}$ のつくる平面に垂直で，$\boldsymbol{A},\boldsymbol{B},\boldsymbol{C}$ が右手系を構成するようにとる．つまり，右ネジを $\boldsymbol{A}$ から $\boldsymbol{B}$ に回転したときに進む向きが $\boldsymbol{C}$ の向きと一致する．

ベクトル $\boldsymbol{A},\boldsymbol{B},\boldsymbol{C}$ とスカラー c に対して，外積は次のような特徴をもつ．

(1) $\boldsymbol{A}\times\boldsymbol{B}=-\boldsymbol{B}\times\boldsymbol{A}$ （交換法則は成り立たない！）

(2) $\boldsymbol{A}\times(\boldsymbol{B}+\boldsymbol{C})=\boldsymbol{A}\times\boldsymbol{B}+\boldsymbol{A}\times\boldsymbol{C}$ （分配法則）

(3) $\boldsymbol{A}\times(c\boldsymbol{B})=(c\boldsymbol{A})\times\boldsymbol{B}=c(\boldsymbol{A}\times\boldsymbol{B})$ （結合法則）

(4) $\boldsymbol{A}\times\boldsymbol{A}=\boldsymbol{0}$

(5) $|\boldsymbol{A}\times\boldsymbol{B}|\leq|\boldsymbol{A}||\boldsymbol{B}|$

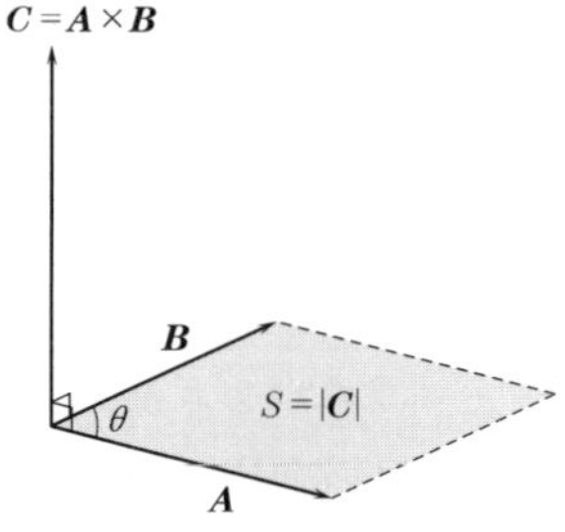

図 1.15 2つのベクトルの外積

定義から，次のような基本ベクトル $\boldsymbol{i}, \boldsymbol{j}, \boldsymbol{k}$ 間の外積の関係式が容易に導かれる．

$$\begin{cases} \boldsymbol{i}\times\boldsymbol{i}=\boldsymbol{j}\times\boldsymbol{j}=\boldsymbol{k}\times\boldsymbol{k}=\boldsymbol{0} \\ \boldsymbol{i}\times\boldsymbol{j}=\boldsymbol{k}\ \ (=-\boldsymbol{j}\times\boldsymbol{i}) \\ \boldsymbol{j}\times\boldsymbol{k}=\boldsymbol{i}\ \ (=-\boldsymbol{k}\times\boldsymbol{j}) \\ \boldsymbol{k}\times\boldsymbol{i}=\boldsymbol{j}\ \ (=-\boldsymbol{i}\times\boldsymbol{k}) \end{cases}$$

したがって，2つのベクトル $\boldsymbol{A}, \boldsymbol{B}$ を $\boldsymbol{A}=A_1\boldsymbol{i}+A_2\boldsymbol{j}+A_3\boldsymbol{k}$，$\boldsymbol{B}=B_1\boldsymbol{i}+B_2\boldsymbol{j}+B_3\boldsymbol{k}$ のように成分表示すると，両者の外積は次のようになる．

$$\begin{aligned} \boldsymbol{A}\times\boldsymbol{B} &= (A_1\boldsymbol{i}+A_2\boldsymbol{j}+A_3\boldsymbol{k})\times(B_1\boldsymbol{i}+B_2\boldsymbol{j}+B_3\boldsymbol{k}) \\ &= A_1B_1\boldsymbol{i}\times\boldsymbol{i}+A_1B_2\boldsymbol{i}\times\boldsymbol{j}+A_1B_3\boldsymbol{i}\times\boldsymbol{k}+A_2B_1\boldsymbol{j}\times\boldsymbol{i}+A_2B_2\boldsymbol{j}\times\boldsymbol{j}+A_2B_3\boldsymbol{j}\times\boldsymbol{k} \\ &\quad +A_3B_1\boldsymbol{k}\times\boldsymbol{i}+A_3B_2\boldsymbol{k}\times\boldsymbol{j}+A_3B_3\boldsymbol{k}\times\boldsymbol{k} \\ &= (A_2B_3-A_3B_2)\boldsymbol{i}+(A_3B_1-A_1B_3)\boldsymbol{j}+(A_1B_2-A_2B_1)\boldsymbol{k} \end{aligned}$$

$$\begin{aligned} \therefore\ \boldsymbol{A}\times\boldsymbol{B} &= (A_2B_3-A_3B_2)\boldsymbol{i}+(A_3B_1-A_1B_3)\boldsymbol{j}+(A_1B_2-A_2B_1)\boldsymbol{k} \\ &= (A_2B_3-A_3B_2, A_3B_1-A_1B_3, A_1B_2-A_2B_1) \end{aligned}$$

この外積の覚え方として，成分を 1231231…または $xyzxyzx$…のように循環的に考えると便利である．x(1) 成分に注目すると，ベクトル $\boldsymbol{A}, \boldsymbol{B}$ に対して符号が正の要素は循環的に yz(23)，負の要素はその逆の zy(32) なので，$A_2B_3-A_3B_2$ と記述できる．y(2) 成分についても同様に，正の zx(31) と負の xz(13) より $A_3B_1-A_1B_3$ となり，z(3) 成分では正の xy(12) と負の yx(21) より $A_1B_2-A_2B_1$ となる．この方法を一度覚えれば，各成分を比較的容易に書き下せるため，次の行列式表示より有用である．

2つのベクトル $\boldsymbol{A}, \boldsymbol{B}$ の外積は，**線形代数**（linear algebra）の**行列式**（determinant）を用いて，次のようにも表現できる．

$$\boldsymbol{A}\times\boldsymbol{B}=\begin{vmatrix} \boldsymbol{i} & \boldsymbol{j} & \boldsymbol{k} \\ A_1 & A_2 & A_3 \\ B_1 & B_2 & B_3 \end{vmatrix}$$

3×3 までの正方行列の行列式には以下に示す方法が使えるため覚えやすいが，毎回行列式を書き下す必要があるため，意外と不便である．次のように行列式の 1,2 列目を新しく 4,5 列目として仮想的に付け加え，その対角項の積（実線部）の符号を正，逆対角項の積（破線部）の符号を負として，すべて足し合わせるも

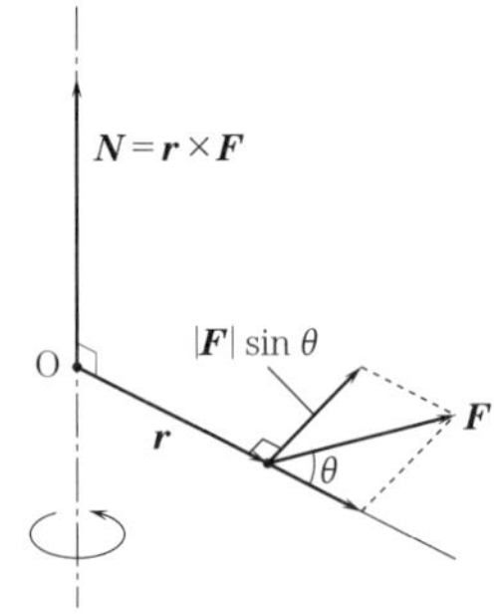

図 1.16　外積のイメージ

のである．

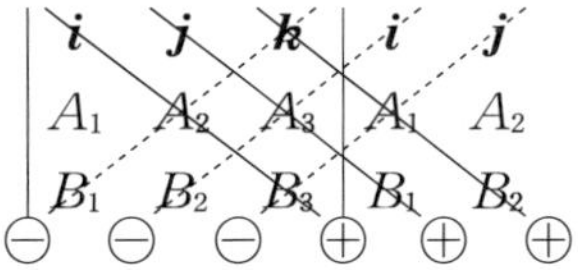

図 1.16 に示すように，回転軸に垂直に取り付けられた棒に対して水平方向に外力を加えて回す場合を考えてみよう．棒上のある点に加える力 $\boldsymbol{F}$ の場所を表すために位置ベクトル $\boldsymbol{r}$ を用い，原点 O は回転軸上の棒の付け根にあるとする．$\boldsymbol{r}$ と $\boldsymbol{F}$ が直交する場合，すべての力 $\boldsymbol{F}$ が棒を回すために有効に使われると考えることができる．一方，$\boldsymbol{r}$ と $\boldsymbol{F}$ が同じ向きの場合，力 $\boldsymbol{F}$ により棒を回すことは無理である．$\boldsymbol{r}$ と $\boldsymbol{F}$ が角度 θ をもつ一般的な場合，力 $\boldsymbol{F}$ のうち棒を回すために有効に使われる成分は $|\boldsymbol{F}|\sin\theta$ と思われる．てこの原理と同様に，同じ回転を得るために必要な力 $|\boldsymbol{F}|\sin\theta$ は回転中心からの距離 $|\boldsymbol{r}|$ に反比例するので，両者の積 $|\boldsymbol{r}||\boldsymbol{F}|\sin\theta$ は一定となる．物理学ではこれを力のモーメントあるいはトルクといい，$\boldsymbol{N}=\boldsymbol{r}\times\boldsymbol{F}$ で定義する．つまり，力のモーメント $\boldsymbol{N}$ の大きさは $|\boldsymbol{r}||\boldsymbol{F}|\sin\theta$ に等しく，その向きは $\boldsymbol{r}$ と $\boldsymbol{F}$ に垂直な回転軸の方向と一致する．このように外積は，あるベクトルに別のベクトルが作用して回転するときの大きさと，回転軸に平行な向きで表現されるベクトル量である．

【例題 1.3】　2 つのベクトル $\boldsymbol{A},\boldsymbol{B}$ の外積について，$\boldsymbol{A}\times\boldsymbol{B}=-\boldsymbol{B}\times\boldsymbol{A}$ を示せ．

（解）　$\boldsymbol{A}=(A_1, A_2, A_3)$，$\boldsymbol{B}=(B_1, B_2, B_3)$ とする．

$$\begin{aligned}\therefore\ \boldsymbol{A}\times\boldsymbol{B} &= (A_2B_3-A_3B_2)\,\boldsymbol{i}+(A_3B_1-A_1B_3)\,\boldsymbol{j}+(A_1B_2-A_2B_1)\,\boldsymbol{k}\\ &= -(B_2A_3-B_3A_2)\,\boldsymbol{i}-(B_3A_1-B_1A_3)\,\boldsymbol{j}-(B_1A_2-B_2A_1)\,\boldsymbol{k}\end{aligned}$$

$= -\boldsymbol{B}\times\boldsymbol{A}$

1.5　内積と外積の複合演算

3つのベクトル $\boldsymbol{A}=A_1\boldsymbol{i}+A_2\boldsymbol{j}+A_3\boldsymbol{k}$，$\boldsymbol{B}=B_1\boldsymbol{i}+B_2\boldsymbol{j}+B_3\boldsymbol{k}$，$\boldsymbol{C}=C_1\boldsymbol{i}+C_2\boldsymbol{j}+C_3\boldsymbol{k}$ に対して，$\boldsymbol{A}\cdot(\boldsymbol{B}\times\boldsymbol{C})$ を**スカラー三重積**（scalar triple product）という．各ベクトルの成分を用いて，スカラー三重積は次のように表現できる．

$$\boldsymbol{A}\cdot(\boldsymbol{B}\times\boldsymbol{C})=\begin{vmatrix} A_1 & A_2 & A_3 \\ B_1 & B_2 & B_3 \\ C_1 & C_2 & C_3 \end{vmatrix}$$

また，スカラー三重積には，次の性質がある．

$$\boldsymbol{A}\cdot(\boldsymbol{B}\times\boldsymbol{C})=\boldsymbol{B}\cdot(\boldsymbol{C}\times\boldsymbol{A})=\boldsymbol{C}\cdot(\boldsymbol{A}\times\boldsymbol{B})$$

スカラー三重積の絶対値 $|\boldsymbol{A}\cdot(\boldsymbol{B}\times\boldsymbol{C})|$ は，始点Oを共通とする3つのベクトル $\boldsymbol{A}=\overrightarrow{\mathrm{OA}}, \boldsymbol{B}=\overrightarrow{\mathrm{OB}}, \boldsymbol{C}=\overrightarrow{\mathrm{OC}}$ がつくる**平行六面体**（parallelepiped）の体積を与える（図1.17参照）．

3つのベクトル $\boldsymbol{A}, \boldsymbol{B}, \boldsymbol{C}$ に対して，$\boldsymbol{A}\times(\boldsymbol{B}\times\boldsymbol{C})$ を**ベクトル三重積**（vector triple product）という．ベクトル三重積は，次のように変形できる．

$$\boldsymbol{A}\times(\boldsymbol{B}\times\boldsymbol{C})=(\boldsymbol{A}\cdot\boldsymbol{C})\boldsymbol{B}-(\boldsymbol{A}\cdot\boldsymbol{B})\boldsymbol{C}$$

このベクトル三重積には，次の性質がある．

$$\boldsymbol{A}\times(\boldsymbol{B}\times\boldsymbol{C})+\boldsymbol{B}\times(\boldsymbol{C}\times\boldsymbol{A})+\boldsymbol{C}\times(\boldsymbol{A}\times\boldsymbol{B})=\boldsymbol{0}$$

【例題1.4】　図1.17において，3つのベクトル $\boldsymbol{A}, \boldsymbol{B}, \boldsymbol{C}$ がつくる平行六面体の体積が，スカラー三重積の絶対値 $|\boldsymbol{A}\cdot(\boldsymbol{B}\times\boldsymbol{C})|$ で与えられることを示せ．

（解）　2つのベクトル $\boldsymbol{B}, \boldsymbol{C}$ がつくる平行四辺形の面積 S は，両者の外積 $\boldsymbol{S}=\boldsymbol{B}\times\boldsymbol{C}$ の大きさ $S=|\boldsymbol{S}|=|\boldsymbol{B}\times\boldsymbol{C}|$ で与えられる．また，この平行四辺形を基準と

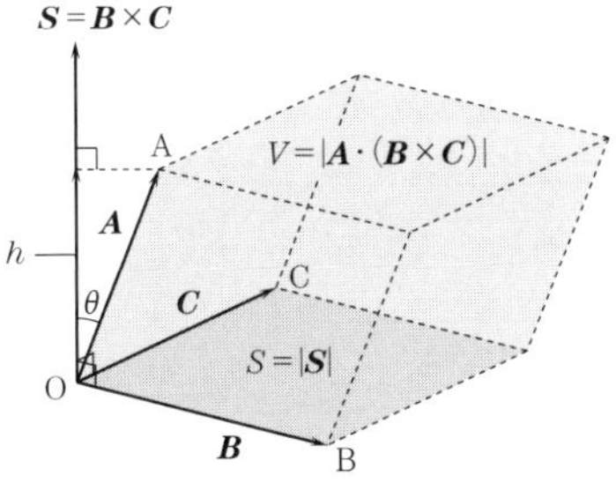

図1.17　スカラー三重積

した平行六面体の高さ h は，2 つのベクトル $\boldsymbol{A}, \boldsymbol{S}$ がなす角を θ とすると，$h=|\boldsymbol{A}||\cos\theta|$ である．したがって，平行六面体の体積 V は，次のようになる．

$$V=Sh=|\boldsymbol{A}||\boldsymbol{S}||\cos\theta|=|\boldsymbol{A}\cdot\boldsymbol{S}|=|\boldsymbol{A}\cdot(\boldsymbol{B}\times\boldsymbol{C})|$$

1.6　直線と平面の方程式

空間内の 2 点 A,B を通る**直線**（line）C 上の 1 点 R は，原点 O を基準とする位置ベクトル $\boldsymbol{a}=\overrightarrow{\mathrm{OA}}, \boldsymbol{b}=\overrightarrow{\mathrm{OB}}, \boldsymbol{r}=\overrightarrow{\mathrm{OR}}$ を用いて，次のように表せる（図 1.18 参照）．

$$\begin{aligned}\boldsymbol{r}&=\boldsymbol{a}+t(\boldsymbol{b}-\boldsymbol{a})\\&=(1-t)\boldsymbol{a}+t\boldsymbol{b}\qquad(-\infty<t<\infty)\end{aligned}$$

t を**パラメータ**（parameter）あるいは媒介変数という．このように空間内の直線を含む**曲線**（curve）は一般に，独立な 1 つのパラメータで規定できる．

同一直線上にない 3 点 A,B,C を通る**平面**（plane）S 上の 1 点 R は，原点 O を基準とする位置ベクトル $\boldsymbol{a}=\overrightarrow{\mathrm{OA}}, \boldsymbol{b}=\overrightarrow{\mathrm{OB}}, \boldsymbol{c}=\overrightarrow{\mathrm{OC}}, \boldsymbol{r}=\overrightarrow{\mathrm{OR}}$ を用いて，次のように表せる（図 1.19 参照）．

$$\begin{aligned}\boldsymbol{r}&=\boldsymbol{a}+u(\boldsymbol{b}-\boldsymbol{a})+v(\boldsymbol{c}-\boldsymbol{a})\\&=(1-u-v)\boldsymbol{a}+u\boldsymbol{b}+v\boldsymbol{c}\qquad(-\infty<u<\infty,-\infty<v<\infty)\end{aligned}$$

この場合，u, v がパラメータである．このように空間内の平面を含む**曲面**（surface）は一般に，たがいに独立な 2 つのパラメータで規定できる．

2 つのベクトル $\overrightarrow{\mathrm{AB}}=\boldsymbol{b}-\boldsymbol{a}, \overrightarrow{\mathrm{AC}}=\boldsymbol{c}-\boldsymbol{a}$ はともに平面 S 上にあるため，両者の外積 $\boldsymbol{N}=(\boldsymbol{b}-\boldsymbol{a})\times(\boldsymbol{c}-\boldsymbol{a})$ は S に垂直な**法線ベクトル**（normal vector）となる．したがって，平面 S に垂直な大きさ 1 の単位法線ベクトル $\boldsymbol{n}$ は，次のよ

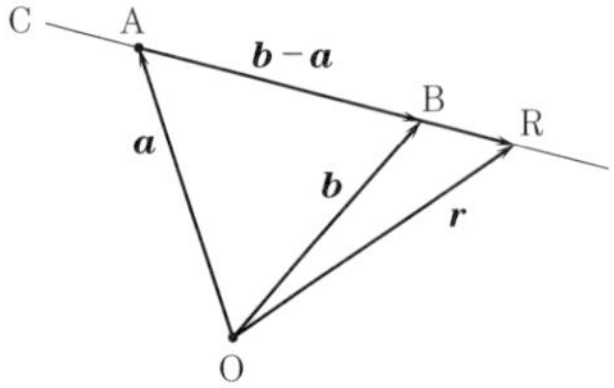

図 1.18　直線の方程式

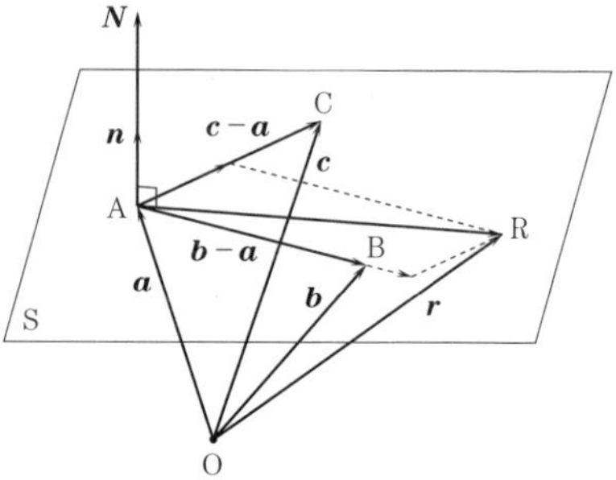

図 1.19　平面の方程式

うになる．

$$\boldsymbol{n}=\frac{\boldsymbol{N}}{|\boldsymbol{N}|}=\frac{(\boldsymbol{b}-\boldsymbol{a})\times(\boldsymbol{c}-\boldsymbol{a})}{|(\boldsymbol{b}-\boldsymbol{a})\times(\boldsymbol{c}-\boldsymbol{a})|}$$

平面には一般に裏表があるため，法線ベクトルを定義する際に平面の向きをどちらか一方に指定する必要がある．これは，上式で外積の順番をどちらにとるかに対応する．

【例題 1.5】　空間内の 2 点 $\mathrm{A}(a_1, a_2, a_3)$，$\mathrm{B}(b_1, b_2, b_3)$ を通る直線の方程式は，各成分を用いた場合に次で表せることを示せ．

$$\frac{x-a_1}{b_1-a_1}=\frac{y-a_2}{b_2-a_2}=\frac{z-a_3}{b_3-a_3}$$

（解）　2 つのベクトル $\boldsymbol{a}=a_1\boldsymbol{i}+a_2\boldsymbol{j}+a_3\boldsymbol{k}$，$\boldsymbol{b}=b_1\boldsymbol{i}+b_2\boldsymbol{j}+b_3\boldsymbol{k}$ を定めると，2 点 A, B を通る直線上の位置ベクトル $\boldsymbol{r}=x\boldsymbol{i}+y\boldsymbol{j}+z\boldsymbol{k}$ は，パラメータ $t(-\infty<t<\infty)$ を用いて次で表される．

$$\begin{aligned}\boldsymbol{r}&=\boldsymbol{a}+t(\boldsymbol{b}-\boldsymbol{a})\\&=\{a_1+(b_1-a_1)t\}\boldsymbol{i}+\{a_2+(b_2-a_2)t\}\boldsymbol{j}+\{a_3+(b_3-a_3)t\}\boldsymbol{k}\\&=x\boldsymbol{i}+y\boldsymbol{j}+z\boldsymbol{k}\end{aligned}$$

$$\therefore x=a_1+(b_1-a_1)t,\ y=a_2+(b_2-a_2)t,\ z=a_3+(b_3-a_3)t$$

$$\therefore\ t=\frac{x-a_1}{b_1-a_1}=\frac{y-a_2}{b_2-a_2}=\frac{z-a_3}{b_3-a_3}$$

演 習 問 題

1.1 ベクトル$\boldsymbol{A}=A_1\boldsymbol{i}+A_2\boldsymbol{j}+A_3\boldsymbol{k}$，$\boldsymbol{B}=B_1\boldsymbol{i}+B_2\boldsymbol{j}+B_3\boldsymbol{k}$ とスカラー a,b について，次を示せ．

$$a\boldsymbol{A}+b\boldsymbol{B}=(aA_1+bB_1,aA_2+bB_2,aA_3+bB_3)$$

1.2 ベクトル $\boldsymbol{A},\boldsymbol{B},\boldsymbol{C}$ を用いた内積について，次を示せ．

(1) $\boldsymbol{A}\cdot(\boldsymbol{B}+\boldsymbol{C})=\boldsymbol{A}\cdot\boldsymbol{B}+\boldsymbol{A}\cdot\boldsymbol{C}$

(2) $|\boldsymbol{A}|=\sqrt{\boldsymbol{A}\cdot\boldsymbol{A}}$

(3) $|\boldsymbol{A}\cdot\boldsymbol{B}|\leq|\boldsymbol{A}||\boldsymbol{B}|$

1.3 ベクトル $\boldsymbol{A},\boldsymbol{B},\boldsymbol{C}$ を用いた外積について，次を示せ．

(1) $\boldsymbol{A}\times(\boldsymbol{B}+\boldsymbol{C})=\boldsymbol{A}\times\boldsymbol{B}+\boldsymbol{A}\times\boldsymbol{C}$

(2) $\boldsymbol{A}\times\boldsymbol{A}=\boldsymbol{0}$

(3) $|\boldsymbol{A}\times\boldsymbol{B}|\leq|\boldsymbol{A}||\boldsymbol{B}|$

1.4 ベクトル $\boldsymbol{A}=A_1\boldsymbol{i}+A_2\boldsymbol{j}+A_3\boldsymbol{k}$，$\boldsymbol{B}=B_1\boldsymbol{i}+B_2\boldsymbol{j}+B_3\boldsymbol{k}$，$\boldsymbol{C}=C_1\boldsymbol{i}+C_2\boldsymbol{j}+C_3\boldsymbol{k}$ について，次を示せ．

(1) $\boldsymbol{A}\cdot(\boldsymbol{B}\times\boldsymbol{C})=\begin{vmatrix}A_1 & A_2 & A_3\\ B_1 & B_2 & B_3\\ C_1 & C_2 & C_3\end{vmatrix}$

(2) $\boldsymbol{A}\cdot(\boldsymbol{B}\times\boldsymbol{C})=\boldsymbol{B}\cdot(\boldsymbol{C}\times\boldsymbol{A})=\boldsymbol{C}\cdot(\boldsymbol{A}\times\boldsymbol{B})$

(3) $\boldsymbol{A}\times(\boldsymbol{B}\times\boldsymbol{C})=(\boldsymbol{A}\cdot\boldsymbol{C})\boldsymbol{B}-(\boldsymbol{A}\cdot\boldsymbol{B})\boldsymbol{C}$

(4) $\boldsymbol{A}\times(\boldsymbol{B}\times\boldsymbol{C})+\boldsymbol{B}\times(\boldsymbol{C}\times\boldsymbol{A})+\boldsymbol{C}\times(\boldsymbol{A}\times\boldsymbol{B})=\boldsymbol{0}$

1.5 空間内の 3 点 $\mathrm{A}(a_1,a_2,a_3)$，$\mathrm{B}(b_1,b_2,b_3)$，$\mathrm{C}(c_1,c_2,c_3)$ を通る平面 S について，次の問に答えよ．

(1) 平面 S の方程式は，次で与えられることを示せ．

$$\alpha(x-a_1)+\beta(y-a_2)+\gamma(z-a_3)=0$$

$$\begin{cases}\alpha=\dfrac{1}{b_1-a_1}\left(\dfrac{c_2-a_2}{b_2-a_2}-\dfrac{c_3-a_3}{b_3-a_3}\right)\\[2ex] \beta=\dfrac{1}{b_2-a_2}\left(\dfrac{c_3-a_3}{b_3-a_3}-\dfrac{c_1-a_1}{b_1-a_1}\right)\\[2ex] \gamma=\dfrac{1}{b_3-a_3}\left(\dfrac{c_1-a_1}{b_1-a_1}-\dfrac{c_2-a_2}{b_2-a_2}\right)\end{cases}$$

(2) 平面Sの方程式は，次でも与えられることを示せ．

$$\begin{vmatrix} x-a_1 & y-a_2 & z-a_3 \\ b_1-a_1 & b_2-a_2 & b_3-a_3 \\ c_1-a_1 & c_2-a_2 & c_3-a_3 \end{vmatrix}=0$$

(3) 平面Sの法線ベクトル $\boldsymbol{N}$ を，各成分を用いて表現せよ．

2. スカラー場とベクトル場の微分

電気工学で必須の電磁気学を含む物理学において一般に利用されている，スカラー場やベクトル場の微分演算について学ぶ．まず，なじみ深い1変数関数の微分について簡単に復習した後，その概念を多変数関数やベクトル関数の微分に拡張する．次に，スカラー場やベクトル場の性質を数学的に記述するのに不可欠な勾配や発散・回転に関して，微分演算子ナブラを用いた統一的な表現手法を説明する．また，複数のスカラー場やベクトル場・微分演算子ナブラを組み合わせた各種の微分公式も導出する．さらに，スカラーポテンシャルやベクトルポテンシャルを用いることにより，ベクトル場が別の形で記述できることを学ぶ．

2.1　1変数関数の微分

1変数関数 $y=f(x)$ について，点 $x=a$ における微分係数

$$f'(a)=\lim_{h\to 0}\frac{f(a+h)-f(a)}{h}$$

が存在するとき，関数 $y=f(x)$ は点 $x=a$ で微分可能であるという．また，この場合，関数 $y=f(x)$ は点 $x=a$ で連続である（図2.1参照）．微分可能の数学的に厳密な定義は巻末の参考図書に譲るとし，本書では値の変化が比較的緩やかな滑らかな関数について考えることにする．a のさまざまな値について微分係数が存在し，変数 x に対してその微分係数 $f'(x)$ を対応できるとき，それを関数 $y=f(x)$ の**導関数**（derivative）という．導関数は，次のようにさまざまな形で表される．

$$y',\quad f'(x),\quad \frac{\mathrm{d}y}{\mathrm{d}x},\quad \frac{\mathrm{d}f(x)}{\mathrm{d}x},\quad \frac{\mathrm{d}}{\mathrm{d}x}y,\quad \frac{\mathrm{d}}{\mathrm{d}x}f(x)$$

この導関数を求めることを，単に微分するという．上式の最後の2つの表現はともに，関数の前に記号 $\mathrm{d}/\mathrm{d}x$ が配置されている．このように，関数に作用して別

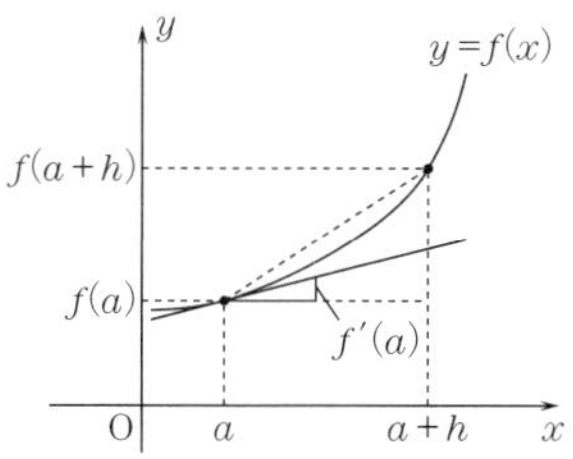

図 2.1　微分と接線

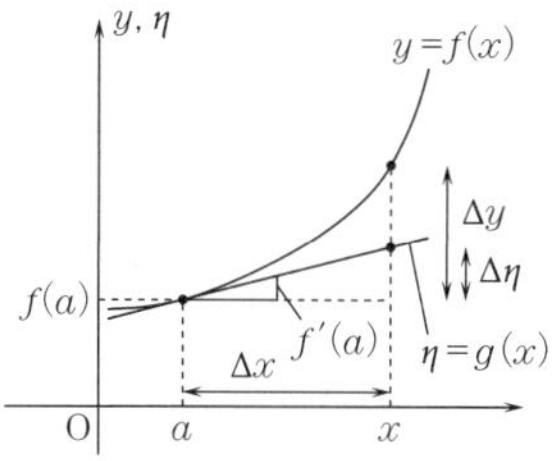

図 2.2　微分と増分

の関数を生成するものを一般に**演算子**（operator）といい，この場合は d/dx が 1 次の**微分演算子**（differential operator）である．演算子は単独では意味がなく，関数に作用した結果が意味をもつ．代表的な関数 $f(x)$ の微分 $f'(x)$ を，表 2.1 にまとめて示す．

関数 $y=f(x)$ の導関数 $y'=f'(x)$ をさらに x で微分すると，次のような 2 次の導関数が得られる．

$$y''=\frac{\mathrm{d}}{\mathrm{d}x}\left(\frac{\mathrm{d}y}{\mathrm{d}x}\right)=\frac{\mathrm{d}^2y}{\mathrm{d}x^2}=\frac{\mathrm{d}^2}{\mathrm{d}x^2}y, \qquad f''(x)=\frac{\mathrm{d}}{\mathrm{d}x}\left(\frac{\mathrm{d}f(x)}{\mathrm{d}x}\right)=\frac{\mathrm{d}^2f(x)}{\mathrm{d}x^2}=\frac{\mathrm{d}^2}{\mathrm{d}x^2}f(x)$$

一般に，n 次の導関数は次のように表される．

$$y^{(n)}=\frac{\mathrm{d}^ny}{\mathrm{d}x^n}=\frac{\mathrm{d}^n}{\mathrm{d}x^n}y, \qquad f^{(n)}(x)=\frac{\mathrm{d}^nf(x)}{\mathrm{d}x^n}=\frac{\mathrm{d}^n}{\mathrm{d}x^n}f(x)$$

図 2.1 に示すように，微分係数 $f'(a)$ は一般に曲線 $y=f(x)$ の点 $x=a$ における**接線**（tangent line）の**傾き**（slope）を与える．したがって，点 $x=a$ における接線の方程式 $\eta=g(x)$ は，次のようになる（図 2.2 参照）．

$$\eta-f(a)=f'(a)(x-a)=\left[\frac{\mathrm{d}y}{\mathrm{d}x}\right]_{x=a}(x-a)$$

曲線 $y=f(x)$ 上の点 x が a に近づくと，変数変化 $\Delta x=x-a$ に対する y と η の増分 $\Delta y=y-f(a)$，$\Delta\eta=\eta-f(a)$ はともに小さくなり，両者がほぼ等しいとみなせるため，

$$\Delta y\simeq\Delta\eta=\frac{\mathrm{d}y}{\mathrm{d}x}\Delta x$$

と表現できる．変数 x が a に漸近した極限では両者は完全に一致し，次のように表せる．

$$\mathrm{d}y=\lim_{\Delta x\to 0}\Delta y=\lim_{\Delta x\to 0}\Delta\eta=\frac{\mathrm{d}y}{\mathrm{d}x}\mathrm{d}x \qquad \left(\mathrm{d}x=\lim_{\Delta x\to 0}\Delta x\right)$$

表 2.1　代表的な関数の微分

$f(x)$	$f'(x)=\dfrac{\mathrm{d}f}{\mathrm{d}x}$
$f(x)g(x)$	$f'(x)g(x)+f(x)g'(x)$
$f(g(x))$	$\dfrac{\mathrm{d}f}{\mathrm{d}g}\dfrac{\mathrm{d}g}{\mathrm{d}x}$
x^a	ax^{a-1}
$a^x\,(a>0)$	$a^x \ln a$
e^x	e^x
$\ln x=\log_e x$	$\dfrac{1}{x}$
$\sin x=\dfrac{e^{ix}-e^{-ix}}{2i}$	$\cos x$
$\cos x=\dfrac{e^{ix}+e^{-ix}}{2}$	$-\sin x$
$\tan x=\dfrac{\sin x}{\cos x}$	$\dfrac{1}{\cos^2 x}$
$\arcsin x=\sin^{-1} x$	$\dfrac{1}{\sqrt{1-x^2}}$
$\arccos x=\cos^{-1} x$	$-\dfrac{1}{\sqrt{1-x^2}}$
$\arctan x=\tan^{-1} x$	$\dfrac{1}{1+x^2}$
$\sinh x=\dfrac{e^x-e^{-x}}{2}$	$\cosh x$
$\cosh x=\dfrac{e^x+e^{-x}}{2}$	$\sinh x$
$\tanh x=\dfrac{\sinh x}{\cosh x}$	$\dfrac{1}{\cosh^2 x}$
$\mathrm{arcsinh}\, x=\sinh^{-1} x=\ln(x+\sqrt{x^2+1})$	$\dfrac{1}{\sqrt{x^2+1}}$
$\mathrm{arccosh}\, x=\cosh^{-1} x=\ln(x+\sqrt{x^2-1})$	$\dfrac{1}{\sqrt{x^2-1}}$
$\mathrm{arctanh}\, x=\tanh^{-1} x=\dfrac{1}{2}\ln\left(\dfrac{1+x}{1-x}\right)\quad(\lvert x\rvert<1)$	$\dfrac{1}{1-x^2}$

a は定数，i は虚数単位とする．

$$\therefore\ \mathrm{d}y=\frac{\mathrm{d}y}{\mathrm{d}x}\mathrm{d}x$$

このように分数の微分記号 $\mathrm{d}y/\mathrm{d}x$ を用いると，あたかも分子 $\mathrm{d}y$ と分母 $\mathrm{d}x$ が独

立しているように取り扱うことができる．

変数 x がさらに別の変数 t の関数であり，$y(t)=f(x(t))$ と表される場合，その微分は次のようになる．

$$\frac{\mathrm{d}y}{\mathrm{d}t}=\frac{\mathrm{d}y}{\mathrm{d}x}\frac{\mathrm{d}x}{\mathrm{d}t}$$

2.2　2 変数関数の微分

2 変数関数 $z=f(x,y)$ の微分について考える．2 変数 x,y に対する関数の変化を考慮する必要があるためむずかしい印象を与えるが，まず偏導関数を定義し，その後に全微分の表式を導く．

2 変数関数 $z=f(x,y)$ の変数 x,y に対する**偏導関数**（partial derivative）はそれぞれ，次式で定義される．

$$\frac{\partial z}{\partial x}=\lim_{h\to 0}\frac{f(x+h,y)-f(x,y)}{h}$$

$$\frac{\partial z}{\partial y}=\lim_{h\to 0}\frac{f(x,y+h)-f(x,y)}{h}$$

この偏導関数を求めることを偏微分するという．偏導関数は，次のようにさまざまな形で表される．

$$z_x,\quad f_x(x,y),\quad \frac{\partial z}{\partial x},\quad \frac{\partial f(x,y)}{\partial x},\quad \frac{\partial}{\partial x}z,\quad \frac{\partial}{\partial x}f(x,y)$$

最後の 2 つは，1 次の**偏微分演算子**（partial differential operator）$\partial/\partial x$ による表現である．**偏微分**（partial differential）に対して，2.1 節で述べた 1 変数に対する微分を**常微分**（ordinary differential）という．関数 $z=f(x,y)$ の変数 x に対する偏微分 $z_x=\partial z/\partial x$ は，変数 y を定数とみなした場合の導関数であり，y 一定の曲線 z の傾きを与える（図 2.3 参照）．一方，偏微分 $z_y=\partial z/\partial y$ は，変数 x を定数とみなしたときの導関数であり，x 一定の曲線 z の傾きを与える．1 次の偏導関数 $z_x=\partial z/\partial x$，$z_y=\partial z/\partial y$ をさらに変数 x または y で偏微分すると，次のような 2 次の偏導関数が得られる．

$$\frac{\partial}{\partial x}\left(\frac{\partial z}{\partial x}\right)=\frac{\partial^2 z}{\partial x^2}=z_{xx},\qquad \frac{\partial}{\partial y}\left(\frac{\partial z}{\partial x}\right)=\frac{\partial^2 z}{\partial y\partial x}=z_{xy}$$

$$\frac{\partial}{\partial x}\left(\frac{\partial z}{\partial y}\right)=\frac{\partial^2 z}{\partial x\partial y}=z_{yx},\qquad \frac{\partial}{\partial y}\left(\frac{\partial z}{\partial y}\right)=\frac{\partial^2 z}{\partial y^2}=z_{yy}$$

2 次の偏導関数 z_{xy},z_{yx} は偏微分の順番が異なるが，偏導関数が連続な点では偏

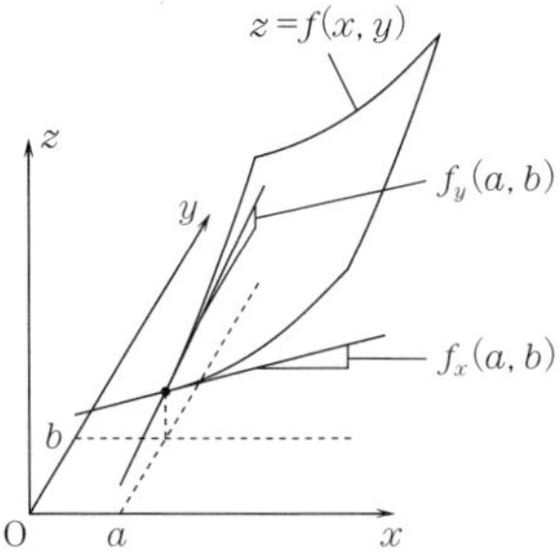

図 2.3　偏微分と接線

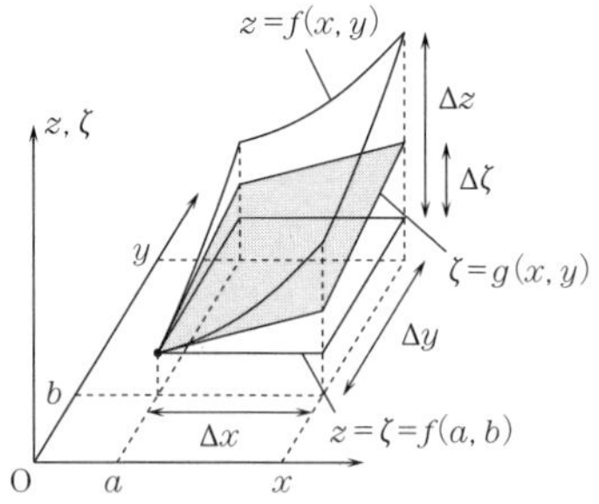

図 2.4　全微分と接平面

微分の順番に関係なく両者はたがいに等しい．つまり，

$$z_{xy}=\frac{\partial}{\partial y}\left(\frac{\partial z}{\partial x}\right)=\frac{\partial}{\partial x}\left(\frac{\partial z}{\partial y}\right)=z_{yx}$$

である．より高次の場合も同様である．

2 変数 x, y がともに変化する場合，曲面 $z=f(x,y)$ 上の点 (a,b) で接する平面（**接平面**，tangent plane）の方程式 $\zeta=g(x,y)$ は，次のように表せる（図 2.4 参照）．

$$\begin{aligned}\zeta-f(a,b)&=f_x(a,b)(x-a)+f_y(a,b)(y-b)\\&=\left[\frac{\partial z}{\partial x}\right]_{x=a,y=b}(x-a)+\left[\frac{\partial z}{\partial y}\right]_{x=a,y=b}(y-b)\end{aligned}$$

曲面 z 上の点 (x,y) が点 (a,b) に近づくと，変数変化 $\Delta x=x-a$，$\Delta y=y-b$ に対する z と ζ の増分 $\Delta z=z-f(a,b)$，$\Delta\zeta=\zeta-f(a,b)$ はともに小さくなり，両者がほぼ等しいとみなせるため，

$$\Delta z\simeq\Delta\zeta=\frac{\partial z}{\partial x}\Delta x+\frac{\partial z}{\partial y}\Delta y$$

と表現できる．点 (x,y) が点 (a,b) に漸近した極限では両者は完全に一致し，次のように表せる．

$$\mathrm{d}z=\lim_{\substack{\Delta x\to 0\\ \Delta y\to 0}}\Delta z=\lim_{\substack{\Delta x\to 0\\ \Delta y\to 0}}\Delta\zeta=\frac{\partial z}{\partial x}\mathrm{d}x+\frac{\partial z}{\partial y}\mathrm{d}y\qquad\left(\mathrm{d}x=\lim_{\Delta x\to 0}\Delta x,\quad \mathrm{d}y=\lim_{\Delta y\to 0}\Delta y\right)$$

$$\therefore\ \mathrm{d}z=\frac{\partial z}{\partial x}\mathrm{d}x+\frac{\partial z}{\partial y}\mathrm{d}y$$

この $\mathrm{d}z$ を**全微分**（total differential）といい，2 変数 x, y の微小変化 $\mathrm{d}x, \mathrm{d}y$ に対する関数 $z=f(x,y)$ の増分を表す．

全微分 $\mathrm{d}z = z_x\,\mathrm{d}x + z_y\,\mathrm{d}y$ は，次の 3 つの表現の簡略化とも解釈できる．z が 1 変数 t のみの関数 $z(t) = f(x(t), y(t))$ の場合，その微分は次のようになる．

$$\frac{\mathrm{d}z}{\mathrm{d}t} = \frac{\partial z}{\partial x}\frac{\mathrm{d}x}{\mathrm{d}t} + \frac{\partial z}{\partial y}\frac{\mathrm{d}y}{\mathrm{d}t}$$

また，z が 2 変数 u, v の関数 $z(u, v) = f(x(u, v), y(u, v))$ の場合，u, v に対する偏微分はそれぞれ次のようになる．

$$\frac{\partial z}{\partial u} = \frac{\partial z}{\partial x}\frac{\partial x}{\partial u} + \frac{\partial z}{\partial y}\frac{\partial y}{\partial u}$$

$$\frac{\partial z}{\partial v} = \frac{\partial z}{\partial x}\frac{\partial x}{\partial v} + \frac{\partial z}{\partial y}\frac{\partial y}{\partial v}$$

【例題 2.1】 2 変数関数 $z = x^3 + xy^2 - y^3$ の変数 x, y に対する偏微分と全微分を，それぞれ求めよ．

（解）　$z_x = \dfrac{\partial z}{\partial x} = 3x^2 + y^2, \quad z_y = \dfrac{\partial z}{\partial y} = 2xy - 3y^2$

$$\therefore\ \mathrm{d}z = \frac{\partial z}{\partial x}\mathrm{d}x + \frac{\partial z}{\partial y}\mathrm{d}y = z_x\,\mathrm{d}x + z_y\,\mathrm{d}y = (3x^2 + y^2)\,\mathrm{d}x + (2xy - 3y^2)\,\mathrm{d}y$$

2.3　ベクトル関数の微分

2.3.1　1 変数関数の微分

変数 t の値に対してベクトル $\boldsymbol{A}(t)$ が一意に決まるとき，$\boldsymbol{A}(t)$ を**ベクトル関数**（vector function）という．デカルト座標系では，ベクトル関数 $\boldsymbol{A}(t)$ を次のように成分表示できる．

$$\begin{aligned}\boldsymbol{A}(t) &= A_1(t)\,\boldsymbol{i} + A_2(t)\,\boldsymbol{j} + A_3(t)\,\boldsymbol{k}\\ &= (A_1(t), A_2(t), A_3(t))\end{aligned}$$

ベクトル関数に対して，2.1, 2.2 節で扱ったものを**スカラー関数**（scalar function）という．

ベクトル関数 $\boldsymbol{A}(t)$ と一定なベクトル $\boldsymbol{A}_0$ について，変数 t を一定値 t_0 に限りなく近づけたときに両者の差の絶対値 $|\boldsymbol{A}(t) - \boldsymbol{A}_0|$ が限りなく 0 に近づくならば，$\boldsymbol{A}(t)$ の極限は $\boldsymbol{A}_0$ であるといい，次のように表現する．

$$\lim_{t \to t_0} \boldsymbol{A}(t) = \boldsymbol{A}_0$$

これを用いて，ベクトル関数 $\boldsymbol{A}(t) = A_1(t)\,\boldsymbol{i} + A_2(t)\,\boldsymbol{j} + A_3(t)\,\boldsymbol{k}$ の導関数を次で定義する．

$$\frac{\mathrm{d}\boldsymbol{A}(t)}{\mathrm{d}t}=\lim_{h\to 0}\frac{\boldsymbol{A}(t+h)-\boldsymbol{A}(t)}{h}$$
$$=\lim_{h\to 0}\left\{\frac{A_1(t+h)-A_1(t)}{h}\boldsymbol{i}+\frac{A_2(t+h)-A_2(t)}{h}\boldsymbol{j}+\frac{A_3(t+h)-A_3(t)}{h}\boldsymbol{k}\right\}$$
$$=\frac{\mathrm{d}A_1(t)}{\mathrm{d}t}\boldsymbol{i}+\frac{\mathrm{d}A_2(t)}{\mathrm{d}t}\boldsymbol{j}+\frac{\mathrm{d}A_3(t)}{\mathrm{d}t}\boldsymbol{k}$$

より高次の導関数もスカラー関数の場合と同様に定義できる．

ベクトル関数 $\boldsymbol{A}(t), \boldsymbol{B}(t), \boldsymbol{C}(t)$ とスカラー関数 $\varphi(t)$，および定数 a, b に対して，次のような公式が成り立つ．

(1)　$\dfrac{\mathrm{d}}{\mathrm{d}t}(a\boldsymbol{A}+b\boldsymbol{B})=a\dfrac{\mathrm{d}\boldsymbol{A}}{\mathrm{d}t}+b\dfrac{\mathrm{d}\boldsymbol{B}}{\mathrm{d}t}$

(2)　$\dfrac{\mathrm{d}}{\mathrm{d}t}(\varphi\boldsymbol{A})=\dfrac{\mathrm{d}\varphi}{\mathrm{d}t}\boldsymbol{A}+\varphi\dfrac{\mathrm{d}\boldsymbol{A}}{\mathrm{d}t}$

(3)　$\dfrac{\mathrm{d}}{\mathrm{d}t}(\boldsymbol{A}\cdot\boldsymbol{B})=\dfrac{\mathrm{d}\boldsymbol{A}}{\mathrm{d}t}\cdot\boldsymbol{B}+\boldsymbol{A}\cdot\dfrac{\mathrm{d}\boldsymbol{B}}{\mathrm{d}t}$

(4)　$\dfrac{\mathrm{d}}{\mathrm{d}t}(\boldsymbol{A}\times\boldsymbol{B})=\dfrac{\mathrm{d}\boldsymbol{A}}{\mathrm{d}t}\times\boldsymbol{B}+\boldsymbol{A}\times\dfrac{\mathrm{d}\boldsymbol{B}}{\mathrm{d}t}$

(5)　$\dfrac{\mathrm{d}}{\mathrm{d}t}\{\boldsymbol{A}\cdot(\boldsymbol{B}\times\boldsymbol{C})\}=\dfrac{\mathrm{d}\boldsymbol{A}}{\mathrm{d}t}\cdot(\boldsymbol{B}\times\boldsymbol{C})+\boldsymbol{A}\cdot\left(\dfrac{\mathrm{d}\boldsymbol{B}}{\mathrm{d}t}\times\boldsymbol{C}\right)+\boldsymbol{A}\cdot\left(\boldsymbol{B}\times\dfrac{\mathrm{d}\boldsymbol{C}}{\mathrm{d}t}\right)$

(6)　$\dfrac{\mathrm{d}}{\mathrm{d}t}\{\boldsymbol{A}\times(\boldsymbol{B}\times\boldsymbol{C})\}=\dfrac{\mathrm{d}\boldsymbol{A}}{\mathrm{d}t}\times(\boldsymbol{B}\times\boldsymbol{C})+\boldsymbol{A}\times\left(\dfrac{\mathrm{d}\boldsymbol{B}}{\mathrm{d}t}\times\boldsymbol{C}\right)+\boldsymbol{A}\times\left(\boldsymbol{B}\times\dfrac{\mathrm{d}\boldsymbol{C}}{\mathrm{d}t}\right)$

【例題 2.2】　ベクトル関数 $\boldsymbol{A}(t), \boldsymbol{B}(t)$ と定数 a, b について，次を示せ．

$$\frac{\mathrm{d}}{\mathrm{d}t}(a\boldsymbol{A}+b\boldsymbol{B})=a\frac{\mathrm{d}\boldsymbol{A}}{\mathrm{d}t}+b\frac{\mathrm{d}\boldsymbol{B}}{\mathrm{d}t}$$

（解）　$\boldsymbol{A}(t)=A_1(t)\boldsymbol{i}+A_2(t)\boldsymbol{j}+A_3(t)\boldsymbol{k}$，$\boldsymbol{B}(t)=B_1(t)\boldsymbol{i}+B_2(t)\boldsymbol{j}+B_3(t)\boldsymbol{k}$ とする．

$$\therefore\ \frac{\mathrm{d}}{\mathrm{d}t}(a\boldsymbol{A}+b\boldsymbol{B})=\frac{\mathrm{d}}{\mathrm{d}t}\{a(A_1\boldsymbol{i}+A_2\boldsymbol{j}+A_3\boldsymbol{k})+b(B_1\boldsymbol{i}+B_2\boldsymbol{j}+B_3\boldsymbol{k})\}$$
$$=a\left(\frac{\mathrm{d}A_1}{\mathrm{d}t}\boldsymbol{i}+\frac{\mathrm{d}A_2}{\mathrm{d}t}\boldsymbol{j}+\frac{\mathrm{d}A_3}{\mathrm{d}t}\boldsymbol{k}\right)+b\left(\frac{\mathrm{d}B_1}{\mathrm{d}t}\boldsymbol{i}+\frac{\mathrm{d}B_2}{\mathrm{d}t}\boldsymbol{j}+\frac{\mathrm{d}B_3}{\mathrm{d}t}\boldsymbol{k}\right)$$
$$=a\frac{\mathrm{d}\boldsymbol{A}}{\mathrm{d}t}+b\frac{\mathrm{d}\boldsymbol{B}}{\mathrm{d}t}$$

2.3.2　多変数関数の微分

多変数のベクトル関数の微分について，2.2 節で述べたスカラー関数の場合から容易に拡張できるので，ここでは詳述を避けて3変数の場合の結果のみを示すことにする．

3変数 x, y, z のベクトル関数 $\boldsymbol{A}=A_1(x, y, z)\boldsymbol{i}+A_2(x, y, z)\boldsymbol{j}+A_3(x, y, z)\boldsymbol{k}$ について，それぞれの変数に対する偏微分は，次で与えられる．

$$\frac{\partial \boldsymbol{A}}{\partial x}=\frac{\partial A_1}{\partial x}\boldsymbol{i}+\frac{\partial A_2}{\partial x}\boldsymbol{j}+\frac{\partial A_3}{\partial x}\boldsymbol{k}=\left(\frac{\partial A_1}{\partial x}, \frac{\partial A_2}{\partial x}, \frac{\partial A_3}{\partial x}\right)$$

$$\frac{\partial \boldsymbol{A}}{\partial y}=\frac{\partial A_1}{\partial y}\boldsymbol{i}+\frac{\partial A_2}{\partial y}\boldsymbol{j}+\frac{\partial A_3}{\partial y}\boldsymbol{k}=\left(\frac{\partial A_1}{\partial y}, \frac{\partial A_2}{\partial y}, \frac{\partial A_3}{\partial y}\right)$$

$$\frac{\partial \boldsymbol{A}}{\partial z}=\frac{\partial A_1}{\partial z}\boldsymbol{i}+\frac{\partial A_2}{\partial z}\boldsymbol{j}+\frac{\partial A_3}{\partial z}\boldsymbol{k}=\left(\frac{\partial A_1}{\partial z}, \frac{\partial A_2}{\partial z}, \frac{\partial A_3}{\partial z}\right)$$

より高次の偏微分も同様に記述できる．また，ベクトル関数 $\boldsymbol{A}$ の全微分 $\mathrm{d}\boldsymbol{A}$ も，次で表される．

$$\begin{aligned}\mathrm{d}\boldsymbol{A}&=\frac{\partial \boldsymbol{A}}{\partial x}\mathrm{d}x+\frac{\partial \boldsymbol{A}}{\partial y}\mathrm{d}y+\frac{\partial \boldsymbol{A}}{\partial z}\mathrm{d}z\\&=\left(\frac{\partial A_1}{\partial x}\mathrm{d}x+\frac{\partial A_1}{\partial y}\mathrm{d}y+\frac{\partial A_1}{\partial z}\mathrm{d}z\right)\boldsymbol{i}+\left(\frac{\partial A_2}{\partial x}\mathrm{d}x+\frac{\partial A_2}{\partial y}\mathrm{d}y+\frac{\partial A_2}{\partial z}\mathrm{d}z\right)\boldsymbol{j}\\&\quad+\left(\frac{\partial A_3}{\partial x}\mathrm{d}x+\frac{\partial A_3}{\partial y}\mathrm{d}y+\frac{\partial A_3}{\partial z}\mathrm{d}z\right)\boldsymbol{k}\end{aligned}$$

$\boldsymbol{A}$ が1変数 t のみの関数 $\boldsymbol{A}(t)=A_1(x(t), y(t), z(t))\boldsymbol{i}+A_2(x(t), y(t), z(t))\boldsymbol{j}+A_3(x(t), y(t), z(t))\boldsymbol{k}$ の場合，その微分は次のようになる．

$$\frac{\mathrm{d}\boldsymbol{A}}{\mathrm{d}t}=\frac{\partial \boldsymbol{A}}{\partial x}\frac{\mathrm{d}x}{\mathrm{d}t}+\frac{\partial \boldsymbol{A}}{\partial y}\frac{\mathrm{d}y}{\mathrm{d}t}+\frac{\partial \boldsymbol{A}}{\partial z}\frac{\mathrm{d}z}{\mathrm{d}t}$$

また，$\boldsymbol{A}$ が2変数 u, v の関数 $\boldsymbol{A}(u, v)=A_1(x(u, v), y(u, v), z(u, v))\boldsymbol{i}+A_2(x(u, v), y(u, v), z(u, v))\boldsymbol{j}+A_3(x(u, v), y(u, v), z(u, v))\boldsymbol{k}$ の場合，u, v に対する偏微分はそれぞれ，次のようになる．

$$\frac{\partial \boldsymbol{A}}{\partial u}=\frac{\partial \boldsymbol{A}}{\partial x}\frac{\partial x}{\partial u}+\frac{\partial \boldsymbol{A}}{\partial y}\frac{\partial y}{\partial u}+\frac{\partial \boldsymbol{A}}{\partial z}\frac{\partial z}{\partial u}$$

$$\frac{\partial \boldsymbol{A}}{\partial v}=\frac{\partial \boldsymbol{A}}{\partial x}\frac{\partial x}{\partial v}+\frac{\partial \boldsymbol{A}}{\partial y}\frac{\partial y}{\partial v}+\frac{\partial \boldsymbol{A}}{\partial z}\frac{\partial z}{\partial v}$$

2.4　曲線のパラメータ表示

位置ベクトル $\boldsymbol{r}=x\boldsymbol{i}+y\boldsymbol{j}+z\boldsymbol{k}$ が変数 t の関数のとき，t の変化に対して $\boldsymbol{r}$ は空間内に1つの曲線Cを描く．次の表現を曲線Cの**パラメータ表示**（parameterization）という．

$$\boldsymbol{r}(t)=x(t)\,\boldsymbol{i}+y(t)\,\boldsymbol{j}+z(t)\,\boldsymbol{k}$$
$$=(x(t),y(t),z(t))$$

曲線C上の位置ベクトル $\boldsymbol{r}(t)$ に対して，変数 t が Δt だけ増加すると，両位置ベクトルの差 $\Delta\boldsymbol{r}$ は $\Delta\boldsymbol{r}=\boldsymbol{r}(t+\Delta t)-\boldsymbol{r}(t)$ で与えられる（図2.5参照）．ベクトル $\Delta\boldsymbol{r}$ を増分 Δt で割り，Δt が0の極限をとると，次のような位置 $\boldsymbol{r}$ で曲線Cに接するベクトル（**接線ベクトル**，tangent vector）が得られる．

$$\frac{\mathrm{d}\boldsymbol{r}}{\mathrm{d}t}=\lim_{\Delta t\to 0}\frac{\Delta\boldsymbol{r}}{\Delta t}=\lim_{\Delta t\to 0}\frac{\boldsymbol{r}(t+\Delta t)-\boldsymbol{r}(t)}{\Delta t}$$

接線ベクトル $\mathrm{d}\boldsymbol{r}/\mathrm{d}t$ をその大きさで割ると，次のような大きさ1の単位接線ベクトル $\boldsymbol{t}$ が求まる．

$$\boldsymbol{t}=\frac{\mathrm{d}\boldsymbol{r}/\mathrm{d}t}{|\mathrm{d}\boldsymbol{r}/\mathrm{d}t|}$$

位置ベクトル $\boldsymbol{r}=x\boldsymbol{i}+y\boldsymbol{j}+z\boldsymbol{k}$ の全微分 $\mathrm{d}\boldsymbol{r}$ は一般に，次のようになる．

$$\mathrm{d}\boldsymbol{r}=\frac{\partial\boldsymbol{r}}{\partial x}\mathrm{d}x+\frac{\partial\boldsymbol{r}}{\partial y}\mathrm{d}y+\frac{\partial\boldsymbol{r}}{\partial z}\mathrm{d}z=\boldsymbol{i}\,\mathrm{d}x+\boldsymbol{j}\,\mathrm{d}y+\boldsymbol{k}\,\mathrm{d}z$$

$$\therefore\ \mathrm{d}\boldsymbol{r}=\boldsymbol{i}\,\mathrm{d}x+\boldsymbol{j}\,\mathrm{d}y+\boldsymbol{k}\,\mathrm{d}z=(\mathrm{d}x,\mathrm{d}y,\mathrm{d}z)$$

ただし，

$$\frac{\partial\boldsymbol{r}}{\partial x}=\boldsymbol{i},\quad \frac{\partial\boldsymbol{r}}{\partial y}=\boldsymbol{j},\quad \frac{\partial\boldsymbol{r}}{\partial z}=\boldsymbol{k}$$

を用いた．したがって，位置ベクトル $\boldsymbol{r}$ がパラメータ t の関数の場合，$\mathrm{d}\boldsymbol{r}$ は次で与えられる．

$$\mathrm{d}\boldsymbol{r}=(\mathrm{d}x,\mathrm{d}y,\mathrm{d}z)=\left(\frac{\mathrm{d}x}{\mathrm{d}t}\mathrm{d}t,\frac{\mathrm{d}y}{\mathrm{d}t}\mathrm{d}t,\frac{\mathrm{d}z}{\mathrm{d}t}\mathrm{d}t\right)=\frac{\mathrm{d}\boldsymbol{r}}{\mathrm{d}t}\mathrm{d}t$$

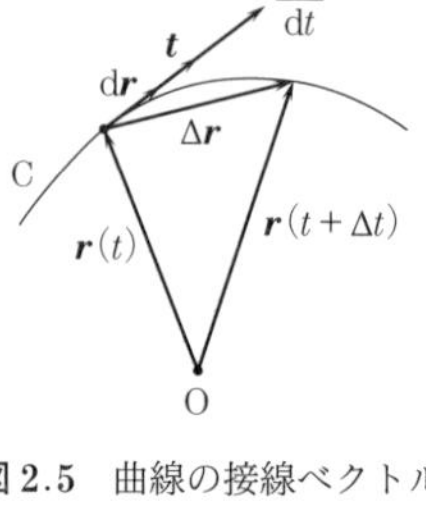

図2.5　曲線の接線ベクトル

$$\therefore \mathrm{d}\boldsymbol{r} = \frac{\mathrm{d}\boldsymbol{r}}{\mathrm{d}t}\mathrm{d}t$$

この全微分 $\mathrm{d}\boldsymbol{r}$ は，次のように空間内の位置 $\boldsymbol{r}$ における微小変位の大きさと向きを表すベクトルである．

$$\mathrm{d}\boldsymbol{r} = \lim_{\Delta t \to 0} \Delta \boldsymbol{r}$$

微小変位 $\mathrm{d}\boldsymbol{r}$ に関するその他の表現については，3.3.1 項で述べる．

2.5　スカラー場とベクトル場

デカルト座標系において，空間内の各点 (x, y, z) でスカラー $\varphi = f(x, y, z)$ が一意に決まるとき，φ を**スカラー場**（scalar field）あるいは**スカラー界**という．一方，空間内の各点でベクトル $\boldsymbol{A} = A_1(x, y, z)\boldsymbol{i} + A_2(x, y, z)\boldsymbol{j} + A_3(x, y, z)\boldsymbol{k} = (A_1(x, y, z), A_2(x, y, z), A_3(x, y, z))$ が一意に決まるとき，$\boldsymbol{A}$ を**ベクトル場**（vector field）あるいは**ベクトル界**という．なお，「場」と「界」はともに英単語「field」の和訳であり，同義である．歴史的に，前者は主に物理学を専門とする人が，後者は主に**電気工学**（electrical engineering）を専門とする人が好んで使用する傾向にある．本書では，前者の表現を用いることにする．

ベクトル場 $\boldsymbol{A} = A_1(x, y, z)\boldsymbol{i} + A_2(x, y, z)\boldsymbol{j} + A_3(x, y, z)\boldsymbol{k}$ を考えよう．位置ベクトル $\boldsymbol{r} = x(t)\boldsymbol{i} + y(t)\boldsymbol{j} + z(t)\boldsymbol{k}$ で表される曲線 C 上の各点における接線ベクトル $\mathrm{d}\boldsymbol{r}/\mathrm{d}t$ が $\boldsymbol{A}$ と常に平行なとき，この曲線 C をベクトル場 $\boldsymbol{A}$ の**力線**（line of force）という（図 2.6 参照）．接線ベクトル $\mathrm{d}\boldsymbol{r}/\mathrm{d}t$ が $\boldsymbol{A}$ と同じ向きの場合，変数 t が増加する向きに力線 C に対して矢印を付けることができる．両者がたがいに反対向きの場合は，力線 C の矢印は t が減少する向きとなる．そこで，大きさが 0 でない任意の定数 c を用いて，力線が満たすべき方程式は次のように求まる．

$$\frac{\mathrm{d}\boldsymbol{r}}{\mathrm{d}t} = \left(\frac{\mathrm{d}x}{\mathrm{d}t}, \frac{\mathrm{d}y}{\mathrm{d}t}, \frac{\mathrm{d}z}{\mathrm{d}t}\right) = c\boldsymbol{A} = (cA_1, cA_2, cA_3)$$

$$\therefore \frac{1}{A_1}\frac{\mathrm{d}x}{\mathrm{d}t} = \frac{1}{A_2}\frac{\mathrm{d}y}{\mathrm{d}t} = \frac{1}{A_3}\frac{\mathrm{d}z}{\mathrm{d}t} \quad (= c)$$

この微分方程式を解けば，力線の方程式が得られる．ベクトル場に特有な空間内の点（2.7 節で述べる発散が 0 でない位置）を除いて，1 点を通る力線はただ 1 つである．多数の力線を描くと，ベクトル場の分布状態を可視化でき，有用である．通常，ベクトル場の絶対値の大小に対応して，空間内に描く力線の密度を調

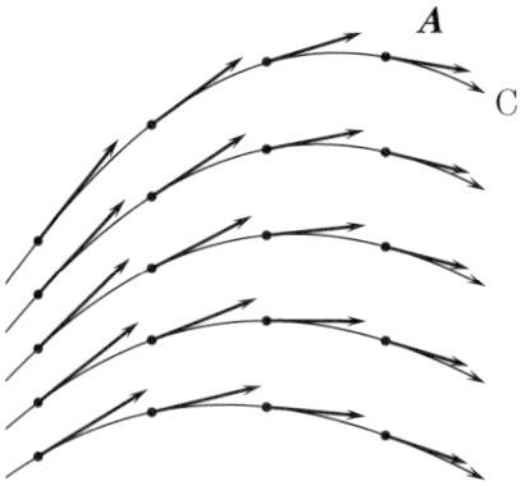

図 2.6　ベクトル場の力線

整する．つまり，ベクトルの絶対値が大きな場所では力線を密に，小さいところでは疎に描く．

2.6　スカラー場の勾配

スカラー場 $\varphi=f(x,y,z)$ を考えよう．その全微分 $\mathrm{d}\varphi$ は，次のようになる．

$$\begin{aligned}\mathrm{d}\varphi&=\frac{\partial\varphi}{\partial x}\mathrm{d}x+\frac{\partial\varphi}{\partial y}\mathrm{d}y+\frac{\partial\varphi}{\partial z}\mathrm{d}z\\&=\left(\frac{\partial\varphi}{\partial x}\boldsymbol{i}+\frac{\partial\varphi}{\partial y}\boldsymbol{j}+\frac{\partial\varphi}{\partial z}\boldsymbol{k}\right)\cdot(\boldsymbol{i}\mathrm{d}x+\boldsymbol{j}\mathrm{d}y+\boldsymbol{k}\mathrm{d}z)\\&=(\mathrm{grad}\,\varphi)\cdot\mathrm{d}\boldsymbol{r}\end{aligned}$$

$\mathrm{d}\boldsymbol{r}=\boldsymbol{i}\mathrm{d}x+\boldsymbol{j}\mathrm{d}y+\boldsymbol{k}\mathrm{d}z$ は，2.4 節で述べた位置ベクトル $\boldsymbol{r}$ の全微分であり，空間内の微小変位の大きさと向きを表すベクトルである．一方，$\mathrm{grad}\,\varphi$ をスカラー場の**勾配**（gradient）といい，次のように表現する．

$$\begin{aligned}\mathrm{grad}\,\varphi&=\frac{\partial\varphi}{\partial x}\boldsymbol{i}+\frac{\partial\varphi}{\partial y}\boldsymbol{j}+\frac{\partial\varphi}{\partial z}\boldsymbol{k}=\left(\frac{\partial\varphi}{\partial x},\frac{\partial\varphi}{\partial y},\frac{\partial\varphi}{\partial z}\right)\\&=\left(\boldsymbol{i}\frac{\partial}{\partial x}+\boldsymbol{j}\frac{\partial}{\partial y}+\boldsymbol{k}\frac{\partial}{\partial z}\right)\varphi=\left(\frac{\partial}{\partial x},\frac{\partial}{\partial y},\frac{\partial}{\partial z}\right)\varphi=\nabla\varphi\end{aligned}$$

ここで，∇ は**ナブラ**（nabla）あるいは**デル**（del）と呼ばれる微分演算子の一種である．このナブラ ∇ は，スカラー場やベクトル場の微分を記号的に覚えるのに有用であり，次で与えられる．

$$\nabla=\boldsymbol{i}\frac{\partial}{\partial x}+\boldsymbol{j}\frac{\partial}{\partial y}+\boldsymbol{k}\frac{\partial}{\partial z}=\left(\frac{\partial}{\partial x},\frac{\partial}{\partial y},\frac{\partial}{\partial z}\right)$$

演算子であるナブラ ∇ は単独では意味がなく，スカラーやベクトルに作用した結果全体が意味をもつ．

スカラー場 φ の全微分 $\mathrm{d}\varphi$ は，勾配 $\nabla\varphi$ と微小変位 $\mathrm{d}\boldsymbol{r}$ の内積で与えられる．勾配 $\nabla\varphi$ の x, y, z 成分は，それぞれの方向の変化率 $\partial\varphi/\partial x, \partial\varphi/\partial y, \partial\varphi/\partial z$ を表しているので，$\nabla\varphi$ 自身はスカラー場 φ の空間的変化の大きさと変化しやすい向きをもつベクトル量である．これに微小変位 $\mathrm{d}\boldsymbol{r}$ を内積すると，その向きのスカラー場 φ の増分 $\mathrm{d}\varphi$ が求まる．スカラー場が変数 t のみの関数 $\varphi(t)=f(x(t), y(t), z(t))$ の場合，その微分は次のようになる．

$$\frac{\mathrm{d}\varphi}{\mathrm{d}t}=(\nabla\varphi)\cdot\frac{\mathrm{d}\boldsymbol{r}}{\mathrm{d}t}=\frac{\partial f}{\partial x}\frac{\mathrm{d}x}{\mathrm{d}t}+\frac{\partial f}{\partial y}\frac{\mathrm{d}y}{\mathrm{d}t}+\frac{\partial f}{\partial z}\frac{\mathrm{d}z}{\mathrm{d}t}$$

また，スカラー場が 2 変数 u, v の関数 $\varphi(u, v)=f(x(u, v), y(u, v), z(u, v))$ の場合，u, v に対する偏微分はそれぞれ，次のようになる．

$$\frac{\partial\varphi}{\partial u}=(\nabla\varphi)\cdot\frac{\partial\boldsymbol{r}}{\partial u}=\frac{\partial f}{\partial x}\frac{\partial x}{\partial u}+\frac{\partial f}{\partial y}\frac{\partial y}{\partial u}+\frac{\partial f}{\partial z}\frac{\partial z}{\partial u}$$

$$\frac{\partial\varphi}{\partial v}=(\nabla\varphi)\cdot\frac{\partial\boldsymbol{r}}{\partial v}=\frac{\partial f}{\partial x}\frac{\partial x}{\partial v}+\frac{\partial f}{\partial y}\frac{\partial y}{\partial v}+\frac{\partial f}{\partial z}\frac{\partial z}{\partial v}$$

スカラー場 $\varphi=f(x, y, z)$ に対して，φ 一定の曲面をスカラー場 φ の**等位面** (equipotential surface) という．定数 c に対して，ある 1 つの等位面 $\varphi=f(x, y, z)=c$ を考えよう（図 2.7 参照）．この等位面上の全微分 $\mathrm{d}\varphi$ は，次のようになる．

$$\mathrm{d}\varphi=(\nabla\varphi)\cdot\mathrm{d}\boldsymbol{r}=\frac{\partial\varphi}{\partial x}\mathrm{d}x+\frac{\partial\varphi}{\partial y}\mathrm{d}y+\frac{\partial\varphi}{\partial z}\mathrm{d}z=0$$

つまり，$\nabla\varphi$ と $\mathrm{d}\boldsymbol{r}$ は直交する．等位面上の位置ベクトル $\boldsymbol{r}$ の微小変化 $\mathrm{d}\boldsymbol{r}$ の向きは常に等位面と接しており，その変化の方向は面上で任意なので，スカラー場 φ の勾配 $\nabla\varphi$ は等位面に垂直な向き（法線に平行な向き）をもつ．空間内に等間隔でスカラー場 φ の等位面を図示すると，φ の変化が激しい場所で等位面は密となり，等位面に垂直な向きの勾配 $\nabla\varphi$ も大きくなる．一方，φ の変化が緩やかなところで等位面は疎となり，勾配 $\nabla\varphi$ は小さい．

【例題 2.3】　スカラー場 φ, ψ と定数 a, b について，$\nabla(a\varphi+b\psi)=a\nabla\varphi+b\nabla\psi$ を示せ．

（解）

$$\nabla(a\varphi+b\psi)=\frac{\partial}{\partial x}(a\varphi+b\psi)\,\boldsymbol{i}+\frac{\partial}{\partial y}(a\varphi+b\psi)\,\boldsymbol{j}+\frac{\partial}{\partial z}(a\varphi+b\psi)\,\boldsymbol{k}$$

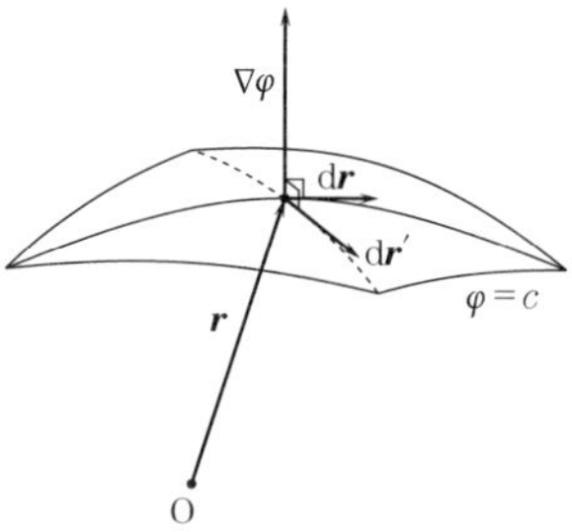

図 2.7　スカラー場の等位面と勾配の関係

$$=\left(a\frac{\partial\varphi}{\partial x}+b\frac{\partial\psi}{\partial x}\right)\boldsymbol{i}+\left(a\frac{\partial\varphi}{\partial y}+b\frac{\partial\psi}{\partial y}\right)\boldsymbol{j}+\left(a\frac{\partial\varphi}{\partial z}+b\frac{\partial\psi}{\partial z}\right)\boldsymbol{k}$$
$$=a\left(\frac{\partial\varphi}{\partial x}\boldsymbol{i}+\frac{\partial\varphi}{\partial y}\boldsymbol{j}+\frac{\partial\varphi}{\partial z}\boldsymbol{k}\right)+b\left(\frac{\partial\psi}{\partial x}\boldsymbol{i}+\frac{\partial\psi}{\partial y}\boldsymbol{j}+\frac{\partial\psi}{\partial z}\boldsymbol{k}\right)$$
$$=a\nabla\varphi+b\nabla\psi$$

【例題 2.4】　位置ベクトル $\boldsymbol{r}=x\boldsymbol{i}+y\boldsymbol{j}+z\boldsymbol{k}$ の大きさを $r=|\boldsymbol{r}|$ とするとき，∇r を求めよ．

（解）　$r=|\boldsymbol{r}|=\sqrt{x^2+y^2+z^2}$

$$\therefore\ \nabla r=\left(\frac{\partial r}{\partial x},\frac{\partial r}{\partial y},\frac{\partial r}{\partial z}\right)=\left(\frac{x}{\sqrt{x^2+y^2+z^2}},\frac{y}{\sqrt{x^2+y^2+z^2}},\frac{z}{\sqrt{x^2+y^2+z^2}}\right)$$
$$=\frac{\boldsymbol{r}}{r}$$

2.7　ベクトル場の発散

ベクトル場 $\boldsymbol{A}=A_1(x,y,z)\boldsymbol{i}+A_2(x,y,z)\boldsymbol{j}+A_3(x,y,z)\boldsymbol{k}$ を考えよう．ベクトル場として，たとえば水の流れを想像すればよい．図 2.8 に示すような，点 (x,y,z) に中心をもつ 1 辺の長さが $2h$ の立方体領域において，その内部から外部へ流れ出すベクトル $\boldsymbol{A}$ の総量 ΔD は近似的に，次で表される．

$$\Delta D\simeq 4h^2A_1(x+h,y,z)-4h^2A_1(x-h,y,z)+4h^2A_2(x,y+h,z)$$
$$-4h^2A_2(x,y-h,z)+4h^2A_3(x,y,z+h)-4h^2A_3(x,y,z-h)$$
$$=4h^2\{A_1(x+h,y,z)-A_1(x-h,y,z)\}+4h^2\{A_2(x,y+h,z)$$
$$-A_2(x,y-h,z)\}+4h^2\{A_3(x,y,z+h)-A_3(x,y,z-h)\}$$

これを単位体積当たりに換算し，$2h\to 0$ の極限をとると，次が厳密に得られる．

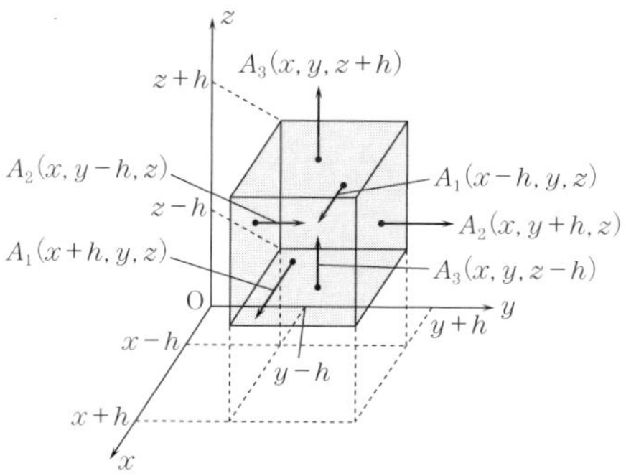

図 2.8　ベクトル場の発散のイメージ

$$
\begin{aligned}
\lim_{2h\to 0}\frac{\Delta D}{8h^3} &= \lim_{2h\to 0}\frac{A_1(x+h,y,z)-A_1(x-h,y,z)}{2h} \\
&\quad+\lim_{2h\to 0}\frac{A_2(x,y+h,z)-A_2(x,y-h,z)}{2h} \\
&\quad+\lim_{2h\to 0}\frac{A_3(x,y,z+h)-A_3(x,y,z-h)}{2h} \\
&= \frac{\partial A_1}{\partial x}+\frac{\partial A_2}{\partial y}+\frac{\partial A_3}{\partial z} \\
&= \mathrm{div}\ \boldsymbol{A}
\end{aligned}
$$

この div $\boldsymbol{A}$ を，ベクトル場 $\boldsymbol{A}$ の**発散**（divergence）という．ベクトル場 $\boldsymbol{A}$ の発散 div $\boldsymbol{A}$ をナブラ ∇ を用いて表現すると，次のようになる．

$$
\mathrm{div}\ \boldsymbol{A}=\frac{\partial A_1}{\partial x}+\frac{\partial A_2}{\partial y}+\frac{\partial A_3}{\partial z}=\nabla\cdot\boldsymbol{A}
$$

$$
\begin{aligned}
\because\ \nabla\cdot\boldsymbol{A} &= \left(\boldsymbol{i}\frac{\partial}{\partial x}+\boldsymbol{j}\frac{\partial}{\partial y}+\boldsymbol{k}\frac{\partial}{\partial z}\right)\cdot(A_1\boldsymbol{i}+A_2\boldsymbol{j}+A_3\boldsymbol{k}) \\
&= \left(\frac{\partial}{\partial x},\frac{\partial}{\partial y},\frac{\partial}{\partial z}\right)\cdot(A_1, A_2, A_3)
\end{aligned}
$$

このように，発散 $\nabla\cdot\boldsymbol{A}$ はベクトル量 $\boldsymbol{A}$ の単位体積当たりの生成を表すスカラー量である．発散 $\nabla\cdot\boldsymbol{A}$ の値が負となる場所では，ベクトル量 $\boldsymbol{A}$ が消滅していると考えられる．また，発散が 0 のところでは生成も消滅もせず，2.5 節で述べた力線は交わらない．

【例題 2.5】　ベクトル場 $\boldsymbol{A}, \boldsymbol{B}$ と定数 a, b について，$\nabla\cdot(a\boldsymbol{A}+b\boldsymbol{B})=a\nabla\cdot\boldsymbol{A}+b\nabla\cdot\boldsymbol{B}$ を示せ．

（解）　$\boldsymbol{A}=(A_1,A_2,A_3)$，$\boldsymbol{B}=(B_1,B_2,B_3)$ とする．

$$\therefore\ a\boldsymbol{A}+b\boldsymbol{B}=(aA_1+bB_1,aA_2+bB_2,aA_3+bB_3)$$

$$\begin{aligned}\therefore\ \nabla\cdot(a\boldsymbol{A}+b\boldsymbol{B})&=\frac{\partial}{\partial x}(aA_1+bB_1)+\frac{\partial}{\partial y}(aA_2+bB_2)+\frac{\partial}{\partial z}(aA_3+bB_3)\\&=\left(a\frac{\partial A_1}{\partial x}+b\frac{\partial B_1}{\partial x}\right)+\left(a\frac{\partial A_2}{\partial y}+b\frac{\partial B_2}{\partial y}\right)+\left(a\frac{\partial A_3}{\partial z}+b\frac{\partial B_3}{\partial z}\right)\\&=a\left(\frac{\partial A_1}{\partial x}+\frac{\partial A_2}{\partial y}+\frac{\partial A_3}{\partial z}\right)+b\left(\frac{\partial B_1}{\partial x}+\frac{\partial B_2}{\partial y}+\frac{\partial B_3}{\partial z}\right)\\&=a\nabla\cdot\boldsymbol{A}+b\nabla\cdot\boldsymbol{B}\end{aligned}$$

【例題 2.6】　位置ベクトル $\boldsymbol{r}=x\boldsymbol{i}+y\boldsymbol{j}+z\boldsymbol{k}$ について，$\nabla\cdot\boldsymbol{r}$ を求めよ．

（解）　$\nabla\cdot\boldsymbol{r}=\dfrac{\partial x}{\partial x}+\dfrac{\partial y}{\partial y}+\dfrac{\partial z}{\partial z}=1+1+1=3$

2.8　ベクトル場の回転

ベクトル場 $\boldsymbol{A}=A_1(x,y,z)\boldsymbol{i}+A_2(x,y,z)\boldsymbol{j}+A_3(x,y,z)\boldsymbol{k}$ を考えよう．この場合も前節と同様に，ベクトル場としてたとえば水の流れを想像すればよい．図 2.9 に示すような，点 (x,y,z) を中心として回転するたがいに直角な 3 本の細い両腕をもつ仮想的なコマを考える．このコマの片腕の長さを h とし，その方向は x,y,z 軸にそれぞれ平行とする．

まず xy 平面内のコマの回転を考えると，z 軸に平行な 2 つの腕は回転軸をなし，そこにかかる力は回転に寄与しない（図 2.10 参照）．したがって，回転の向きと回転軸の向きが右手系をなし，回転の正の向きに右ネジを回したときに進む向きが回転軸（z 軸）の正の向きと一致するようにとると，ベクトル場 $\boldsymbol{A}$ により残り 2 本の両腕の先端にかかる回転の大きさ（トルク）ΔR_z は近似的に，次で表される．

$$\begin{aligned}\Delta R_z&\simeq hA_2(x+h,y,z)-hA_2(x-h,y,z)-hA_1(x,y+h,z)+hA_1(x,y-h,z)\\&=h\{A_2(x+h,y,z)-A_2(x-h,y,z)\}-h\{A_1(x,y+h,z)-A_1(x,y-h,z)\}\end{aligned}$$

この両辺を回転に有効な 2 本の両腕がつくる正方形（2 本の両腕は対角上ではなく主軸上とする．その理由は，3.6 節での議論との整合性による）の面積 $4h^2$ で割り，$2h\to 0$ の極限をとると，次が厳密に得られる．

$$\lim_{2h\to 0}\frac{\Delta R_z}{4h^2}=\frac{1}{2}\left\{\lim_{2h\to 0}\frac{A_2(x+h,y,z)-A_2(x-h,y,z)}{2h}\right.$$

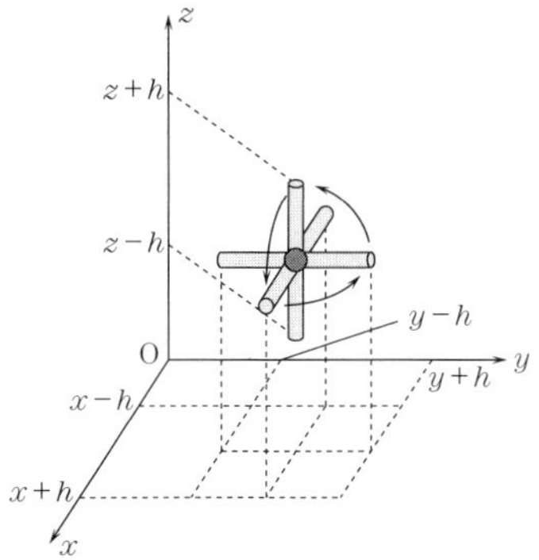

図 2.9　ベクトル場の回転のイメージ 1

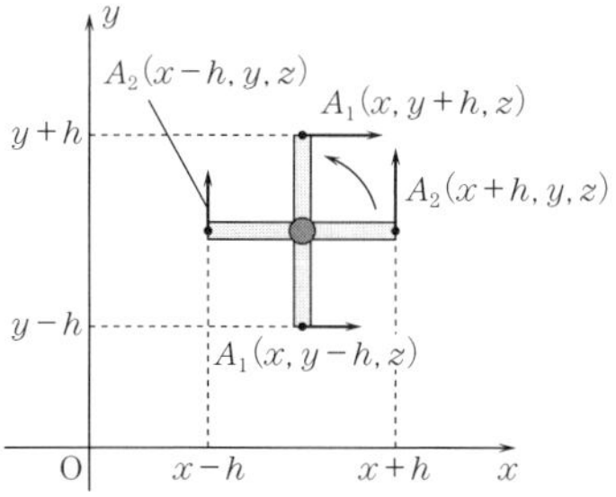

図 2.10　ベクトル場の回転のイメージ 2

$$
\begin{aligned}
&\left.-\lim_{2h\to 0}\frac{A_1(x,y+h,z)-A_1(x,y-h,z)}{2h}\right\}\\
&=\frac{1}{2}\left(\frac{\partial A_2}{\partial x}-\frac{\partial A_1}{\partial y}\right)\\
&=\frac{1}{2}[\mathrm{rot}\ \boldsymbol{A}]_z
\end{aligned}
$$

yz, zx 平面内のコマの回転についても同様に考え，回転の向きと回転軸の向きが右手系をなす場合，トルク $\Delta R_x, \Delta R_y$ を正方形の面積 $4h^2$ で除したものの極限はそれぞれ，次のように求まる．

$$
\lim_{2h\to 0}\frac{\Delta R_x}{4h^2}=\frac{1}{2}\left(\frac{\partial A_3}{\partial y}-\frac{\partial A_2}{\partial z}\right)=\frac{1}{2}[\mathrm{rot}\ \boldsymbol{A}]_x
$$

$$
\lim_{2h\to 0}\frac{\Delta R_y}{4h^2}=\frac{1}{2}\left(\frac{\partial A_1}{\partial z}-\frac{\partial A_3}{\partial x}\right)=\frac{1}{2}[\mathrm{rot}\ \boldsymbol{A}]_y
$$

この rot $\boldsymbol{A}$ を，ベクトル場 $\boldsymbol{A}$ の**回転**（rotation あるいは curl）という．ただし，大括弧外の下付き添字は，ベクトルの成分を表すものとする．ベクトル場 $\boldsymbol{A}$ の回転は，curl $\boldsymbol{A}$ と表記される場合もある．上式に現れる係数 1/2 は，次のようなナブラ ∇ を用いた表現を，勾配や発散も含めて統一的に取り扱うためである．

$$
\begin{aligned}
\mathrm{rot}\ \boldsymbol{A}\,(=\mathrm{curl}\ \boldsymbol{A})&=\left(\frac{\partial A_3}{\partial y}-\frac{\partial A_2}{\partial z}\right)\boldsymbol{i}+\left(\frac{\partial A_1}{\partial z}-\frac{\partial A_3}{\partial x}\right)\boldsymbol{j}+\left(\frac{\partial A_2}{\partial x}-\frac{\partial A_1}{\partial y}\right)\boldsymbol{k}\\
&=\left(\frac{\partial A_3}{\partial y}-\frac{\partial A_2}{\partial z},\frac{\partial A_1}{\partial z}-\frac{\partial A_3}{\partial x},\frac{\partial A_2}{\partial x}-\frac{\partial A_1}{\partial y}\right)
\end{aligned}
$$

$$=\begin{vmatrix} \boldsymbol{i} & \boldsymbol{j} & \boldsymbol{k} \\ \dfrac{\partial}{\partial x} & \dfrac{\partial}{\partial y} & \dfrac{\partial}{\partial z} \\ A_1 & A_2 & A_3 \end{vmatrix}$$

$$=\nabla\times\boldsymbol{A}$$

$$\because\ \nabla\times\boldsymbol{A}=\left(\boldsymbol{i}\frac{\partial}{\partial x}+\boldsymbol{j}\frac{\partial}{\partial y}+\boldsymbol{k}\frac{\partial}{\partial z}\right)\times(A_1\boldsymbol{i}+A_2\boldsymbol{j}+A_3\boldsymbol{k})$$

$$=\left(\frac{\partial}{\partial x},\frac{\partial}{\partial y},\frac{\partial}{\partial z}\right)\times(A_1,A_2,A_3)$$

このように，ベクトル場 $\boldsymbol{A}$ の回転 $\nabla\times\boldsymbol{A}$ は，各成分がそれぞれの方向を向いた軸の周りの回転の度合いを表現するベクトル量である．

【例題 2.7】　ベクトル場 $\boldsymbol{A},\boldsymbol{B}$ と定数 a,b について，$\nabla\times(a\boldsymbol{A}+b\boldsymbol{B})=a\nabla\times\boldsymbol{A}+b\nabla\times\boldsymbol{B}$ を示せ．

（解）　$\boldsymbol{A}=(A_1,A_2,A_3)$，$\boldsymbol{B}=(B_1,B_2,B_3)$ とする．

$$\therefore\ a\boldsymbol{A}+b\boldsymbol{B}=(aA_1+bB_1,aA_2+bB_2,aA_3+bB_3)$$

$$\therefore\ \nabla\times(a\boldsymbol{A}+b\boldsymbol{B})$$

$$=\left\{\frac{\partial}{\partial y}(aA_3+bB_3)-\frac{\partial}{\partial z}(aA_2+bB_2)\right\}\boldsymbol{i}$$

$$+\left\{\frac{\partial}{\partial z}(aA_1+bB_1)-\frac{\partial}{\partial x}(aA_3+bB_3)\right\}\boldsymbol{j}$$

$$+\left\{\frac{\partial}{\partial x}(aA_2+bB_2)-\frac{\partial}{\partial y}(aA_1+bB_1)\right\}\boldsymbol{k}$$

$$=a\left\{\left(\frac{\partial A_3}{\partial y}-\frac{\partial A_2}{\partial z}\right)\boldsymbol{i}+\left(\frac{\partial A_1}{\partial z}-\frac{\partial A_3}{\partial x}\right)\boldsymbol{j}+\left(\frac{\partial A_2}{\partial x}-\frac{\partial A_1}{\partial y}\right)\boldsymbol{k}\right\}$$

$$+b\left\{\left(\frac{\partial B_3}{\partial y}-\frac{\partial B_2}{\partial z}\right)\boldsymbol{i}+\left(\frac{\partial B_1}{\partial z}-\frac{\partial B_3}{\partial x}\right)\boldsymbol{j}+\left(\frac{\partial B_2}{\partial x}-\frac{\partial B_1}{\partial y}\right)\boldsymbol{k}\right\}$$

$$=a\nabla\times\boldsymbol{A}+b\nabla\times\boldsymbol{B}$$

【例題 2.8】　位置ベクトル $\boldsymbol{r}=x\boldsymbol{i}+y\boldsymbol{j}+z\boldsymbol{k}$ について，$\nabla\times\boldsymbol{r}$ を求めよ．

（解）　$\nabla\times\boldsymbol{r}=\left(\dfrac{\partial z}{\partial y}-\dfrac{\partial y}{\partial z},\dfrac{\partial x}{\partial z}-\dfrac{\partial z}{\partial x},\dfrac{\partial y}{\partial x}-\dfrac{\partial x}{\partial y}\right)=(0,0,0)=\boldsymbol{0}$

【例題 2.9】　スカラー場 φ について，次を示せ．

$$\nabla\times(\nabla\varphi)=\boldsymbol{0}$$

（解）　x 成分について計算すると，次のようになる．

$$[\nabla\times(\nabla\varphi)]_x=\left[\nabla\times\left(\frac{\partial\varphi}{\partial x},\frac{\partial\varphi}{\partial y},\frac{\partial\varphi}{\partial z}\right)\right]_x=\frac{\partial}{\partial y}\left(\frac{\partial\varphi}{\partial z}\right)-\frac{\partial}{\partial z}\left(\frac{\partial\varphi}{\partial y}\right)=\frac{\partial^2\varphi}{\partial y\partial z}-\frac{\partial^2\varphi}{\partial z\partial y}=0$$

y,z 成分についても同様である．

$$\therefore\ \nabla\times(\nabla\varphi)=(0,0,0)=\mathbf{0}$$

【例題 2.10】　ベクトル場 $\boldsymbol{A}$ について，次を示せ．

$$\nabla\cdot(\nabla\times\boldsymbol{A})=0$$

（解）　$\boldsymbol{A}=(A_1,A_2,A_3)$ とする．

$$\begin{aligned}\therefore\ \nabla\cdot(\nabla\times\boldsymbol{A})&=\nabla\cdot\left(\frac{\partial A_3}{\partial y}-\frac{\partial A_2}{\partial z},\frac{\partial A_1}{\partial z}-\frac{\partial A_3}{\partial x},\frac{\partial A_2}{\partial x}-\frac{\partial A_1}{\partial y}\right)\\&=\frac{\partial}{\partial x}\left(\frac{\partial A_3}{\partial y}-\frac{\partial A_2}{\partial z}\right)+\frac{\partial}{\partial y}\left(\frac{\partial A_1}{\partial z}-\frac{\partial A_3}{\partial x}\right)+\frac{\partial}{\partial z}\left(\frac{\partial A_2}{\partial x}-\frac{\partial A_1}{\partial y}\right)\\&=\frac{\partial^2 A_3}{\partial x\partial y}-\frac{\partial^2 A_2}{\partial x\partial z}+\frac{\partial^2 A_1}{\partial y\partial z}-\frac{\partial^2 A_3}{\partial y\partial x}+\frac{\partial^2 A_2}{\partial z\partial x}-\frac{\partial^2 A_1}{\partial z\partial y}\\&=0\end{aligned}$$

2.9　微分に関するベクトル公式

スカラー場 φ,ψ とベクトル場 $\boldsymbol{A},\boldsymbol{B}$ の微分に関して，次のような公式が一般に成り立つ．（ただし，証明済みのものも再掲している．）

(1)　$\nabla(\varphi\psi)=\varphi\nabla\psi+\psi\nabla\varphi$

(2)　$\nabla\cdot(\varphi\boldsymbol{A})=(\nabla\varphi)\cdot\boldsymbol{A}+\varphi(\nabla\cdot\boldsymbol{A})$

(3)　$\nabla\times(\varphi\boldsymbol{A})=(\nabla\varphi)\times\boldsymbol{A}+\varphi(\nabla\times\boldsymbol{A})$

(4)　$\nabla\times(\nabla\varphi)=\mathbf{0}$　　(rot grad $\varphi=\mathbf{0}$)

(5)　$\nabla\cdot(\nabla\times\boldsymbol{A})=0$　　(div rot $\boldsymbol{A}=0$)

(6)　$\nabla\cdot(\boldsymbol{A}\times\boldsymbol{B})=\boldsymbol{B}\cdot(\nabla\times\boldsymbol{A})-\boldsymbol{A}\cdot(\nabla\times\boldsymbol{B})$

(7)　$\nabla\times(\boldsymbol{A}\times\boldsymbol{B})=(\boldsymbol{B}\cdot\nabla)\boldsymbol{A}-(\boldsymbol{A}\cdot\nabla)\boldsymbol{B}+\boldsymbol{A}(\nabla\cdot\boldsymbol{B})-\boldsymbol{B}(\nabla\cdot\boldsymbol{A})$

(8)　$\nabla(\boldsymbol{A}\cdot\boldsymbol{B})=(\boldsymbol{B}\cdot\nabla)\boldsymbol{A}+(\boldsymbol{A}\cdot\nabla)\boldsymbol{B}+\boldsymbol{A}\times(\nabla\times\boldsymbol{B})+\boldsymbol{B}\times(\nabla\times\boldsymbol{A})$

(9)　$\nabla\times(\nabla\times\boldsymbol{A})=\nabla(\nabla\cdot\boldsymbol{A})-\nabla^2\boldsymbol{A}$

ただし，ベクトル $\boldsymbol{u}=u_1\boldsymbol{i}+u_2\boldsymbol{j}+u_3\boldsymbol{k}$ に対する微分演算子 $\boldsymbol{u}\cdot\nabla$ は，次のように表される．

$$\boldsymbol{u}\cdot\nabla=(u_1\boldsymbol{i}+u_2\boldsymbol{j}+u_3\boldsymbol{k})\cdot\left(\boldsymbol{i}\frac{\partial}{\partial x}+\boldsymbol{j}\frac{\partial}{\partial y}+\boldsymbol{k}\frac{\partial}{\partial z}\right)=u_1\frac{\partial}{\partial x}+u_2\frac{\partial}{\partial y}+u_3\frac{\partial}{\partial z}$$

また，ベクトル公式 (9) の右辺に現れる ∇^2 は，**ラプラス演算子** (Laplace

operator）あるいは**ラプラシアン**（Laplacian）と呼ばれる微分演算子の一種であり，次で与えられる．

$$\nabla^2 = \nabla\cdot\nabla = \mathrm{div\ grad} = \frac{\partial^2}{\partial x^2}+\frac{\partial^2}{\partial y^2}+\frac{\partial^2}{\partial z^2} \qquad (=\Delta)$$

ラプラシアンは Δ と表現される場合もある．次の形の偏微分方程式を一般に，それぞれ**ラプラス方程式**（Laplace's equation）および**ポアソン方程式**（Poisson's equation）という．

$$\nabla^2\varphi(=\Delta\varphi) = \frac{\partial^2\varphi}{\partial x^2}+\frac{\partial^2\varphi}{\partial y^2}+\frac{\partial^2\varphi}{\partial z^2} = 0$$

$$\nabla^2\varphi(=\Delta\varphi) = \frac{\partial^2\varphi}{\partial x^2}+\frac{\partial^2\varphi}{\partial y^2}+\frac{\partial^2\varphi}{\partial z^2} = f(x,y,z)$$

ただし，$f(x,y,z)$ は場 φ に特有のスカラー関数である．

【例題 2.11】　ベクトル場 $\boldsymbol{A}$ について，$\nabla\times(\nabla\times\boldsymbol{A}) = \nabla(\nabla\cdot\boldsymbol{A})-\nabla^2\boldsymbol{A}$ を示せ．

（解）　$\boldsymbol{A}=(A_1, A_2, A_3)$ とする．x 成分について計算すると，次のようになる．

$$\begin{aligned}
[\nabla\times(\nabla\times\boldsymbol{A})]_x &= \left[\nabla\times\left(\frac{\partial A_3}{\partial y}-\frac{\partial A_2}{\partial z}, \frac{\partial A_1}{\partial z}-\frac{\partial A_3}{\partial x}, \frac{\partial A_2}{\partial x}-\frac{\partial A_1}{\partial y}\right)\right]_x \\
&= \frac{\partial}{\partial y}\left(\frac{\partial A_2}{\partial x}-\frac{\partial A_1}{\partial y}\right)-\frac{\partial}{\partial z}\left(\frac{\partial A_1}{\partial z}-\frac{\partial A_3}{\partial x}\right) \\
&= \frac{\partial^2 A_2}{\partial y\partial x}-\frac{\partial^2 A_1}{\partial y^2}-\frac{\partial^2 A_1}{\partial z^2}+\frac{\partial^2 A_3}{\partial z\partial x} \\
&= \frac{\partial^2 A_1}{\partial x^2}+\frac{\partial^2 A_2}{\partial y\partial x}+\frac{\partial^2 A_3}{\partial z\partial x}-\frac{\partial^2 A_1}{\partial x^2}-\frac{\partial^2 A_1}{\partial y^2}-\frac{\partial^2 A_1}{\partial z^2} \\
&= \frac{\partial}{\partial x}\left(\frac{\partial A_1}{\partial x}+\frac{\partial A_2}{\partial y}+\frac{\partial A_3}{\partial z}\right)-\left(\frac{\partial^2 A_1}{\partial x^2}+\frac{\partial^2 A_1}{\partial y^2}+\frac{\partial^2 A_1}{\partial z^2}\right) \\
&= [\nabla(\nabla\cdot\boldsymbol{A})-\nabla^2\boldsymbol{A}]_x
\end{aligned}$$

y, z 成分についても同様である．

$$\therefore\ \nabla\times(\nabla\times\boldsymbol{A}) = \nabla(\nabla\cdot\boldsymbol{A})-\nabla^2\boldsymbol{A}$$

【例題 2.12】　位置ベクトル $\boldsymbol{r}=x\boldsymbol{i}+y\boldsymbol{j}+z\boldsymbol{k}$ の大きさを $r=|\boldsymbol{r}|$ とするとき，$\nabla^2 r$ を求めよ．

（解）　$\nabla^2 r = \nabla\cdot(\nabla r) = \nabla\cdot\dfrac{\boldsymbol{r}}{r} = \left(\nabla\dfrac{1}{r}\right)\cdot\boldsymbol{r}+\dfrac{1}{r}(\nabla\cdot\boldsymbol{r}) = \left(-\dfrac{\boldsymbol{r}}{r^3}\right)\cdot\boldsymbol{r}+\dfrac{3}{r}$

$$= -\frac{1}{r} + \frac{3}{r} = \frac{2}{r}$$

2.10 場のポテンシャル

2.10.1 スカラーポテンシャル

ベクトル場 $\boldsymbol{E}(x,y,z)$ に対して，$\boldsymbol{E}=-\nabla\varphi$ となるスカラー場 $\varphi(x,y,z)$ が存在するとき，φ は $\boldsymbol{E}$ の**スカラーポテンシャル**（scalar potential）といい，$\boldsymbol{E}$ はスカラーポテンシャルをもつという．2.9 節のベクトル公式（4）より，次が常に成り立つ．

$$\nabla\times\boldsymbol{E} = -\nabla\times(\nabla\varphi) = \boldsymbol{0}$$

逆に，ベクトル場 $\boldsymbol{E}$ が条件 $\nabla\times\boldsymbol{E}=\boldsymbol{0}$ を満足するとき，そのスカラーポテンシャル φ が必ず存在する（例題 3.7 参照）．その定義からわかるように，スカラーポテンシャルには一般に，定数の和の任意性がある．このスカラーポテンシャルの特徴については，例題 3.6,3.22 も参照のこと．

2.10.2 ベクトルポテンシャル

ベクトル場 $\boldsymbol{B}(x,y,z)$ に対して，$\boldsymbol{B}=\nabla\times\boldsymbol{A}$ となる別のベクトル場 $\boldsymbol{A}(x,y,z)$ が存在するとき，$\boldsymbol{A}$ は $\boldsymbol{B}$ の**ベクトルポテンシャル**（vector potential）といい，$\boldsymbol{B}$ はベクトルポテンシャルをもつという．2.9 節のベクトル公式（5）より，次が常に成り立つ．

$$\nabla\cdot\boldsymbol{B} = \nabla\cdot(\nabla\times\boldsymbol{A}) = 0$$

逆に，ベクトル場 $\boldsymbol{B}$ が条件 $\nabla\cdot\boldsymbol{B}=0$ を満足するとき，そのベクトルポテンシャル $\boldsymbol{A}$ が必ず存在する（例題 3.21 参照）．

任意のスカラー関数 $\chi(x,y,z)$ に対してベクトル公式 $\nabla\times(\nabla\chi)=\boldsymbol{0}$ が成り立つため，あるベクトルポテンシャル $\boldsymbol{A}$ にスカラー関数の勾配 $\nabla\chi$ を足し合わせて，別のベクトルポテンシャル $\boldsymbol{A}'$ をつくることができる．

$$\boldsymbol{A}' = \boldsymbol{A} + \nabla\chi$$

この新しいベクトルポテンシャル $\boldsymbol{A}'$ も $\boldsymbol{B}=\nabla\times\boldsymbol{A}'$ を満足する．つまり，見かけ上異なるベクトルポテンシャル $\boldsymbol{A},\boldsymbol{A}'$ が同じベクトル場 $\boldsymbol{B}$ を与える．次節で述べるヘルムホルツの定理より，ベクトル場を規定するためにはその発散と回転を同時に与える必要がある．ところで，回転は $\nabla\times\boldsymbol{A}'=\boldsymbol{B}$ と表されているので，発散 $\nabla\cdot\boldsymbol{A}'$ を指定すれば，ベクトルポテンシャル $\boldsymbol{A}'$ を固定化できる．このような操作を**ゲージ**（gauge）を固定するといい，スカラー関数 χ を適切に選んで発散 $\nabla\cdot\boldsymbol{A}'$ を指定する条件を，ゲージ固定条件という．ゲージ固定条件の1つとして，次の**クーロンゲージ**（Coulomb gauge）が有名である．

$$\nabla\cdot\boldsymbol{A}'=0$$

ゲージ固定条件を用いても一般に，定数の和の任意性はまだ残されている．

このベクトルポテンシャルに関するその他の特徴については，例題3.17,3.20も参照のこと．

2.11 ヘルムホルツの定理

ベクトル場 $\boldsymbol{G}(x,y,z)$ の発散 $\nabla\cdot\boldsymbol{G}$ および回転 $\nabla\times\boldsymbol{G}$ が与えられると，**境界条件**（boundary condition）の下に解は一意的に決まる．これを**ヘルムホルツの定理**（Helmholtz's theorem）という．

次のような一般的なベクトル場 $\boldsymbol{G}(x,y,z)$ を考えよう．

$$\nabla\cdot\boldsymbol{G}=\gamma,\qquad \nabla\times\boldsymbol{G}=\boldsymbol{g}$$

ただし，$\gamma(x,y,z)$，$\boldsymbol{g}(x,y,z)$ はそれぞれ，ベクトル場 $\boldsymbol{G}$ に特有なスカラー関数およびベクトル関数である．このとき，ベクトル場 $\boldsymbol{G}$ は一般に，次のように**縦成分**（longitudinal component）$\boldsymbol{G}_L$ と**横成分**（transverse component）$\boldsymbol{G}_T$ に分離できる．

$$\boldsymbol{G}=\boldsymbol{G}_L+\boldsymbol{G}_T$$

$$\nabla\cdot\boldsymbol{G}_L=\gamma,\qquad \nabla\times\boldsymbol{G}_L=\boldsymbol{0}$$

$$\nabla\cdot\boldsymbol{G}_T=0,\qquad \nabla\times\boldsymbol{G}_T=\boldsymbol{g}$$

ベクトル場 $\boldsymbol{G}$ の縦成分 $\boldsymbol{G}_L$ は，回転 $\nabla\times\boldsymbol{G}_L$ がなく，発散 $\nabla\cdot\boldsymbol{G}_L$ が $\boldsymbol{G}$ に対するものと同じである．一方，横成分 $\boldsymbol{G}_T$ は，発散 $\nabla\cdot\boldsymbol{G}_T$ がなく，回転 $\nabla\times\boldsymbol{G}_T$ が $\boldsymbol{G}$ に対するものと同じである．

ベクトル場 $\boldsymbol{G}$ の縦成分 $\boldsymbol{G}_L$ は $\nabla\times\boldsymbol{G}_L=\boldsymbol{0}$ を満足するので，$\boldsymbol{G}_L=-\nabla\varphi$ で与えられるスカラーポテンシャル φ が存在する．一方，ベクトル場 $\boldsymbol{G}$ の横成分 $\boldsymbol{G}_T$ は $\nabla\cdot\boldsymbol{G}_T=0$ を満足するので，$\boldsymbol{G}_T=\nabla\times\boldsymbol{A}$ で与えられるベクトルポテンシャル $\boldsymbol{A}$ が存在する．したがって，ベクトルポテンシャル $\boldsymbol{A}$ に関してクーロンゲージ $\nabla\cdot\boldsymbol{A}=0$ をとると，次のような φ と $\boldsymbol{A}$ に対するポアソン方程式が，それぞれ求まる．

$$\begin{cases} \nabla^2\varphi = \nabla\cdot(\nabla\varphi) = -\nabla\cdot\boldsymbol{G}_L = -\gamma \\ \nabla^2\boldsymbol{A} = \nabla(\nabla\cdot\boldsymbol{A}) - \nabla\times(\nabla\times\boldsymbol{A}) = -\nabla\times\boldsymbol{G}_T = -\boldsymbol{g} \end{cases}$$

$$\therefore \nabla^2\varphi = -\gamma, \quad \nabla^2\boldsymbol{A} = -\boldsymbol{g}$$

与えられた境界条件の下にこれらポアソン方程式を解けば両ポテンシャル $\varphi, \boldsymbol{A}$ が求まり，その結果を用いて縦成分 $\boldsymbol{G}_L$ と横成分 $\boldsymbol{G}_T$，およびその和であるベクトル場 $\boldsymbol{G}$ が得られる．ポアソン方程式の解については，3.7 節で議論する．

演 習 問 題

2.1 次に示す2変数関数 $z=f(x,y)$ について，2変数 x,y がともに t のみの関数 $x(t)=t^2$，$y(t)=1-t$ の場合，z の t に関する微分 $\mathrm{d}z/\mathrm{d}t$ を求めよ．

(1) $z=x^2-y^2$

(2) $z=xy^2$

2.2 次に示す2変数関数 $z=f(x,y)$ について，2変数 x,y がともに u,v の関数 $x(u,v)=u+v$，$y(u,v)=u/v$ の場合，z の u,v に関する偏微分 z_u, z_v をそれぞれ求めよ．

(1) $z=x^2-y^2$

(2) $z=xy^2$

2.3 ベクトル関数 $\boldsymbol{A}(t), \boldsymbol{B}(t), \boldsymbol{C}(t)$ とスカラー関数 $\varphi(t)$ について，次を示せ．

(1) $\dfrac{\mathrm{d}}{\mathrm{d}t}(\varphi\boldsymbol{A})=\dfrac{\mathrm{d}\varphi}{\mathrm{d}t}\boldsymbol{A}+\varphi\dfrac{\mathrm{d}\boldsymbol{A}}{\mathrm{d}t}$

(2) $\dfrac{\mathrm{d}}{\mathrm{d}t}(\boldsymbol{A}\cdot\boldsymbol{B})=\dfrac{\mathrm{d}\boldsymbol{A}}{\mathrm{d}t}\cdot\boldsymbol{B}+\boldsymbol{A}\cdot\dfrac{\mathrm{d}\boldsymbol{B}}{\mathrm{d}t}$

(3) $\dfrac{\mathrm{d}}{\mathrm{d}t}(\boldsymbol{A}\times\boldsymbol{B})=\dfrac{\mathrm{d}\boldsymbol{A}}{\mathrm{d}t}\times\boldsymbol{B}+\boldsymbol{A}\times\dfrac{\mathrm{d}\boldsymbol{B}}{\mathrm{d}t}$

(4) $\dfrac{\mathrm{d}}{\mathrm{d}t}\{\boldsymbol{A}\cdot(\boldsymbol{B}\times\boldsymbol{C})\}=\dfrac{\mathrm{d}\boldsymbol{A}}{\mathrm{d}t}\cdot(\boldsymbol{B}\times\boldsymbol{C})+\boldsymbol{A}\cdot\left(\dfrac{\mathrm{d}\boldsymbol{B}}{\mathrm{d}t}\times\boldsymbol{C}\right)+\boldsymbol{A}\cdot\left(\boldsymbol{B}\times\dfrac{\mathrm{d}\boldsymbol{C}}{\mathrm{d}t}\right)$

(5) $\dfrac{\mathrm{d}}{\mathrm{d}t}\{\boldsymbol{A}\times(\boldsymbol{B}\times\boldsymbol{C})\}=\dfrac{\mathrm{d}\boldsymbol{A}}{\mathrm{d}t}\times(\boldsymbol{B}\times\boldsymbol{C})+\boldsymbol{A}\times\left(\dfrac{\mathrm{d}\boldsymbol{B}}{\mathrm{d}t}\times\boldsymbol{C}\right)+\boldsymbol{A}\times\left(\boldsymbol{B}\times\dfrac{\mathrm{d}\boldsymbol{C}}{\mathrm{d}t}\right)$

2.4 スカラー場 φ,ψ とベクトル場 $\boldsymbol{A}$ について，次を示せ．

(1) $\nabla(\varphi\psi)=\varphi\nabla\psi+\psi\nabla\varphi$

(2) $\nabla\dfrac{\psi}{\varphi}=\dfrac{\varphi\nabla\psi-\psi\nabla\varphi}{\varphi^2}$

(3) $\nabla\cdot(\varphi\boldsymbol{A})=(\nabla\varphi)\cdot\boldsymbol{A}+\varphi(\nabla\cdot\boldsymbol{A})$

(4) $\nabla\times(\varphi\boldsymbol{A})=(\nabla\varphi)\times\boldsymbol{A}+\varphi(\nabla\times\boldsymbol{A})$

2.5 位置ベクトル $\boldsymbol{r}=x\boldsymbol{i}+y\boldsymbol{j}+z\boldsymbol{k}$ の大きさを $r=|\boldsymbol{r}|$ とするとき，r の関数 $f(r)$ について，次を示せ．

(1) $\nabla f=f'\dfrac{\boldsymbol{r}}{r}$

(2) $\nabla\cdot(f\boldsymbol{r})=rf'+3f$

(3) $\nabla\times(f\boldsymbol{r})=\boldsymbol{0}$

(4) $\nabla^2 f=f''+\dfrac{2}{r}f'$

2.6 位置ベクトル $\boldsymbol{r}=x\boldsymbol{i}+y\boldsymbol{j}+z\boldsymbol{k}$ の大きさを $r=|\boldsymbol{r}|$ とするとき，任意の整数 n について，次を示せ．また，極限 $r\to 0$ に対する収束についても考察せよ．

(1) $\nabla r^n=nr^{n-2}\boldsymbol{r}$

(2) $\nabla\cdot(r^{n-1}\boldsymbol{r})=(n+2)r^{n-1}$

(3) $\nabla\times(r^{n-1}\boldsymbol{r})=\boldsymbol{0}$

(4) $\nabla^2 r^n=n(n+1)r^{n-2}$

2.7 ベクトル場 $\boldsymbol{A},\boldsymbol{B}$ について，次を示せ．

(1) $\nabla\cdot(\boldsymbol{A}\times\boldsymbol{B})=\boldsymbol{B}\cdot(\nabla\times\boldsymbol{A})-\boldsymbol{A}\cdot(\nabla\times\boldsymbol{B})$

(2) $\nabla\times(\boldsymbol{A}\times\boldsymbol{B})=(\boldsymbol{B}\cdot\nabla)\boldsymbol{A}-(\boldsymbol{A}\cdot\nabla)\boldsymbol{B}+\boldsymbol{A}(\nabla\cdot\boldsymbol{B})-\boldsymbol{B}(\nabla\cdot\boldsymbol{A})$

(3) $\nabla(\boldsymbol{A}\cdot\boldsymbol{B})=(\boldsymbol{B}\cdot\nabla)\boldsymbol{A}+(\boldsymbol{A}\cdot\nabla)\boldsymbol{B}+\boldsymbol{A}\times(\nabla\times\boldsymbol{B})+\boldsymbol{B}\times(\nabla\times\boldsymbol{A})$

2.8 スカラー場 φ について，次を示せ．

$$(\boldsymbol{u}\cdot\nabla)\varphi=\boldsymbol{u}\cdot(\nabla\varphi)$$

2.9 ベクトル $\boldsymbol{u}=u_1\boldsymbol{i}+u_2\boldsymbol{j}+u_3\boldsymbol{k}$ に対する微分演算子 $\boldsymbol{u}\times\nabla$ を

$$\boldsymbol{u}\times\nabla=\begin{vmatrix}\boldsymbol{i} & \boldsymbol{j} & \boldsymbol{k}\\ u_1 & u_2 & u_3\\ \dfrac{\partial}{\partial x} & \dfrac{\partial}{\partial y} & \dfrac{\partial}{\partial z}\end{vmatrix}=\boldsymbol{i}\left(u_2\frac{\partial}{\partial z}-u_3\frac{\partial}{\partial y}\right)+\boldsymbol{j}\left(u_3\frac{\partial}{\partial x}-u_1\frac{\partial}{\partial z}\right)+\boldsymbol{k}\left(u_1\frac{\partial}{\partial y}-u_2\frac{\partial}{\partial x}\right)$$

のように表すとき，スカラー場 φ とベクトル場 $\boldsymbol{A}$ について，次を示せ．

(1) $(\boldsymbol{u}\times\nabla)\varphi=\boldsymbol{u}\times(\nabla\varphi)$

(2) $(\boldsymbol{u}\times\nabla)\cdot\boldsymbol{A}=\boldsymbol{u}\cdot(\nabla\times\boldsymbol{A})$

(3) $(\boldsymbol{u}\times\nabla)\times\boldsymbol{A}=\boldsymbol{u}\times(\nabla\times\boldsymbol{A})+(\boldsymbol{u}\cdot\nabla)\boldsymbol{A}-\boldsymbol{u}(\nabla\cdot\boldsymbol{A})$

3. スカラー場とベクトル場の積分

電気工学の基礎科目の１つである電磁気学では特に，微分演算子ナブラを用いた微分形と，積分公式を活用した積分形の両方で，同一現象を記述可能なことが知られている．本章では，後者の基礎となるスカラー場とベクトル場の積分演算について学ぶ．まず，なじみ深い１変数関数の定積分について簡単に復習した後，その概念を多変数関数の積分に拡張する．その際，定積分が無限小領域の大きさとその位置における物理量との積の総和として理解できることを学ぶ．次に，スカラー場やベクトル場の線積分・面積分および体積分の概念と計算方法を学習した後，積分定理として特に重要であるガウスの定理とストークスの定理について説明する．

3.1　1変数関数の積分

3.1.1　定　積　分

区間 $[a,b]$ において連続で有界な１変数関数 $y=f(x)$ について考えよう．関数 $y=f(x)$ と x 軸に挟まれた区間 $[a,b]$ の面積 S を計算するために，$[a,b]$ を N 個の等間隔な領域に分割する（図 3.1 参照）．i 番目の微小区間の位置を x_i $(i=1,2,\cdots,N)$，微小区間の長さを Δx とすると，面積 S は近似的に次で与えられる．

$$S\simeq\sum_{i=1}^{N}f(x_i)\Delta x$$

この右辺は，**リーマン和**（Riemann sum）と呼ばれる．位置 x_i は対応する微小区間内であればどこでもよいが，図 3.1 では中点として描いている．分割数 N が無限大の極限をとると，リーマン和は面積 S に完全に一致する．

$$S=\lim_{N\to\infty}\sum_{i=1}^{N}f(x_i)\Delta x=\int_a^b f(x)\,\mathrm{d}x$$

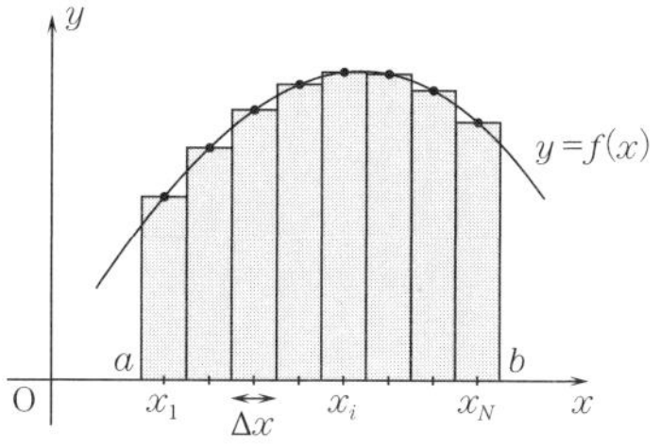

図 3.1　定積分

この表現を，区間 $[a, b]$ における関数 $y=f(x)$ の**定積分**（definite integral）という．このように，定積分は積分区間を微小領域に分割し，位置 x にある微小領域での関数値 $f(x)$ とその大きさ $\mathrm{d}x$ の積をすべて足し合わせたものと理解できる．実際に，和の記号 $\sum$ と積分記号 $\int$ はそれぞれ，総和を意味する英単語「summation」の頭文字の大文字 S について，対応するギリシャ文字「シグマ」および上下に引き延ばした形状である．定積分 S は，次のようにも表現される．

$$S=\int_a^b \mathrm{d}x\, f(x)$$

右辺の $\int_a^b \mathrm{d}x$ は，関数 $f(x)$ に作用する**積分演算子**（integral operator）の一種と考えられる．演算子は一般に左から右に掛かるので，この積分演算子の及ぶ範囲はその右側全体であり，左側はその対象外となる．

一方，関数 $y=f(x)$ の**不定積分**（indefinite integral）を $F(x)$ とすると，$F(x)$ は次で表される．

$$F(x)=\int f(x)\,\mathrm{d}x$$

この不定積分 $F(x)$ を用いて，定積分 S を次のようにして求めることができる．

$$S=\int_a^b f(x)\,\mathrm{d}x=[F(x)]_a^b=F(b)-F(a)$$

代表的な関数 $f(x)$ の不定積分 $F(x)$ を，表 3.1 にまとめて示す．ただし，積分定数は省略している．

3.1.2　広 義 積 分

1 変数関数 $y=f(x)$ が積分区間内で連続でない場合や有界でない場合につい

表 3.1 代表的な関数の不定積分

$f(x)$	$F(x)=\int f(x)\,\mathrm{d}x$
$f(x)g(x)$	$F(x)g(x)-\int F(x)g'(x)\,\mathrm{d}x$
$f(g(x))\dfrac{\mathrm{d}g}{\mathrm{d}x}$	$\int f(t)\,\mathrm{d}t \quad (t=g(x))$
$x^a\,(a\neq -1)$	$\dfrac{x^{a+1}}{a+1}$
$\dfrac{1}{x}$	$\ln\lvert x\rvert$
$a^x\,(a>0)$	$\dfrac{a^x}{\ln a}$
e^x	e^x
$\ln x=\log_e x$	$x\ln x-x$
$\sin x=\dfrac{e^{ix}-e^{-ix}}{2i}$	$-\cos x$
$\cos x=\dfrac{e^{ix}+e^{-ix}}{2}$	$\sin x$
$\tan x=\dfrac{\sin x}{\cos x}$	$-\ln\lvert\cos x\rvert$
$\arcsin x=\sin^{-1}x$	$x\arcsin x+\sqrt{1-x^2}$
$\arccos x=\cos^{-1}x$	$x\arccos x-\sqrt{1-x^2}$
$\arctan x=\tan^{-1}x$	$x\arctan x-\dfrac{\ln(1+x^2)}{2}$
$\sinh x=\dfrac{e^x-e^{-x}}{2}$	$\cosh x$
$\cosh x=\dfrac{e^x+e^{-x}}{2}$	$\sinh x$
$\tanh x=\dfrac{\sinh x}{\cosh x}$	$\ln(\cosh x)$
$\mathrm{arcsinh}\,x=\sinh^{-1}x=\ln(x+\sqrt{x^2+1})$	$x\,\mathrm{arcsinh}\,x-\sqrt{x^2+1}$
$\mathrm{arccosh}\,x=\cosh^{-1}x=\ln(x+\sqrt{x^2-1})$	$x\,\mathrm{arccosh}\,x-\sqrt{x^2-1}$
$\mathrm{arctanh}\,x=\tanh^{-1}x=\dfrac{1}{2}\ln\left(\dfrac{1+x}{1-x}\right) \quad (\lvert x\rvert<1)$	$x\,\mathrm{arctanh}\,x+\dfrac{\ln(1-x^2)}{2}$

a は定数，i は虚数単位とする．

て，その定積分の定義を拡張しよう．関数 $y=f(x)$ が区間 $[a,b)$ で連続な場合，正の実数 ε を考えて 0 の極限をとると，その面積 S は次で求められる（図 3.2 参照）．

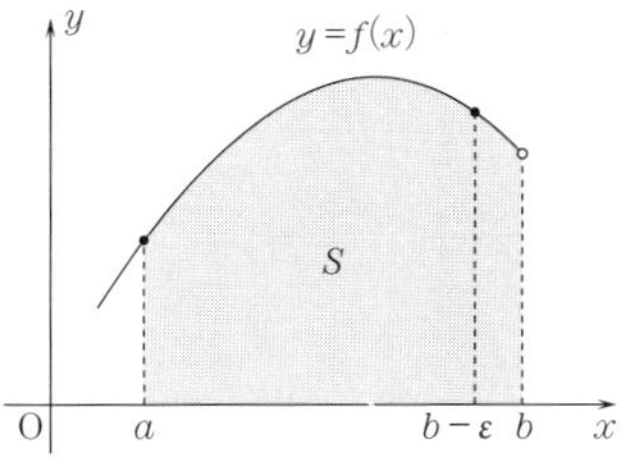

図 3.2　広義積分 1（不連続な場合）

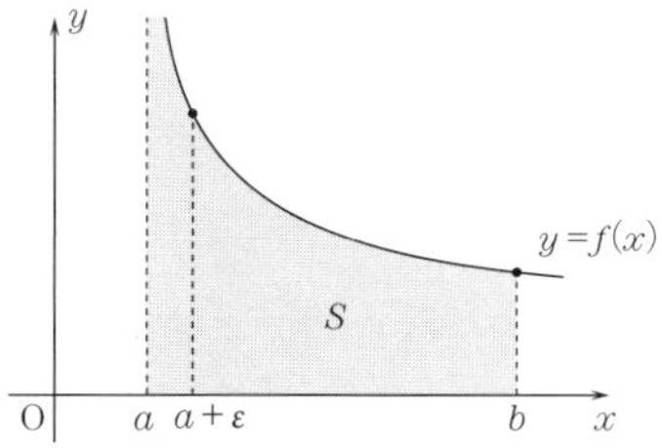

図 3.3　広義積分 2（有界でない場合）

$$S=\int_a^b f(x)\,\mathrm{d}x=\lim_{\varepsilon\to 0}\int_a^{b-\varepsilon} f(x)\,\mathrm{d}x=\lim_{\varepsilon\to 0}\big[F(x)\big]_a^{b-\varepsilon}=\lim_{\varepsilon\to 0}F(b-\varepsilon)-F(a)$$

関数 $y=f(x)$ が区間 $(a,b]$ で連続な場合も同様に，その面積 S は次のようになる（図 3.3 参照）．

$$S=\int_a^b f(x)\,\mathrm{d}x=\lim_{\varepsilon\to 0}\int_{a+\varepsilon}^{b} f(x)\,\mathrm{d}x=\lim_{\varepsilon\to 0}\big[F(x)\big]_{a+\varepsilon}^{b}=F(b)-\lim_{\varepsilon\to 0}F(a+\varepsilon)$$

極限 $\varepsilon\to 0$ に対して S が収束する場合，これらを**広義積分**（improper integral）という．つまり，広義積分は，連続で有界な区間で関数を積分し，極限 $\varepsilon\to 0$ をとるものである．この広義積分を使うと，関数 $y=f(x)$ が区間 $[a,b]$ 上の点 $x=c$ で不連続であり，かつ点 $x=d$ で有界でない場合（ただし，$a<c<d<b$）の面積 S を，次のように求めることができる（図 3.4 参照）．

$$\begin{aligned}
S&=\int_a^b f(x)\,\mathrm{d}x=\int_a^c f(x)\,\mathrm{d}x+\int_c^d f(x)\,\mathrm{d}x+\int_d^b f(x)\,\mathrm{d}x\\
&=\lim_{\varepsilon\to 0}\left\{\int_a^{c-\varepsilon} f(x)\,\mathrm{d}x+\int_{c+\varepsilon}^{d-\varepsilon} f(x)\,\mathrm{d}x+\int_{d+\varepsilon}^{b} f(x)\,\mathrm{d}x\right\}\\
&=\lim_{\varepsilon\to 0}\left\{\big[F(x)\big]_a^{c-\varepsilon}+\big[F(x)\big]_{c+\varepsilon}^{d-\varepsilon}+\big[F(x)\big]_{d+\varepsilon}^{b}\right\}\\
&=F(b)-\lim_{\varepsilon\to 0}\{F(d+\varepsilon)-F(d-\varepsilon)+F(c+\varepsilon)-F(c-\varepsilon)\}-F(a)
\end{aligned}$$

【例題 3.1】　次の定積分を求めよ．

$$\int_0^1 \frac{1}{\sqrt{x}}\,\mathrm{d}x$$

（解）　被積分関数は $x=0$ において有界でないので，正の実数 ε を考えて，その 0 の極限をとる．

$$\int_0^1 \frac{1}{\sqrt{x}}\,\mathrm{d}x=\lim_{\varepsilon\to 0}\int_\varepsilon^1 \frac{1}{\sqrt{x}}\,\mathrm{d}x=\lim_{\varepsilon\to 0}\big[2\sqrt{x}\big]_\varepsilon^1=2\sqrt{1}-\lim_{\varepsilon\to 0}2\sqrt{\varepsilon}=2-0=2$$

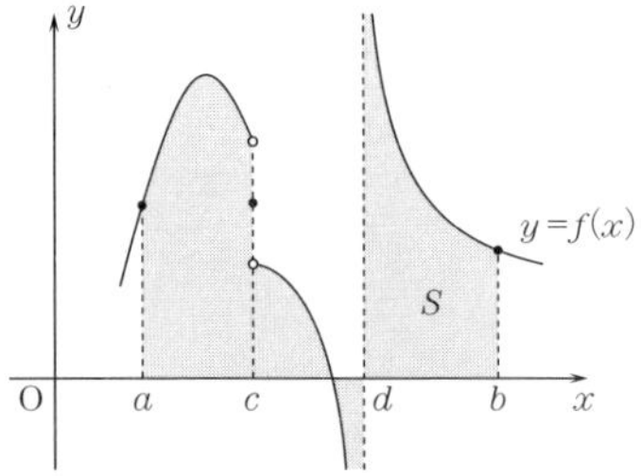

図 3.4　広義積分 3（一般的な場合）

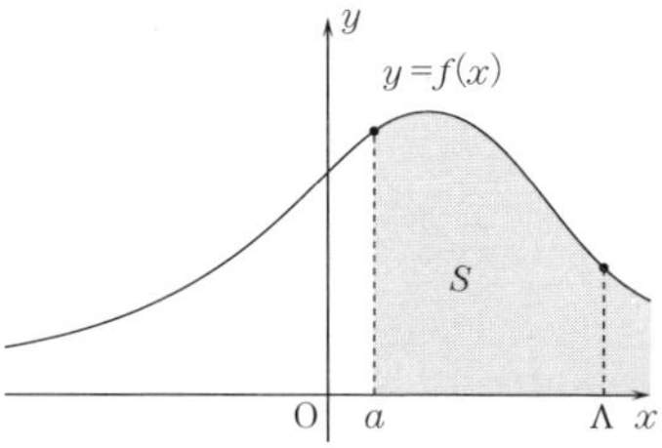

図 3.5　無限積分 1（正の半無限区間の場合）

3.1.3 無限積分

1 変数関数 $y=f(x)$ の定積分について，積分区間が無限大の場合にその定義を拡張しよう．関数 $y=f(x)$ が区間 $[a,\infty)$ で連続な場合，正の実数 Λ を考えて無限大の極限をとると，その面積 S は次で求められる（図 3.5 参照）．

$$S=\int_a^\infty f(x)\,\mathrm{d}x=\lim_{\Lambda\to\infty}\int_a^\Lambda f(x)\,\mathrm{d}x=\lim_{\Lambda\to\infty}[F(x)]_a^\Lambda=\lim_{\Lambda\to\infty}F(\Lambda)-F(a)$$

関数 $y=f(x)$ が区間 $(-\infty,b]$ で連続な場合も同様に，その面積 S は次のようになる（図 3.6 参照）．

$$S=\int_{-\infty}^b f(x)\,\mathrm{d}x=\lim_{\Lambda\to\infty}\int_{-\Lambda}^b f(x)\,\mathrm{d}x=\lim_{\Lambda\to\infty}[F(x)]_{-\Lambda}^b=F(b)-\lim_{\Lambda\to\infty}F(-\Lambda)$$

極限 $\Lambda\to\infty$ に対して S が収束する場合，これらを**無限積分**（infinite integral）という．つまり，無限積分は，有限区間で関数を積分し，極限 $\Lambda\to\infty$ をとるものである．したがって，区間 $(-\infty,\infty)$ で連続な関数 $y=f(x)$ の面積 S は，次のように求まる（図 3.7 参照）．

$$S=\int_{-\infty}^\infty f(x)\,\mathrm{d}x=\lim_{\Lambda\to\infty}\int_{-\Lambda}^\Lambda f(x)\,\mathrm{d}x=\lim_{\Lambda\to\infty}[F(x)]_{-\Lambda}^\Lambda=\lim_{\Lambda\to\infty}\{F(\Lambda)-F(-\Lambda)\}$$

【例題 3.2】　次の定積分を求めよ．

$$\int_0^\infty e^{-x}\,\mathrm{d}x$$

（解）　積分範囲が半無限区間なので，正の実数 Λ を考えて，その無限大の極限をとる．

$$\int_0^\infty e^{-x}\,\mathrm{d}x=\lim_{\Lambda\to\infty}\int_0^\Lambda e^{-x}\,\mathrm{d}x=\lim_{\Lambda\to\infty}[-e^{-x}]_0^\Lambda=\lim_{\Lambda\to\infty}(-e^{-\Lambda})-(-e^0)=0+1=1$$

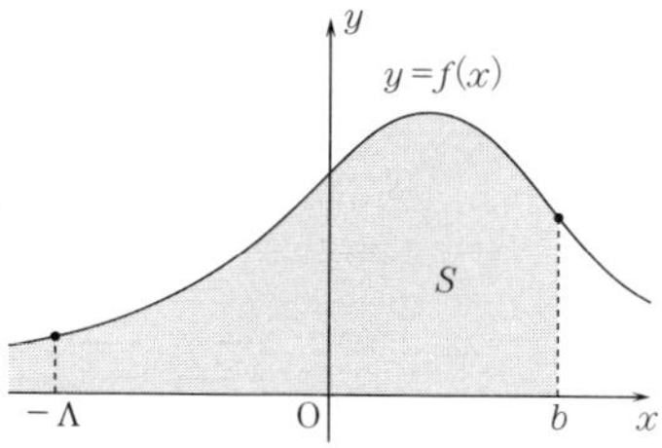

図 3.6　無限積分 2（負の半無限区間の場合）

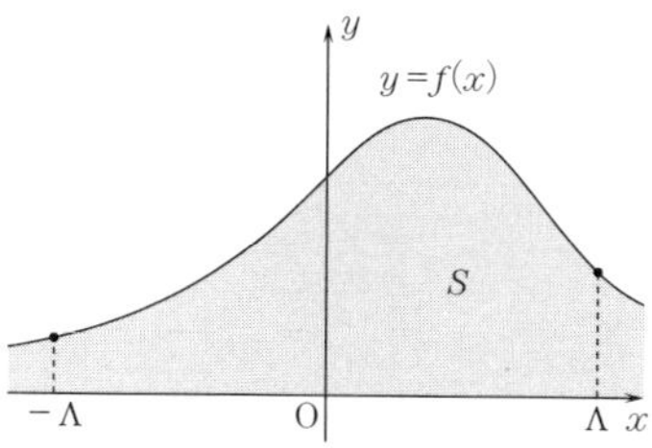

図 3.7　無限積分 3（全無限区間の場合）

3.2　2 変数関数の積分

3.2.1　累 次 積 分

2 変数関数 $z=f(x,y)$ の積分について考える．区間 $a\leq x\leq b$ に対して定義される xy 平面内の領域 S が $\eta_1(x)\leq y\leq \eta_2(x)$ と表されるとき，領域 S と関数 $z=f(x,y)$ に挟まれた部分の体積 V を計算するために，区間 $a\leq x\leq b$ を N 個の等間隔な領域に分割する（図 3.8 参照）．i 番目の微小区間の位置を $x_i(i=1,2,\cdots,N)$，微小区間の長さを Δx とすると，体積 V は近似的に次で与えられる．

$$V\simeq\sum_{i=1}^{N}\Delta V_i=\sum_{i=1}^{N}\left\{\int_{\eta_1(x_i)}^{\eta_2(x_i)}f(x_i,y)\,\mathrm{d}y\right\}\Delta x$$

位置 x_i は対応する微小区間内であればどこでもよいが，図 3.8 では中点として描いている．分割数 N が無限大の極限をとると，厳密な体積 V の値が得られる．

$$V=\lim_{N\to\infty}\sum_{i=1}^{N}\Delta V_i=\lim_{N\to\infty}\sum_{i=1}^{N}\left\{\int_{\eta_1(x_i)}^{\eta_2(x_i)}f(x_i,y)\,\mathrm{d}y\right\}\Delta x=\int_a^b\left\{\int_{\eta_1(x)}^{\eta_2(x)}f(x,y)\,\mathrm{d}y\right\}\mathrm{d}x$$
$$=\int_a^b\mathrm{d}x\int_{\eta_1(x)}^{\eta_2(x)}f(x,y)\,\mathrm{d}y$$

一方，xy 平面内の領域 S が区間 $c\leq y\leq d$ に対して $\xi_1(y)\leq x\leq \xi_2(y)$ と表されるとき，$c\leq y\leq d$ を N 個の等間隔な領域に分割すると，体積 V は近似的に次のようになる（図 3.9 参照）．

$$V\simeq\sum_{i=1}^{N}\Delta V_i=\sum_{i=1}^{N}\left\{\int_{\xi_1(y_i)}^{\xi_2(y_i)}f(x,y_i)\,\mathrm{d}x\right\}\Delta y$$

ただし，$y_i(i=1,2,\cdots,N)$ は区間 $c\leq y\leq d$ を分割した微小領域に対する i 番目の位置，Δy はその長さである．位置 y_i は，対応する微小区間内であればどこで

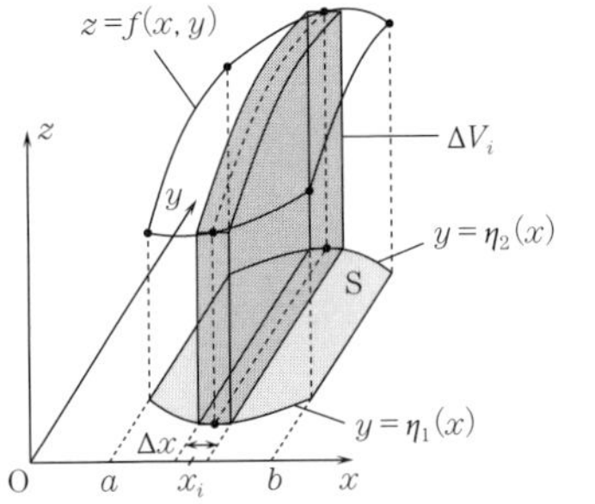

図 3.8　累次積分 1

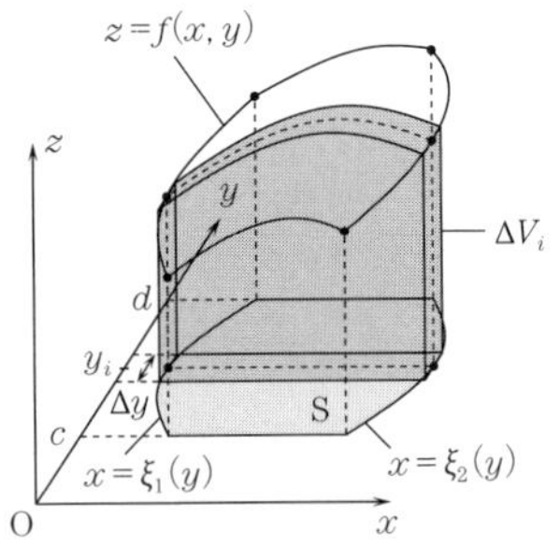

図 3.9　累次積分 2

もよい．分割数 N が無限大の極限をとると，体積 V は次のように求まる．

$$V=\lim_{N\to\infty}\sum_{i=1}^{N}\Delta V_i=\lim_{N\to\infty}\sum_{i=1}^{N}\left\{\int_{\xi_1(y_i)}^{\xi_2(y_i)}f(x,y_i)\,\mathrm{d}x\right\}\Delta y=\int_c^d\left\{\int_{\xi_1(y)}^{\xi_2(y)}f(x,y)\,\mathrm{d}x\right\}\mathrm{d}y$$

$$=\int_c^d\mathrm{d}y\int_{\xi_1(y)}^{\xi_2(y)}f(x,y)\,\mathrm{d}x$$

これらの表現を**累次積分**（iterated integral）という．xy 平面内の領域 S が，区間 $a\leq x\leq b$，$c\leq y\leq d$ に対してそれぞれ $\eta_1(x)\leq y\leq\eta_2(x)$，$\xi_1(y)\leq x\leq\xi_2(y)$ と表されるとき，体積 V はどちらの累次積分で計算しても同じ結果を得る（図 3.10 参照）．

$$V=\int_a^b\mathrm{d}x\int_{\eta_1(x)}^{\eta_2(x)}f(x,y)\,\mathrm{d}y=\int_a^b\mathrm{d}x\int_{\eta_1(x)}^{\eta_2(x)}\mathrm{d}y\,f(x,y)$$

$$=\int_c^d\mathrm{d}y\int_{\xi_1(y)}^{\xi_2(y)}f(x,y)\,\mathrm{d}x=\int_c^d\mathrm{d}y\int_{\xi_1(y)}^{\xi_2(y)}\mathrm{d}x\,f(x,y)$$

最右辺は，積分演算子を用いた表現の一種である．

3.2.2　重　積　分

2 変数関数 $z=f(x,y)$ を xy 平面内の領域 S で積分して体積 V を求めるために，領域 S を x,y 方向にそれぞれ $\Delta x,\Delta y$ の辺をもつ N 個の長方形の集合体で近似する（図 3.11 参照）．このとき，微小な長方形の位置を (x_i,y_i) $(i=1,2,\cdots,N)$ とすると，体積 V は近似的に次で与えられる．

$$V\simeq\sum_{i=1}^{N}\Delta V_i=\sum_{i=1}^{N}f(x_i,y_i)\,\Delta x\Delta y$$

この右辺をリーマン和という．位置 (x_i,y_i) は，対応する微小区間内であれば

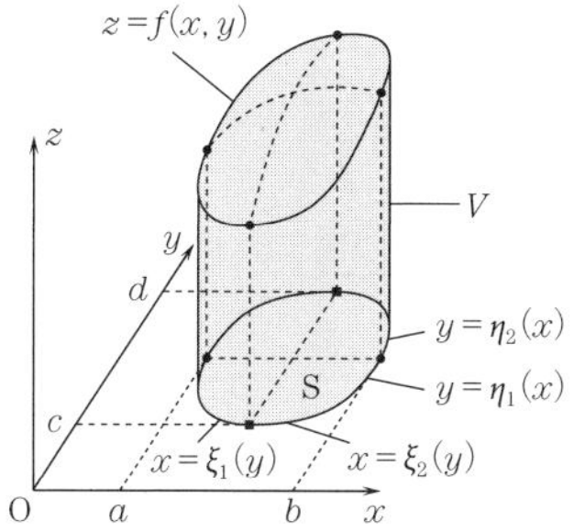

図 3.10　累次積分 3

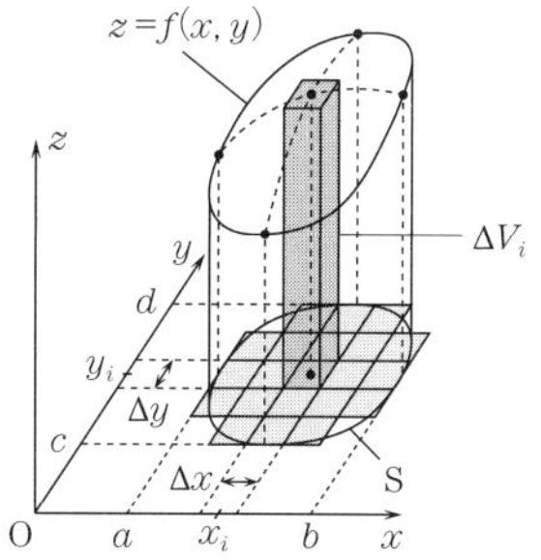

図 3.11　重積分

どこでもよい．分割数 N が無限大の極限をとると，リーマン和は体積 V に完全に一致する．

$$V=\lim_{N\to\infty}\sum_{i=1}^{N}\Delta V_i=\iint_{\mathrm{S}}f(x,y)\,\mathrm{d}x\mathrm{d}y$$

この表現を一般に，**重積分**（multiple integral）という．この場合，領域 S における関数 $z=f(x,y)$ の**二重積分**（double integral）である．xy 平面内の領域 S が，区間 $a\leq x\leq b,\ c\leq y\leq d$ に対して $\eta_1(x)\leq y\leq\eta_2(x)$ または $\xi_1(y)\leq x\leq\xi_2(y)$ と表されるとき，重積分はそれぞれの累次積分で与えられる．

$$V=\iint_{\mathrm{S}}f(x,y)\,\mathrm{d}x\mathrm{d}y=\int_a^b\mathrm{d}x\int_{\eta_1(x)}^{\eta_2(x)}f(x,y)\,\mathrm{d}y$$

$$V=\iint_{\mathrm{S}}f(x,y)\,\mathrm{d}x\mathrm{d}y=\int_c^d\mathrm{d}y\int_{\xi_1(y)}^{\xi_2(y)}f(x,y)\,\mathrm{d}x$$

【例題 3.3】　2 変数関数 $z=xy^2$ を，図 3.12 に示す xy 平面内の領域 S に対して積分せよ．

（解）　区間 $0\leq x\leq 2$ に対して x を固定すると，y の範囲は $0\leq y\leq x/2$ となる．

$$\therefore\ \iint_{\mathrm{S}}z\,\mathrm{d}x\mathrm{d}y=\int_0^2\mathrm{d}x\int_0^{x/2}xy^2\mathrm{d}y=\int_0^2\left[\frac{x}{3}y^3\right]_0^{x/2}\mathrm{d}x=\int_0^2\frac{x^4}{24}\mathrm{d}x=\left[\frac{x^5}{120}\right]_0^2=\frac{4}{15}$$

一方，区間 $0\leq y\leq 1$ に対して y を固定すると，x の範囲は $2y\leq x\leq 2$ となる．

$$\therefore\ \iint_{\mathrm{S}}z\,\mathrm{d}x\mathrm{d}y=\int_0^1\mathrm{d}y\int_{2y}^2xy^2\mathrm{d}x=\int_0^1\left[\frac{y^2}{2}x^2\right]_{2y}^2\mathrm{d}y=\int_0^1(2y^2-2y^4)\,\mathrm{d}y$$

$$=\left[\frac{2}{3}y^3-\frac{2}{5}y^5\right]_0^1=\frac{2}{3}-\frac{2}{5}=\frac{4}{15}$$

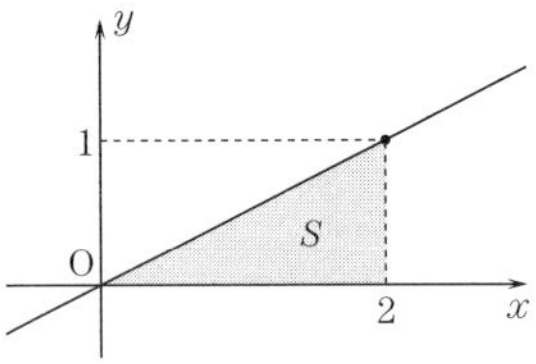

図 3.12　例題 3.3

以上のように，両者は一致する．

3.3 線　　積　　分

3.3.1 線　　素

曲線 C 上の位置ベクトルが，パラメータ t を用いて，$\boldsymbol{r}(t)=x(t)\boldsymbol{i}+y(t)\boldsymbol{j}+z(t)\boldsymbol{k}$ で表されるとする（図 2.5 参照）．このとき，2.4 節で述べた曲線 C 上の微小変位 $\mathrm{d}\boldsymbol{r}$ に対して，次を定義する．

$$\mathrm{d}r=|\mathrm{d}\boldsymbol{r}|$$

この微小変位 $\mathrm{d}\boldsymbol{r}$ の大きさ $\mathrm{d}r$ を**線素**（line element）という．これに対応して，微小変位 $\mathrm{d}\boldsymbol{r}$ を線素ベクトルともいう．ところで，線素ベクトル $\mathrm{d}\boldsymbol{r}$ と同じ向きの単位ベクトルは単位接線ベクトル $\boldsymbol{t}$ で与えられるので，次が得られる．

$$\mathrm{d}\boldsymbol{r}=|\mathrm{d}\boldsymbol{r}|\boldsymbol{t}=\boldsymbol{t}\,\mathrm{d}r$$

$$\therefore\ \mathrm{d}\boldsymbol{r}=\boldsymbol{t}\,\mathrm{d}r$$

また，単位接線ベクトル $\boldsymbol{t}$ と接線ベクトル $\mathrm{d}\boldsymbol{r}/\mathrm{d}t$ も同じ向きなので，両者の内積は次のようになる．

$$\boldsymbol{t}\cdot\frac{\mathrm{d}\boldsymbol{r}}{\mathrm{d}t}=\left|\frac{\mathrm{d}\boldsymbol{r}}{\mathrm{d}t}\right|$$

したがって，線素 $\mathrm{d}r$ を次のようにも表現できる．

$$\mathrm{d}r=\boldsymbol{t}\cdot\boldsymbol{t}\,\mathrm{d}r=\boldsymbol{t}\cdot\mathrm{d}\boldsymbol{r}=\boldsymbol{t}\cdot\frac{\mathrm{d}\boldsymbol{r}}{\mathrm{d}t}\mathrm{d}t=\left|\frac{\mathrm{d}\boldsymbol{r}}{\mathrm{d}t}\right|\mathrm{d}t$$

$$\therefore\ \mathrm{d}r=\left|\frac{\mathrm{d}\boldsymbol{r}}{\mathrm{d}t}\right|\mathrm{d}t$$

$\mathrm{d}\boldsymbol{r}=\boldsymbol{i}\mathrm{d}x+\boldsymbol{j}\mathrm{d}y+\boldsymbol{k}\mathrm{d}z$，$\mathrm{d}\boldsymbol{r}/\mathrm{d}t=(\mathrm{d}x/\mathrm{d}t)\,\boldsymbol{i}+(\mathrm{d}y/\mathrm{d}t)\,\boldsymbol{j}+(\mathrm{d}z/\mathrm{d}t)\,\boldsymbol{k}$ なので，線素

$\mathrm{d}r$ を成分表示すると，次が得られる．

$$\mathrm{d}r=|\mathrm{d}\boldsymbol{r}|=\sqrt{\mathrm{d}x^2+\mathrm{d}y^2+\mathrm{d}z^2}$$
$$=\left|\frac{\mathrm{d}\boldsymbol{r}}{\mathrm{d}t}\right|\mathrm{d}t=\sqrt{\left(\frac{\mathrm{d}x}{\mathrm{d}t}\right)^2+\left(\frac{\mathrm{d}y}{\mathrm{d}t}\right)^2+\left(\frac{\mathrm{d}z}{\mathrm{d}t}\right)^2}\,\mathrm{d}t$$

3.3.2 スカラー場の線積分

スカラー場 $\varphi=f(x,y,z)$ を考えよう．空間内の 2 点 A,B を結ぶ曲線 C がパラメータ t で表示されるとき，曲線 C 上の位置ベクトル $\boldsymbol{r}$ は始点 A$(t=a)$ と終点 B$(t=b)$ の区間 $a\leq t\leq b$ で $\boldsymbol{r}(t)=x(t)\boldsymbol{i}+y(t)\boldsymbol{j}+z(t)\boldsymbol{k}$ と表現できる．曲線 C を N 個の微小な長さ $\Delta r_i(i=1,2,\cdots,N)$ に分割し，分割数 N が無限大の極限をとると，次のスカラー量が定義できる（図 3.13 参照）．

$$\lim_{N\to\infty}\sum_{i=1}^{N}\varphi_i\Delta r_i=\lim_{N\to\infty}\sum_{i=1}^{N}f(x(t_i),y(t_i),z(t_i))\Delta r_i=\int_{\mathrm{C}}f(x,y,z)\,\mathrm{d}r=\int_{\mathrm{C}}\varphi\,\mathrm{d}r$$

これを曲線 C に沿うスカラー場 $\varphi=f(x,y,z)$ の**線積分**（line integral）という．この線積分は，次のように表現できる．

$$\int_{\mathrm{C}}\varphi\,\mathrm{d}r=\int_{\mathrm{C}}f(x,y,z)\,\mathrm{d}r=\int_a^b f(x,y,z)\left|\frac{\mathrm{d}\boldsymbol{r}}{\mathrm{d}t}\right|\mathrm{d}t$$
$$=\int_a^b f(x,y,z)\sqrt{\left(\frac{\mathrm{d}x}{\mathrm{d}t}\right)^2+\left(\frac{\mathrm{d}y}{\mathrm{d}t}\right)^2+\left(\frac{\mathrm{d}z}{\mathrm{d}t}\right)^2}\,\mathrm{d}t$$

スカラー場 φ,ψ と曲線 $\mathrm{C},\mathrm{C}_1,\mathrm{C}_2$，および定数 a,b に対して，スカラー場の線積分は次のような特徴をもつ（図 3.14，3.15 参照）．

（i）　$\displaystyle\int_{\mathrm{C}}(a\varphi+b\psi)\,\mathrm{d}r=a\int_{\mathrm{C}}\varphi\,\mathrm{d}r+b\int_{\mathrm{C}}\psi\,\mathrm{d}r$

（ii）　$\displaystyle\int_{-\mathrm{C}}\varphi\,\mathrm{d}r=-\int_{\mathrm{C}}\varphi\,\mathrm{d}r$

（iii）　$\displaystyle\int_{\mathrm{C}_1+\mathrm{C}_2}\varphi\,\mathrm{d}r=\int_{\mathrm{C}_1}\varphi\,\mathrm{d}r+\int_{\mathrm{C}_2}\varphi\,\mathrm{d}r$

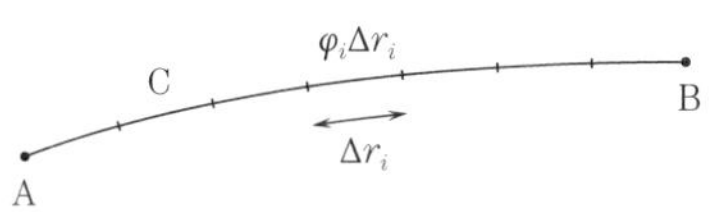

図 3.13　スカラー場の線積分

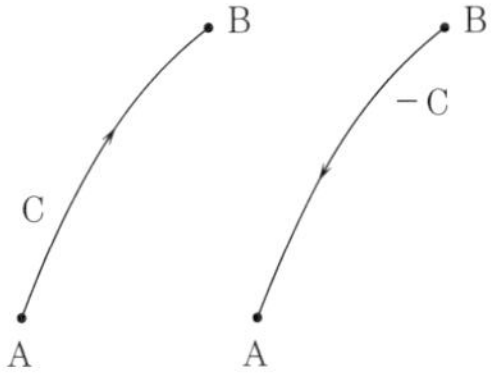

図 3.14 曲線の向き

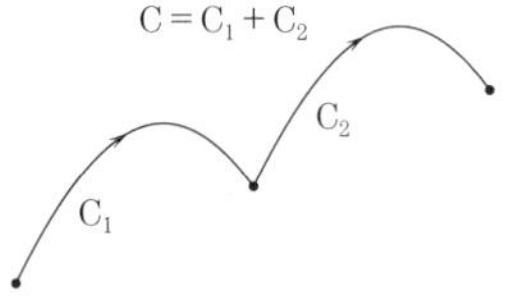

図 3.15 2 つの曲線の和

【例題 3.4】 曲線 C が $\boldsymbol{r}(t)=2t\boldsymbol{i}+2t\boldsymbol{j}+t\boldsymbol{k}$ $(0\leq t\leq 1)$ と表せるとき，スカラー場 $\varphi=xyz$ の C に沿う線積分を求めよ．

（解） $\varphi=4t^3 \qquad \because\ \boldsymbol{r}=(x,y,z)=(2t,2t,t)$

$$\frac{\mathrm{d}\boldsymbol{r}}{\mathrm{d}t}=(2,2,1) \qquad \therefore \left|\frac{\mathrm{d}\boldsymbol{r}}{\mathrm{d}t}\right|=\sqrt{2^2+2^2+1^2}=3$$

$$\therefore \int_{\mathrm{C}}\varphi\,\mathrm{d}r=\int_0^1\varphi\left|\frac{\mathrm{d}\boldsymbol{r}}{\mathrm{d}t}\right|\mathrm{d}t=\int_0^1 12t^3\,\mathrm{d}t=[3t^4]_0^1=3$$

3.3.3 ベクトル場の線積分

ベクトル場 $\boldsymbol{A}=A_1(x,y,z)\boldsymbol{i}+A_2(x,y,z)\boldsymbol{j}+A_3(x,y,z)\boldsymbol{k}$ を考えよう．空間内の曲線 C 上におけるベクトル場 $\boldsymbol{A}$ と線素ベクトル $\mathrm{d}\boldsymbol{r}=\boldsymbol{i}\mathrm{d}x+\boldsymbol{j}\mathrm{d}y+\boldsymbol{k}\mathrm{d}z$ の内積の積分は，次のようになる（図 3.16 参照）．

$$\int_{\mathrm{C}}\boldsymbol{A}\cdot\mathrm{d}\boldsymbol{r}=\int_{\mathrm{C}}A_1(x,y,z)\,\mathrm{d}x+\int_{\mathrm{C}}A_2(x,y,z)\,\mathrm{d}y+\int_{\mathrm{C}}A_3(x,y,z)\,\mathrm{d}z$$

これを曲線 C に沿うベクトル場 $\boldsymbol{A}$ の線積分という．この線積分は，パラメータ $t\,(a\leq t\leq b)$ に対して次のように表現できる．

$$\int_{\mathrm{C}}\boldsymbol{A}\cdot\mathrm{d}\boldsymbol{r}=\int_a^b\boldsymbol{A}\cdot\frac{\mathrm{d}\boldsymbol{r}}{\mathrm{d}t}\mathrm{d}t$$
$$=\int_a^b A_1(x,y,z)\frac{\mathrm{d}x}{\mathrm{d}t}\mathrm{d}t+\int_a^b A_2(x,y,z)\frac{\mathrm{d}y}{\mathrm{d}t}\mathrm{d}t+\int_a^b A_3(x,y,z)\frac{\mathrm{d}z}{\mathrm{d}t}\mathrm{d}t$$

また，線素ベクトル $\mathrm{d}\boldsymbol{r}$ と単位接線ベクトル $\boldsymbol{t}$ の関係式 $\mathrm{d}\boldsymbol{r}=\boldsymbol{t}\,\mathrm{d}r$ を用いて，次のようにも表せる．

$$\int_{\mathrm{C}}\boldsymbol{A}\cdot\mathrm{d}\boldsymbol{r}=\int_{\mathrm{C}}\boldsymbol{A}\cdot\boldsymbol{t}\,\mathrm{d}r$$

ベクトル場 $\boldsymbol{A},\boldsymbol{B}$ と曲線 $\mathrm{C},\mathrm{C}_1,\mathrm{C}_2$，および定数 a,b に対して，ベクトル場の

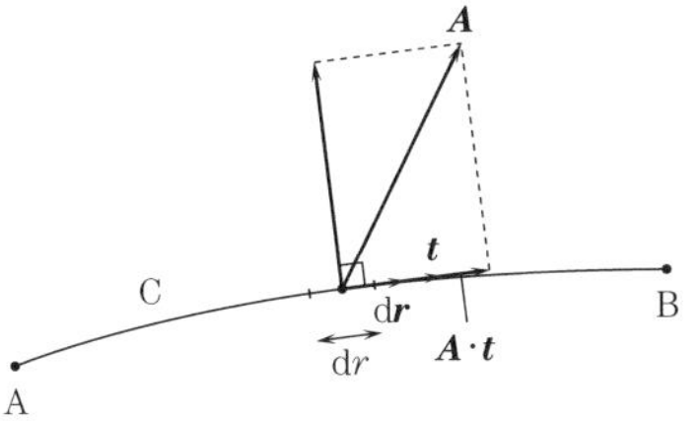

図 3.16 ベクトル場の線積分

線積分は次のような特徴をもつ（図 3.14, 3.15 参照）．

（i）$\int_C (a\boldsymbol{A}+b\boldsymbol{B})\cdot \mathrm{d}\boldsymbol{r}=a\int_C \boldsymbol{A}\cdot \mathrm{d}\boldsymbol{r}+b\int_C \boldsymbol{B}\cdot \mathrm{d}\boldsymbol{r}$

（ii）$\int_{-C} \boldsymbol{A}\cdot \mathrm{d}\boldsymbol{r}=-\int_C \boldsymbol{A}\cdot \mathrm{d}\boldsymbol{r}$

（iii）$\int_{C_1+C_2} \boldsymbol{A}\cdot \mathrm{d}\boldsymbol{r}=\int_{C_1} \boldsymbol{A}\cdot \mathrm{d}\boldsymbol{r}+\int_{C_2} \boldsymbol{A}\cdot \mathrm{d}\boldsymbol{r}$

【例題 3.5】 曲線 C が $\boldsymbol{r}(t)=t\boldsymbol{i}+3t\boldsymbol{j}+2t\boldsymbol{k}$（$0\leq t\leq 1$）と表せるとき，ベクトル場 $\boldsymbol{A}=3xy\boldsymbol{i}-yz\boldsymbol{j}+z^2\boldsymbol{k}$ の C に沿う線積分を求めよ．

（解）$\boldsymbol{A}=(9t^2, -6t^2, 4t^2)$　　$\because\ \boldsymbol{r}=(x, y, z)=(t, 3t, 2t)$

$$\frac{\mathrm{d}\boldsymbol{r}}{\mathrm{d}t}=(1, 3, 2)$$

$$\therefore\ \int_C \boldsymbol{A}\cdot \mathrm{d}\boldsymbol{r}=\int_0^1 \boldsymbol{A}\cdot\frac{\mathrm{d}\boldsymbol{r}}{\mathrm{d}t}\mathrm{d}t=\int_0^1 (9t^2, -6t^2, 4t^2)\cdot(1, 3, 2)\,\mathrm{d}t$$

$$=\int_0^1 (-t^2)\,\mathrm{d}t=\left[-\frac{t^3}{3}\right]_0^1=-\frac{1}{3}$$

【例題 3.6】 ベクトル場 $\boldsymbol{E}$ がスカラーポテンシャル φ をもち，$\boldsymbol{E}=-\nabla\varphi$ と表せるとする．このとき，$t=a, b$ をそれぞれ始点，終点とする位置ベクトル $\boldsymbol{r}(t)$ が描く曲線 C に沿うベクトル場 $\boldsymbol{E}$ の線積分は，$\varphi=\varphi(t)$ として次で与えられることを示せ．

$$\int_C \boldsymbol{E}\cdot \mathrm{d}\boldsymbol{r}=\varphi(a)-\varphi(b)$$

（解）$\int_C \boldsymbol{E}\cdot \mathrm{d}\boldsymbol{r}=\int_a^b \boldsymbol{E}\cdot\frac{\mathrm{d}\boldsymbol{r}}{\mathrm{d}t}\mathrm{d}t=-\int_a^b (\nabla\varphi)\cdot\frac{\mathrm{d}\boldsymbol{r}}{\mathrm{d}t}\mathrm{d}t=-\int_a^b \frac{\mathrm{d}\varphi}{\mathrm{d}t}\mathrm{d}t=-\int_{\varphi(a)}^{\varphi(b)}\mathrm{d}\varphi$

$$=-[\varphi]_{\varphi(a)}^{\varphi(b)}=\varphi(a)-\varphi(b)$$

ただし，式変形に 2.6 節で述べたスカラー場の全微分と勾配の間の関係式を用いた．

このように線積分が経路によらず始点と終点の位置のみで決まるという特徴をもつベクトル場を，**保存場**（conservative field）という．

【例題 3.7】 ベクトル場 $\boldsymbol{E}$ が条件 $\nabla\times\boldsymbol{E}=\boldsymbol{0}$ を満足するとき，そのスカラーポテンシャル φ が定義できることを示せ．

（解）例題 3.22 より，条件 $\nabla\times\boldsymbol{E}=\boldsymbol{0}$ を満足する場合，ベクトル場 $\boldsymbol{E}$ の線積分は途中の経路によらない．そこで，変数 t でパラメータ表示した，$t=a$ を始点とする曲線 C を考えると，C 上の観測点の位置 $\boldsymbol{r}=(x,y,z)$ までの線積分として次のようなスカラー場 $\varphi=\varphi(t)$ が定義できる．

$$\begin{aligned}\varphi(t)&=\varphi(a)-\int_{\mathrm{C}}\boldsymbol{E}\cdot\mathrm{d}\boldsymbol{r}\\&=\varphi(a)-\int_a^t\boldsymbol{E}\cdot\frac{\mathrm{d}\boldsymbol{r}}{\mathrm{d}t}\mathrm{d}t\end{aligned}$$

この式は，始点と観測点が固定された任意の経路 C に対して成り立つ．ところで，2.6 節で述べた全微分 $\mathrm{d}\varphi$ の表式を用いて，φ を次のようにも変形できる．

$$\begin{aligned}\varphi(t)-\varphi(a)&=\int_{\mathrm{C}}\mathrm{d}\varphi=\int_{\mathrm{C}}(\nabla\varphi)\cdot\mathrm{d}\boldsymbol{r}\\&=\int_a^t\frac{\mathrm{d}\varphi}{\mathrm{d}t}\mathrm{d}t=\int_a^t(\nabla\varphi)\cdot\frac{\mathrm{d}\boldsymbol{r}}{\mathrm{d}t}\mathrm{d}t\end{aligned}$$

したがって，φ に対する 2 つの表現をまとめると，次のようになる．

$$\varphi(t)-\varphi(a)=-\int_{\mathrm{C}}\boldsymbol{E}\cdot\mathrm{d}\boldsymbol{r}=\int_{\mathrm{C}}(\nabla\varphi)\cdot\mathrm{d}\boldsymbol{r}$$

$$\therefore\ \int_{\mathrm{C}}(\boldsymbol{E}+\nabla\varphi)\cdot\mathrm{d}\boldsymbol{r}=0$$

この式が任意の曲線 C に対して成り立つので，$\boldsymbol{E}+\nabla\varphi=\boldsymbol{0}$ あるいは $\boldsymbol{E}=-\nabla\varphi$ でなければならない．つまり，ベクトル場 $\boldsymbol{E}$ は，スカラーポテンシャル φ をもつことがわかる．

3.4 面　積　分

3.4.1 曲面のパラメータ表示

位置ベクトル $\boldsymbol{r}=x\boldsymbol{i}+y\boldsymbol{j}+z\boldsymbol{k}$ がたがいに独立な 2 変数 u,v の関数のとき，(u,v) の変化に対して $\boldsymbol{r}$ は空間内に 1 つの曲面 S を描く．次の表現を，曲面 S のパラメータ表示という．

$$\boldsymbol{r}(u,v)=x(u,v)\,\boldsymbol{i}+y(u,v)\,\boldsymbol{j}+z(u,v)\,\boldsymbol{k}$$

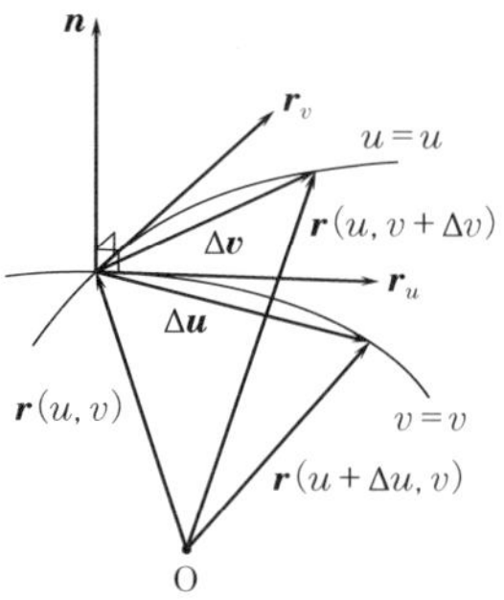

図 3.17　曲面の接線ベクトル

$$=(x(u,v),y(u,v),z(u,v))$$

曲面 S 上で，v を一定にして u を変化させた場合に形成される曲線を u 曲線という．一方，u を一定にして v を変化させた場合に形成される曲線を v 曲線という．曲面 S 上の位置 $\boldsymbol{r}(u,v)$ を通る u 曲線，v 曲線に対してそれぞれ，近接する点 $\boldsymbol{r}(u+\Delta u,v)$，$\boldsymbol{r}(u,v+\Delta v)$ を考えよう（図 3.17 参照）．u 曲線上にある 2 点の位置ベクトルの差 $\Delta\boldsymbol{u}=\boldsymbol{r}(u+\Delta u,v)-\boldsymbol{r}(u,v)$ を増分 Δu で割り，Δu が 0 の極限をとると，次のような曲面 S 上の u 曲線に対する接線ベクトル $\boldsymbol{r}_u$ が得られる．

$$\boldsymbol{r}_u=\frac{\partial\boldsymbol{r}}{\partial u}=\lim_{\Delta u\to 0}\frac{\Delta\boldsymbol{u}}{\Delta u}=\lim_{\Delta u\to 0}\frac{\boldsymbol{r}(u+\Delta u,v)-\boldsymbol{r}(u,v)}{\Delta u}$$

同様に，曲面 S 上の v 曲線に対する接線ベクトル $\boldsymbol{r}_v$ は，位置ベクトルの差 $\Delta\boldsymbol{v}=\boldsymbol{r}(u,v+\Delta v)-\boldsymbol{r}(u,v)$ を用いて，次で与えられる．

$$\boldsymbol{r}_v=\frac{\partial\boldsymbol{r}}{\partial v}=\lim_{\Delta v\to 0}\frac{\Delta\boldsymbol{v}}{\Delta v}=\lim_{\Delta v\to 0}\frac{\boldsymbol{r}(u,v+\Delta v)-\boldsymbol{r}(u,v)}{\Delta v}$$

近接する 2 本の u 曲線と 2 本の v 曲線に囲まれた部分の面積 ΔS は近似的に，

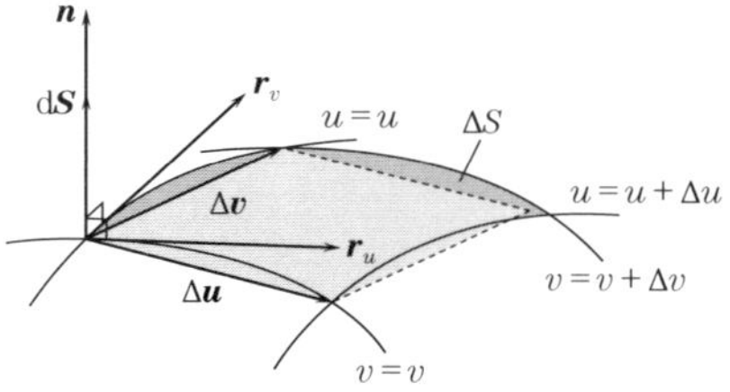

図 3.18　曲面の面素ベクトル

交点の位置ベクトルの差 $\Delta\boldsymbol{u}, \Delta\boldsymbol{v}$ がつくる平行四辺形の面積で与えられる（図 3.18 参照）．両者の外積 $\Delta\boldsymbol{u}\times\Delta\boldsymbol{v}$ に対して Δu と Δv がともに 0 の極限をとると，次のようになる．

$$\begin{aligned}
\mathrm{d}\boldsymbol{S} &= \lim_{\substack{\Delta u\to 0\\ \Delta v\to 0}} \Delta\boldsymbol{u}\times\Delta\boldsymbol{v} = \lim_{\substack{\Delta u\to 0\\ \Delta v\to 0}} \{\boldsymbol{r}(u+\Delta u, v)-\boldsymbol{r}(u,v)\}\times\{\boldsymbol{r}(u, v+\Delta v)-\boldsymbol{r}(u,v)\}\\
&= \left\{\lim_{\Delta u\to 0}\frac{\boldsymbol{r}(u+\Delta u, v)-\boldsymbol{r}(u,v)}{\Delta u}\Delta u\right\}\times\left\{\lim_{\Delta v\to 0}\frac{\boldsymbol{r}(u, v+\Delta v)-\boldsymbol{r}(u,v)}{\Delta v}\Delta v\right\}\\
&= (\boldsymbol{r}_u\,\mathrm{d}u)\times(\boldsymbol{r}_v\,\mathrm{d}v) = (\boldsymbol{r}_u\times\boldsymbol{r}_v)\,\mathrm{d}u\,\mathrm{d}v
\end{aligned}$$

$$\therefore \mathrm{d}\boldsymbol{S} = (\boldsymbol{r}_u\times\boldsymbol{r}_v)\,\mathrm{d}u\,\mathrm{d}v$$

したがって，微小面積 ΔS の極限は

$$\mathrm{d}S = \lim_{\substack{\Delta u\to 0\\ \Delta v\to 0}} \Delta S = |\boldsymbol{r}_u\times\boldsymbol{r}_v|\,\mathrm{d}u\,\mathrm{d}v$$

$$\therefore \mathrm{d}S = |\boldsymbol{r}_u\times\boldsymbol{r}_v|\,\mathrm{d}u\,\mathrm{d}v$$

と表せる．$\mathrm{d}S$ を**面素**（surface element），$\mathrm{d}\boldsymbol{S}$ を面素ベクトルという．曲面 S 上の u 曲線と v 曲線の接線ベクトル $\boldsymbol{r}_u, \boldsymbol{r}_v$ に対して，両者の外積 $\boldsymbol{r}_u\times\boldsymbol{r}_v$ は S に垂直なベクトルとなる．これを，曲面 S の法線ベクトルという．したがって，曲面 S の単位法線ベクトル $\boldsymbol{n}$ は，次のようになる．

$$\boldsymbol{n} = \frac{\boldsymbol{r}_u\times\boldsymbol{r}_v}{|\boldsymbol{r}_u\times\boldsymbol{r}_v|}$$

この単位法線ベクトル $\boldsymbol{n}$ を用いて，面素ベクトル $\mathrm{d}\boldsymbol{S}$ と面素 $\mathrm{d}S$ の関係式は，次で与えられる．

$$\mathrm{d}\boldsymbol{S} = (\boldsymbol{r}_u\times\boldsymbol{r}_v)\,\mathrm{d}u\,\mathrm{d}v = \boldsymbol{n}|\boldsymbol{r}_u\times\boldsymbol{r}_v|\,\mathrm{d}u\,\mathrm{d}v = \boldsymbol{n}\,\mathrm{d}S$$

$$\therefore \mathrm{d}\boldsymbol{S} = \boldsymbol{n}\,\mathrm{d}S$$

外積の順番を入れ換えると，ベクトルの向きが反対となる．したがって，曲面 S の単位法線ベクトル $\boldsymbol{n}$（または，面素ベクトル $\mathrm{d}\boldsymbol{S}$）としてたがいに反対向きの 2 種類が一般に存在するが，本書では $\boldsymbol{r}_u, \boldsymbol{r}_v, \boldsymbol{n}$ がたがいに右手系をなすようにとることにする．このように，曲面のどちらを表（または，裏）とするか，はっきりと規定する必要がある．

3.4.2 スカラー場の面積分

スカラー場 $\varphi=f(x,y,z)$ を考えよう．曲面 S を N 個の微小な領域 $\Delta S_i(i=1,2,\cdots,N)$ の和で近似し，分割数 N が無限大の極限をとると，次のスカラー量が定義できる（図 3.19 参照）．

$$\lim_{N\to\infty}\sum_{i=1}^{N}\varphi_i\Delta S_i=\lim_{N\to\infty}\sum_{i=1}^{N}f(x(u_i,v_i),y(u_i,v_i),z(u_i,v_i))\Delta S_i$$
$$=\int_{\mathrm{S}}f(x,y,z)\,\mathrm{d}S=\int_{\mathrm{S}}\varphi\,\mathrm{d}S$$

これを曲面 S に対するスカラー場 $\varphi=f(x,y,z)$ の**面積分**（surface integral）という．この面積分は，パラメータ u,v に対して次のように表現できる．

$$\int_{\mathrm{S}}\varphi\,\mathrm{d}S=\int_{\mathrm{S}}f(x,y,z)\,\mathrm{d}S=\iint_{\mathrm{S}}f(x(u,v),y(u,v),z(u,v))|\boldsymbol{r}_u\times\boldsymbol{r}_v|\,\mathrm{d}u\mathrm{d}v$$

スカラー場 φ,ψ と曲面 $\mathrm{S},\mathrm{S}_1,\mathrm{S}_2$，および定数 a,b に対して，スカラー場の面積分は次のような特徴をもつ（図 3.20 参照）．

（i）　$\displaystyle\int_{\mathrm{S}}(a\varphi+b\psi)\,\mathrm{d}S=a\int_{\mathrm{S}}\varphi\,\mathrm{d}S+b\int_{\mathrm{S}}\psi\,\mathrm{d}S$

（ii）　$\displaystyle\int_{\mathrm{S}_1+\mathrm{S}_2}\varphi\,\mathrm{d}S=\int_{\mathrm{S}_1}\varphi\,\mathrm{d}S+\int_{\mathrm{S}_2}\varphi\,\mathrm{d}S$

向きをもたないスカラー場の面積分なので，曲面に対して負の符号を付ける場合には注意が必要である．まず，反対向きの面 −S に対する面積分は，次のように全く変化しない（図 3.21 参照）．

$$\int_{-\mathrm{S}}\varphi\,\mathrm{d}S=\int_{\mathrm{S}}\varphi\,\mathrm{d}S$$

むしろ，スカラー場の面積分を反対向きの面で実行する物理的なイメージが湧かず，考えること自体に意味がない．一方，面 S_2 が面 S_1 の一部をなし，その差 $\mathrm{S}_1-\mathrm{S}_2$ に対する面積分を計算するときは，次のように両者の面積分をそれぞれ

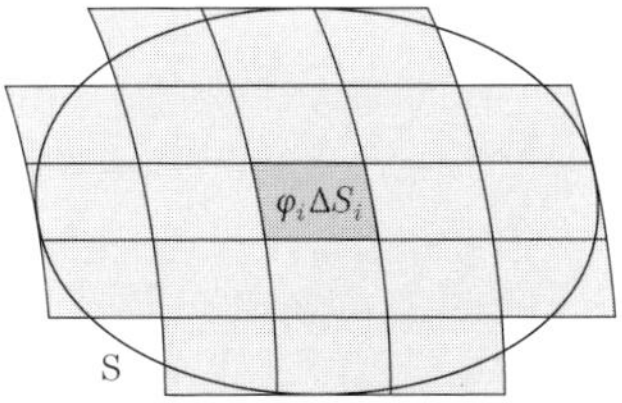

図 3.19　スカラー場の面積分

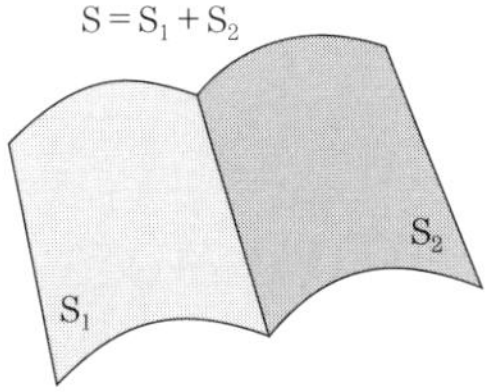

図 3.20　2 つの曲面の和

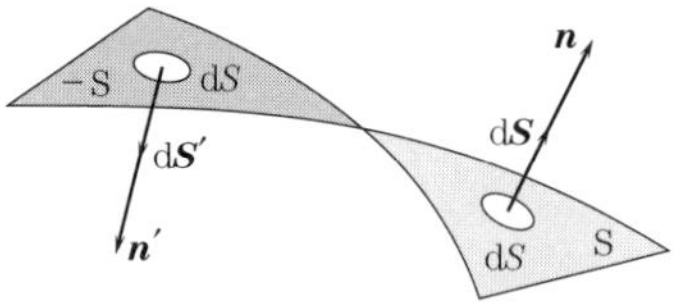

図 3.21　曲面の向き

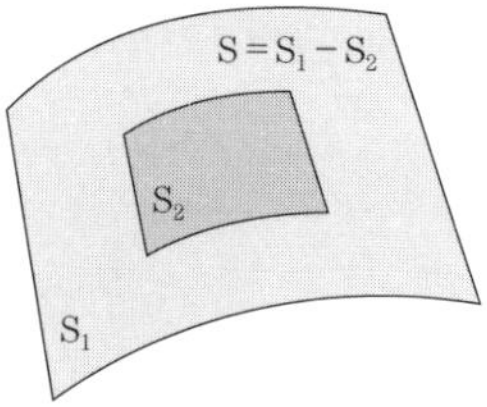

図 3.22　2 つの曲面の差

計算した結果の差に等しくなる（図 3.22 参照）．

$$\int_{S_1-S_2}\varphi\,dS=\int_{S_1}\varphi\,dS-\int_{S_2}\varphi\,dS$$

【例題 3.8】　曲面 S が半径 a の球表面 $\boldsymbol{r}(\theta,\varphi)=a\boldsymbol{i}\sin\theta\cos\varphi+a\boldsymbol{j}\sin\theta\sin\varphi+a\boldsymbol{k}\cos\theta$ $(0\leq\theta\leq\pi, 0\leq\varphi<2\pi)$ で与えられるとき，スカラー場 $\phi_1=1$ と $\phi_2=x^2+y^2-z^2$ の S に対する面積分をそれぞれ求めよ．

（解）　$\boldsymbol{r}_\theta=(a\cos\theta\cos\varphi, a\cos\theta\sin\varphi, -a\sin\theta)$

$\boldsymbol{r}_\varphi=(-a\sin\theta\sin\varphi, a\sin\theta\cos\varphi, 0)$

$\therefore\ \boldsymbol{r}_\theta\times\boldsymbol{r}_\varphi=a^2\sin\theta(\sin\theta\cos\varphi, \sin\theta\sin\varphi, \cos\theta)$

$\therefore\ |\boldsymbol{r}_\theta\times\boldsymbol{r}_\varphi|=a^2\sin\theta\sqrt{\sin^2\theta\cos^2\varphi+\sin^2\theta\sin^2\varphi+\cos^2\theta}=a^2\sin\theta$

$$\int_S\phi_1\,dS=\int_S dS=\int_0^\pi d\theta\int_0^{2\pi}|\boldsymbol{r}_\theta\times\boldsymbol{r}_\varphi|\,d\varphi=\int_0^\pi d\theta\int_0^{2\pi}a^2\sin\theta\,d\varphi$$
$$=2\pi a^2\int_0^\pi\sin\theta\,d\theta=2\pi a^2[-\cos\theta]_0^\pi=4\pi a^2$$

$$\int_S\phi_2\,dS=\int_0^\pi d\theta\int_0^{2\pi}\phi_2|\boldsymbol{r}_\theta\times\boldsymbol{r}_\varphi|\,d\varphi$$
$$=\int_0^\pi d\theta\int_0^{2\pi}a^2\sin\theta(a^2\sin^2\theta\cos^2\varphi+a^2\sin^2\theta\sin^2\varphi-a^2\cos^2\theta)\,d\varphi$$
$$=\int_0^\pi d\theta\int_0^{2\pi}a^4\sin\theta(\sin^2\theta-\cos^2\theta)\,d\varphi$$
$$=2\pi a^4\int_0^\pi\sin\theta(1-2\cos^2\theta)\,d\theta$$
$$=2\pi a^4\left[-\cos\theta+\frac{2}{3}\cos^3\theta\right]_0^\pi=\frac{4\pi a^4}{3}$$

【例題 3.9】　曲面 S 上の位置ベクトル $\boldsymbol{r}=x\boldsymbol{i}+y\boldsymbol{j}+z\boldsymbol{k}$ について，その z 座標が $z=f(x,y)$ と表せるとき，スカラー場 $\varphi(x,y,z)$ の S に対する面積分が次で

与えられることを示せ．

$$\int_S \varphi\,\mathrm{d}S = \iint_S \varphi(x,y,f(x,y))\sqrt{1+\left(\frac{\partial f}{\partial x}\right)^2+\left(\frac{\partial f}{\partial y}\right)^2}\,\mathrm{d}x\mathrm{d}y$$

（解）　$\boldsymbol{r}(x,y)=x\boldsymbol{i}+y\boldsymbol{j}+f(x,y)\boldsymbol{k}$ である．

$$\therefore\ \boldsymbol{r}_x\times\boldsymbol{r}_y=\left(\boldsymbol{i}+\frac{\partial f}{\partial x}\boldsymbol{k}\right)\times\left(\boldsymbol{j}+\frac{\partial f}{\partial y}\boldsymbol{k}\right)=-\frac{\partial f}{\partial x}\boldsymbol{i}-\frac{\partial f}{\partial y}\boldsymbol{j}+\boldsymbol{k}$$

$$\therefore\ |\boldsymbol{r}_x\times\boldsymbol{r}_y|=\sqrt{1+\left(\frac{\partial f}{\partial x}\right)^2+\left(\frac{\partial f}{\partial y}\right)^2}$$

$$\therefore\ \int_S \varphi\,\mathrm{d}S=\iint_S \varphi|\boldsymbol{r}_x\times\boldsymbol{r}_y|\,\mathrm{d}x\mathrm{d}y=\iint_S \varphi\sqrt{1+\left(\frac{\partial f}{\partial x}\right)^2+\left(\frac{\partial f}{\partial y}\right)^2}\,\mathrm{d}x\mathrm{d}y$$

【例題 3.10】　曲面 S が $x+y+z=1$（$x\geq 0, y\geq 0, z\geq 0$）と表せるとき，スカラー場 $\varphi=6xyz$ の S に対する面積分を求めよ．

（解）　$z=f(x,y)=1-x-y$ とすると，$z\geq 0$ より $1-x\geq y\geq 0$ なので，$1\geq x\geq 0$ である．

$$\therefore\ \frac{\partial f}{\partial x}=-1,\quad \frac{\partial f}{\partial y}=-1$$

$$\begin{aligned}\therefore\ \int_S \varphi\,\mathrm{d}S&=\int_0^1\mathrm{d}x\int_0^{1-x}\varphi\sqrt{1+\left(\frac{\partial f}{\partial x}\right)^2+\left(\frac{\partial f}{\partial y}\right)^2}\,\mathrm{d}y\\&=\int_0^1\mathrm{d}x\int_0^{1-x}6\sqrt{3}xy(1-x-y)\,\mathrm{d}y\\&=\sqrt{3}\int_0^1\mathrm{d}x\int_0^{1-x}\{6x(1-x)y-6xy^2\}\,\mathrm{d}y\\&=\sqrt{3}\int_0^1[3x(1-x)y^2-2xy^3]_0^{1-x}\,\mathrm{d}x\\&=\sqrt{3}\int_0^1(x-3x^2+3x^3-x^4)\,\mathrm{d}x=\sqrt{3}\left[\frac{x^2}{2}-x^3+\frac{3}{4}x^4-\frac{x^5}{5}\right]_0^1=\frac{\sqrt{3}}{20}\end{aligned}$$

3.4.3　ベクトル場の面積分

ベクトル場 $\boldsymbol{A}=A_1(x,y,z)\boldsymbol{i}+A_2(x,y,z)\boldsymbol{j}+A_3(x,y,z)\boldsymbol{k}$ を考えよう．空間内の曲面 S 上におけるベクトル場 $\boldsymbol{A}$ と面素ベクトル $\mathrm{d}\boldsymbol{S}=\boldsymbol{n}\mathrm{d}S$ の内積の積分は，次のようになる（図 3.23 参照）．

$$\int_S \boldsymbol{A}\cdot\mathrm{d}\boldsymbol{S}=\int_S \boldsymbol{A}\cdot\boldsymbol{n}\,\mathrm{d}S$$

これを曲面Sに対するベクトル場 $\boldsymbol{A}$ の面積分という．この面積分は，パラメータ u,v に対して次のように表現できる．

$$\int_S \boldsymbol{A}\cdot d\boldsymbol{S} = \iint_S \boldsymbol{A}\cdot(\boldsymbol{r}_u\times\boldsymbol{r}_v)\,du\,dv$$

ベクトル場 $\boldsymbol{A},\boldsymbol{B}$ と曲面 S, S_1, S_2，および定数 a,b に対して，ベクトル場の面積分は次のような特徴をもつ（図3.20,3.21参照）．

（i）　$\int_S (a\boldsymbol{A}+b\boldsymbol{B})\cdot d\boldsymbol{S} = a\int_S \boldsymbol{A}\cdot d\boldsymbol{S} + b\int_S \boldsymbol{B}\cdot d\boldsymbol{S}$

（ii）　$\int_{-S} \boldsymbol{A}\cdot d\boldsymbol{S} = -\int_S \boldsymbol{A}\cdot d\boldsymbol{S}$

（iii）　$\int_{S_1+S_2} \boldsymbol{A}\cdot d\boldsymbol{S} = \int_{S_1} \boldsymbol{A}\cdot d\boldsymbol{S} + \int_{S_2} \boldsymbol{A}\cdot d\boldsymbol{S}$

上記の表現（ii）は，図3.21を用いると，次のようにして求まる．

$$\int_{-S} \boldsymbol{A}\cdot d\boldsymbol{S}' = \int_{-S} \boldsymbol{A}\cdot\boldsymbol{n}'\,dS = \int_S \boldsymbol{A}\cdot(-\boldsymbol{n})\,dS = -\int_S \boldsymbol{A}\cdot\boldsymbol{n}\,dS = -\int_S \boldsymbol{A}\cdot d\boldsymbol{S}$$

ベクトル場 $\boldsymbol{v}$ の面積分について考えてみよう（図3.24参照）．たとえば，$\boldsymbol{v}$ を流体の速度と考えると，$\boldsymbol{v}\cdot\boldsymbol{n}$ は曲面Sに垂直な方向の単位時間当たりの移動距離を表すため，$\boldsymbol{v}\cdot\boldsymbol{n}\,dS$ は微小面積 dS を単位時間に通過する流体の体積 dV とみなせる．よって，その積算である面積分は，単位時間に曲面Sを通過する流体の総体積となり，一般に曲面Sを貫く**流束**（flux）ともいう．この流体の流れの特徴については，例題3.16も参照のこと．

【例題3.11】　曲面Sが半径 a，高さ h の円筒側面 $\boldsymbol{r}(\varphi,z) = a\boldsymbol{i}\cos\varphi + a\boldsymbol{j}\sin\varphi + z\boldsymbol{k}$（$0\leq\varphi<2\pi, 0\leq z\leq h$）で与えられるとき，ベクトル場 $\boldsymbol{A} = xz\boldsymbol{i}+yz\boldsymbol{j}+z^2\boldsymbol{k}$ のSに対する面積分を求めよ．

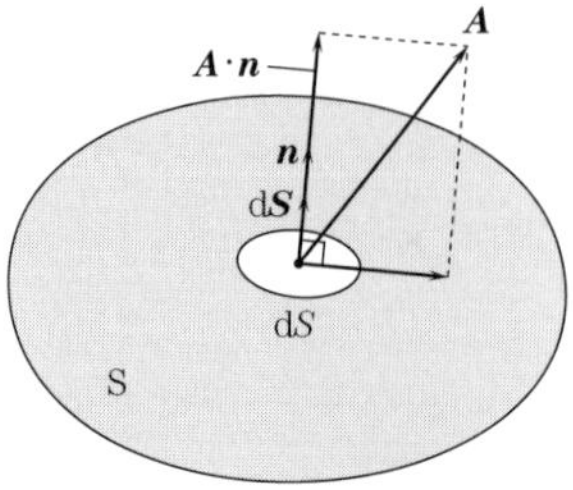

図3.23　ベクトル場の面積分

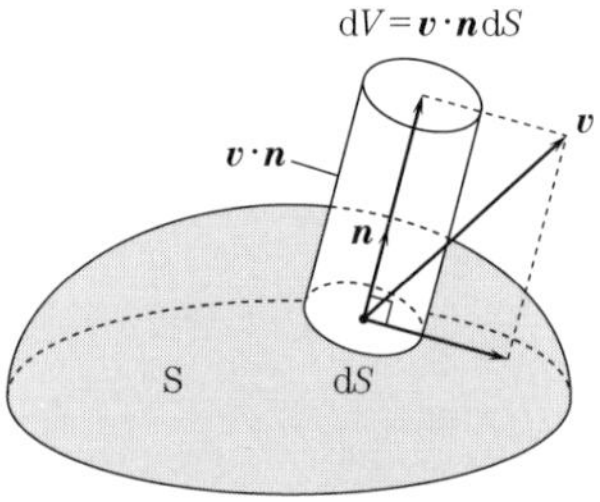

図3.24　ベクトル場の面積分のイメージ

（解）　$\boldsymbol{r}_\varphi = (-a\sin\varphi, a\cos\varphi, 0)$，　$\boldsymbol{r}_z = (0, 0, 1)$

$$\therefore\ \boldsymbol{r}_\varphi \times \boldsymbol{r}_z = (a\cos\varphi, a\sin\varphi, 0)$$

$$\therefore\ \int_S \boldsymbol{A}\cdot \mathrm{d}\boldsymbol{S} = \int_0^h \mathrm{d}z \int_0^{2\pi} \boldsymbol{A}\cdot(\boldsymbol{r}_\varphi \times \boldsymbol{r}_z)\,\mathrm{d}\varphi$$

$$= \int_0^h \mathrm{d}z \int_0^{2\pi} (a^2 z\cos^2\varphi + a^2 z\sin^2\varphi + 0)\,\mathrm{d}\varphi$$

$$= \int_0^h \mathrm{d}z \int_0^{2\pi} a^2 z\,\mathrm{d}\varphi = \int_0^h 2\pi a^2 z\,\mathrm{d}z = [\pi a^2 z^2]_0^h = \pi a^2 h^2$$

【例題 3.12】　曲面 S 上の位置ベクトル $\boldsymbol{r} = x\boldsymbol{i} + y\boldsymbol{j} + z\boldsymbol{k}$ について，その z 座標が $z = f(x, y)$ と表せるとき，ベクトル場 $\boldsymbol{A}(x, y, z) = A_1(x, y, z)\,\boldsymbol{i} + A_2(x, y, z)\,\boldsymbol{j} + A_3(x, y, z)\,\boldsymbol{k}$ の S に対する面積分が次で与えられることを示せ．

$$\int_S \boldsymbol{A}\cdot \mathrm{d}\boldsymbol{S} = \iint_S \left\{ -\frac{\partial f}{\partial x} A_1(x, y, f(x, y)) - \frac{\partial f}{\partial y} A_2(x, y, f(x, y)) + A_3(x, y, f(x, y)) \right\} \mathrm{d}x\mathrm{d}y$$

（解）　$\boldsymbol{r}(x, y) = x\boldsymbol{i} + y\boldsymbol{j} + f(x, y)\,\boldsymbol{k}$ である．

$$\therefore\ \boldsymbol{r}_x \times \boldsymbol{r}_y = \left(\boldsymbol{i} + \frac{\partial f}{\partial x}\boldsymbol{k}\right) \times \left(\boldsymbol{j} + \frac{\partial f}{\partial y}\boldsymbol{k}\right) = -\frac{\partial f}{\partial x}\boldsymbol{i} - \frac{\partial f}{\partial y}\boldsymbol{j} + \boldsymbol{k}$$

$$\therefore\ \int_S \boldsymbol{A}\cdot \mathrm{d}\boldsymbol{S} = \iint_S \boldsymbol{A}\cdot(\boldsymbol{r}_x \times \boldsymbol{r}_y)\,\mathrm{d}x\mathrm{d}y = \iint_S \left\{ -\frac{\partial f}{\partial x} A_1 - \frac{\partial f}{\partial y} A_2 + A_3 \right\} \mathrm{d}x\mathrm{d}y$$

ただし，曲面 S の法線（正）の向きは $\boldsymbol{r}_x, \boldsymbol{r}_y, \boldsymbol{n}$ がたがいに右手系をなすようにとる，つまり単位法線ベクトル $\boldsymbol{n}$ と z 方向の単位ベクトル $\boldsymbol{k}$ の内積が正となる向きである．

【例題 3.13】　曲面 S が $6x + 3y + z = 6$（$x \geq 0, y \geq 0, z \geq 0$）と表せるとき，ベクトル場 $\boldsymbol{A} = (y/6)\,\boldsymbol{i} + (z/3)\,\boldsymbol{j} + x\boldsymbol{k}$ の S に対する面積分を求めよ．

（解）　$z = f(x, y) = 3(2 - 2x - y)$ とすると，$z \geq 0$ より $2(1 - x) \geq y \geq 0$ なので，$1 \geq x \geq 0$ である．

$$\therefore\ \frac{\partial f}{\partial x} = -6,\quad \frac{\partial f}{\partial y} = -3$$

$$\therefore\ \int_S \boldsymbol{A}\cdot \mathrm{d}\boldsymbol{S} = \int_0^1 \mathrm{d}x \int_0^{2(1-x)} \left(-\frac{\partial f}{\partial x} A_1 - \frac{\partial f}{\partial y} A_2 + A_3 \right) \mathrm{d}y$$

$$= \int_0^1 \mathrm{d}x \int_0^{2(1-x)} \{y + 3(2 - 2x - y) + x\}\,\mathrm{d}y$$

$$=\int_0^1 \mathrm{d}x\int_0^{2(1-x)}(6-5x-2y)\,\mathrm{d}y=\int_0^1\left[(6-5x)y-y^2\right]_0^{2(1-x)}\mathrm{d}x$$
$$=\int_0^1(8-14x+6x^2)\,\mathrm{d}x=\left[8x-7x^2+2x^3\right]_0^1=3$$

3.5 ガウスの定理

3.5.1 スカラー場の体積分

スカラー場 $\varphi=f(x,y,z)$ を考えよう．3次元領域Vを N 個の微小な直方体 $\Delta V_i=\Delta x_i\Delta y_i\Delta z_i$ $(i=1,2,\cdots,N)$ の和で近似し，分割数 N が無限大の極限をとると，次のスカラー量が定義できる（図3.25参照）．

$$\lim_{N\to\infty}\sum_{i=1}^{N}\varphi_i\Delta V_i=\lim_{N\to\infty}\sum_{i=1}^{N}f(x_i,y_i,z_i)\Delta V_i=\int_{\mathrm{V}}f(x,y,z)\,\mathrm{d}V=\int_{\mathrm{V}}\varphi\,\mathrm{d}V$$

これを領域Vに対するスカラー場 $\varphi=f(x,y,z)$ の**体積分**（volume integral）という．また，$\mathrm{d}V$ を**体積素**（volume element）という．この体積分は，次のように3次元の重積分である**三重積分**（triple integral）で表現できる．

$$\int_{\mathrm{V}}\varphi\,\mathrm{d}V=\int_{\mathrm{V}}f(x,y,z)\,\mathrm{d}V=\iiint_{\mathrm{V}}f(x,y,z)\,\mathrm{d}x\mathrm{d}y\mathrm{d}z$$

【例題3.14】 領域Vが原点を中心とする半径 a の球内部で与えられるとき，スカラー場 $\phi_1=1$ と $\phi_2=3z^2$ のVに対する体積分をそれぞれ求めよ．

（解）

$$\int_{\mathrm{V}}\phi_1\,\mathrm{d}V=\int_{\mathrm{V}}\mathrm{d}V=\int_{-a}^{a}\mathrm{d}z\int_{-\sqrt{a^2-z^2}}^{\sqrt{a^2-z^2}}\mathrm{d}y\int_{-\sqrt{a^2-y^2-z^2}}^{\sqrt{a^2-y^2-z^2}}\mathrm{d}x$$
$$=\int_{-a}^{a}\mathrm{d}z\int_{-\sqrt{a^2-z^2}}^{\sqrt{a^2-z^2}}2\sqrt{a^2-y^2-z^2}\,\mathrm{d}y$$
$$=\int_{-a}^{a}\left[y\sqrt{a^2-y^2-z^2}+(a^2-z^2)\arcsin\frac{y}{\sqrt{a^2-z^2}}\right]_{-\sqrt{a^2-z^2}}^{\sqrt{a^2-z^2}}\mathrm{d}z$$

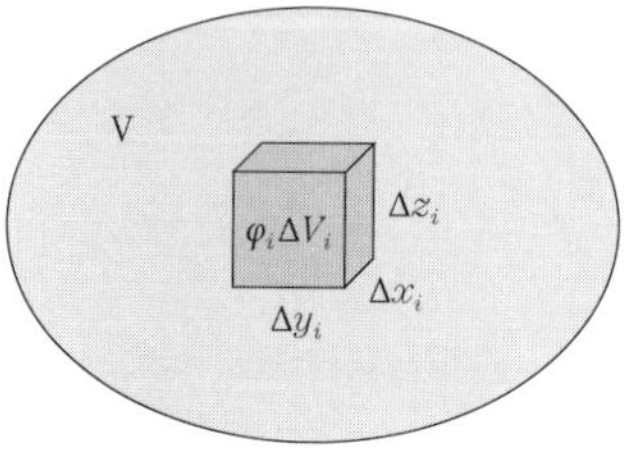

図3.25 スカラー場の体積分

$$=\pi\int_{-a}^{a}(a^2-z^2)\,\mathrm{d}z=\pi\left[a^2z-\frac{z^3}{3}\right]_{-a}^{a}=\frac{4\pi a^3}{3}$$

$$\int_V\phi_2\,\mathrm{d}V=\int_{-a}^{a}\mathrm{d}z\int_{-\sqrt{a^2-z^2}}^{\sqrt{a^2-z^2}}\mathrm{d}y\int_{-\sqrt{a^2-y^2-z^2}}^{\sqrt{a^2-y^2-z^2}}3z^2\,\mathrm{d}x=\int_{-a}^{a}3z^2\,\mathrm{d}z\int_{-\sqrt{a^2-z^2}}^{\sqrt{a^2-z^2}}\mathrm{d}y\int_{-\sqrt{a^2-y^2-z^2}}^{\sqrt{a^2-y^2-z^2}}\mathrm{d}x$$

$$=\pi\int_{-a}^{a}3z^2(a^2-z^2)\,\mathrm{d}z=\pi\left[a^2z^3-\frac{3}{5}z^5\right]_{-a}^{a}=\frac{4\pi a^5}{5}$$

（別解） 4.4 節で述べる球座標 (r,θ,φ) を用いる．

$$\int_V\phi_1\,\mathrm{d}V=\int_V\mathrm{d}V=\int_0^a\mathrm{d}r\int_0^\pi\mathrm{d}\theta\int_0^{2\pi}r^2\sin\theta\,\mathrm{d}\varphi=2\pi\int_0^a r^2\,\mathrm{d}r\int_0^\pi\sin\theta\,\mathrm{d}\theta$$

$$=2\pi\int_0^a r^2\,\mathrm{d}r[-\cos\theta]_0^\pi=4\pi\int_0^a r^2\,\mathrm{d}r=4\pi\left[\frac{r^3}{3}\right]_0^a=\frac{4\pi a^3}{3}$$

$$\int_V\phi_2\,\mathrm{d}V=\int_V 3z^2\,\mathrm{d}V=\int_0^a\mathrm{d}r\int_0^\pi\mathrm{d}\theta\int_0^{2\pi}3r^4\cos^2\theta\sin\theta\,\mathrm{d}\varphi$$

$$=2\pi\int_0^a r^4\,\mathrm{d}r\int_0^\pi 3\cos^2\theta\sin\theta\,\mathrm{d}\theta$$

$$=2\pi\int_0^a r^4\,\mathrm{d}r[-\cos^3\theta]_0^\pi=4\pi\int_0^a r^4\,\mathrm{d}r=4\pi\left[\frac{r^5}{5}\right]_0^a=\frac{4\pi a^5}{5}$$

3.5.2 ガウスの定理

ベクトル場 $\boldsymbol{A}=A_1(x,y,z)\boldsymbol{i}+A_2(x,y,z)\boldsymbol{j}+A_3(x,y,z)\boldsymbol{k}$ について，点 (x,y,z) に中心をもつ 1 辺の長さが $2h$ の立方体領域 $\mathrm{V_0}$ の内部から外部へ流れ出すベクトル $\boldsymbol{A}$ の総量 ΔD は近似的に，ベクトルの発散 $\nabla\cdot\boldsymbol{A}$ を用いて次で与えられる（2.7 節参照）．

$$\Delta D\simeq 4h^2A_1(x+h,y,z)-4h^2A_1(x-h,y,z)+4h^2A_2(x,y+h,z)$$
$$-4h^2A_2(x,y-h,z)+4h^2A_3(x,y,z+h)-4h^2A_3(x,y,z-h)$$
$$\simeq 8h^3(\nabla\cdot\boldsymbol{A})=(\nabla\cdot\boldsymbol{A})\Delta V$$

ただし，$\Delta V=8h^3$ は立方体 $\mathrm{V_0}$ の体積である．ところで，立方体を形成する 6 つの面の和（**閉曲面**，closed surface）を $\mathrm{S_0}$ とし，領域 $\mathrm{V_0}$ に対して外側を向いた単位法線ベクトル $\boldsymbol{n}$ を面 $\mathrm{S_0}$ 上にとると，ΔD は次のように変形できる（図 3.26 参照）．

$$\Delta D\simeq\sum_{\mathrm{S_0}}\boldsymbol{A}\cdot\boldsymbol{n}\Delta S\simeq(\nabla\cdot\boldsymbol{A})\Delta V$$

ただし，$\Delta S=4h^2$ は立方体 $\mathrm{V_0}$ の 1 つの面の面積である．図 3.27 に示すように，空間内に一般的な形状をもつ領域 V を考え，1 つの面の面積が ΔS の微小な立

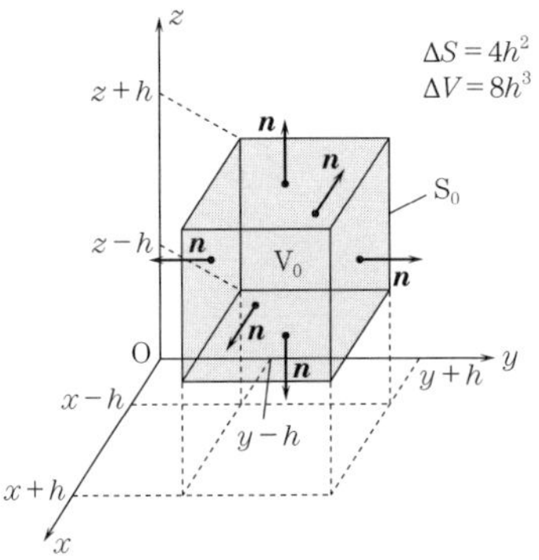

図 3.26　微小な立方体領域に対する発散

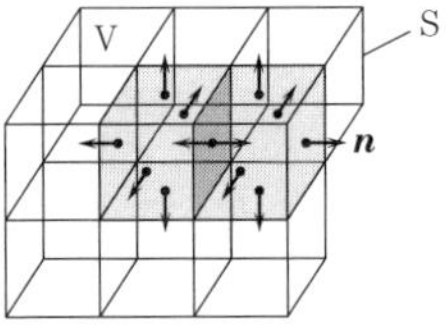

図 3.27　微小な立方体の集合体

方体（体積 ΔV）の集合体として近似する．隣り合う立方体の共通な面上の $\boldsymbol{A}\cdot\boldsymbol{n}$ はたがいに打ち消し合うため，領域 V を取り囲む閉曲面 S 上の値のみを考慮すればよい．したがって，次が得られる．

$$\sum_{\mathrm{S}} \boldsymbol{A}\cdot\boldsymbol{n}\,\Delta S \simeq \sum_{\mathrm{V}} (\nabla\cdot\boldsymbol{A})\,\Delta V$$

立方体の大きさが無限小の極限（$\Delta S \to 0, \Delta V \to 0$）をとると，次が厳密に成り立つ．

$$\oint_{\mathrm{S}} \boldsymbol{A}\cdot\boldsymbol{n}\,\mathrm{d}S = \int_{\mathrm{V}} (\nabla\cdot\boldsymbol{A})\,\mathrm{d}V$$

もしくは，

$$\oint_{\mathrm{S}} \boldsymbol{A}\cdot\mathrm{d}\boldsymbol{S} = \int_{\mathrm{V}} (\nabla\cdot\boldsymbol{A})\,\mathrm{d}V$$

これを，**ガウスの定理**（Gauss' theorem）あるいは**発散定理**（divergence theorem）という．積分記号 $\oint$ は，閉じた領域に対する積分を意味する．以上の導出方法からわかるように，閉曲面 S 上の単位法線ベクトル $\boldsymbol{n}$（または，面素ベクトル $\mathrm{d}\boldsymbol{S}$）は，領域 V に対して外向きにとる必要がある（図 3.28 参照）．

【例題 3.15】　電荷密度 ρ と真空の誘電率 ε_0 を用いて $\nabla\cdot\boldsymbol{E} = \rho/\varepsilon_0$ で表される静電場 $\boldsymbol{E}$ にガウスの定理を適用することにより，原点におかれた電荷 q が位置 $r = |\boldsymbol{r}|$ につくる電場の大きさ $E = |\boldsymbol{E}|$ を求めよ．

（解）　原点を中心とする半径 r の球表面 S に囲まれた球内部 V に対して，ガ

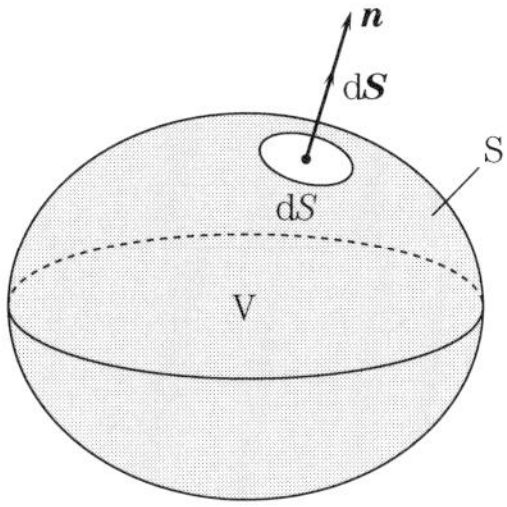

図 3.28 閉曲面で囲まれた領域に関する定義

ウスの定理を適用する．

$$\oint_S \boldsymbol{E}\cdot\boldsymbol{n}\,\mathrm{d}S = E\oint_S \mathrm{d}S = 4\pi r^2 E$$
$$= \int_V (\nabla\cdot\boldsymbol{E})\,\mathrm{d}V = \int_V \frac{\rho}{\varepsilon_0}\mathrm{d}V = \frac{1}{\varepsilon_0}\int_V \rho\,\mathrm{d}V = \frac{q}{\varepsilon_0} \qquad \left(\because\ q = \int_V \rho\,\mathrm{d}V\right)$$

$$\therefore\ E = \frac{q}{4\pi\varepsilon_0 r^2}$$

【例題 3.16】 質量密度 ρ の流体の速度を $\boldsymbol{v}$ とすると，次のような**オイラーの連続の方程式**（Euler's equation of continuity）が成り立つことを示せ．

$$\frac{\partial\rho}{\partial t} + \nabla\cdot(\rho\boldsymbol{v}) = 0$$

ただし，$\partial/\partial t$ は時間 t による偏微分演算子である．

（解） 3.4.3 項で説明したように，$\boldsymbol{v}\cdot\boldsymbol{n}\,\mathrm{d}S$ は微小面積を単位時間に通過する流体の体積とみなせる．したがって，単位時間に任意の領域 V を取り囲む閉曲面 S を通過する流体の総質量は，次で与えられる．

$$\oint_S \rho\boldsymbol{v}\cdot\boldsymbol{n}\,\mathrm{d}S$$

一方，領域 V に含まれる質量は

$$\int_V \rho\,\mathrm{d}V$$

なので，単位時間当たりの質量変化は，その時間微分として次で与えられる．

$$\frac{\partial}{\partial t}\int_V \rho\,\mathrm{d}V = \int_V \frac{\partial\rho}{\partial t}\mathrm{d}V$$

前者は単位時間に領域から流出する質量であり，後者は領域内の質量変化なので，符号まであわせて考えると，次のように両者は等しくなる．

$$\int_V \frac{\partial \rho}{\partial t} \mathrm{d}V = -\oint_S \rho \boldsymbol{v} \cdot \boldsymbol{n} \mathrm{d}S = -\int_V \nabla \cdot (\rho \boldsymbol{v}) \mathrm{d}V$$

$$\therefore \int_V \left\{ \frac{\partial \rho}{\partial t} + \nabla \cdot (\rho \boldsymbol{v}) \right\} \mathrm{d}V = 0$$

ただし，式変形にガウスの定理を用いた．この式が任意の領域 V に対して成り立つので，被積分項が恒等的に 0 でなければならないことから，証明すべき関係式が得られる．

ρ が一般的なある物理量の密度を表すとき，その物理量が突然生成したり消滅したりしなければ，この連続の方程式を満足する．特に，ρ が電荷密度を表す場合，電流密度 $\boldsymbol{J}$ は $\boldsymbol{J} = \rho \boldsymbol{v}$ で与えられるので，次の電流に関する連続の方程式が成り立つ．

$$\frac{\partial \rho}{\partial t} + \nabla \cdot \boldsymbol{J} = 0$$

【例題 3.17】 ある閉曲線上の点を通るベクトル場の力線がつくる管を，**力管**（tube of force）という．ベクトル場 $\boldsymbol{B}$ が条件 $\nabla \cdot \boldsymbol{B} = 0$ を満足するとき，その力管における任意の断面 S_1, S_2 について，次を示せ（図 3.29 参照）．

$$\int_{S_1} \boldsymbol{B} \cdot \boldsymbol{n} \mathrm{d}S = \int_{S_2} \boldsymbol{B} \cdot \boldsymbol{n} \mathrm{d}S$$

（解） 力管の断面 S_1, S_2 とその側面 S_3 がつくる閉曲面 S により囲まれる領域 V に対して，ガウスの定理を適用する．

$$\oint_S \boldsymbol{B} \cdot \boldsymbol{n} \mathrm{d}S = \int_V (\nabla \cdot \boldsymbol{B}) \mathrm{d}V = 0 \qquad (\because \nabla \cdot \boldsymbol{B} = 0)$$

$$\therefore \oint_S \boldsymbol{B} \cdot \boldsymbol{n} \mathrm{d}S = \int_{S_1 + S_2 + S_3} \boldsymbol{B} \cdot \boldsymbol{n} \mathrm{d}S$$

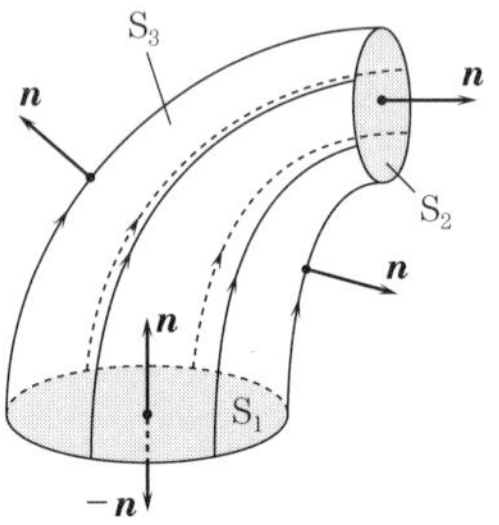

図 3.29　例題 3.17

$$
\begin{aligned}
&=\int_{S_1}\boldsymbol{B}\cdot(-\boldsymbol{n})\,\mathrm{d}S+\int_{S_2}\boldsymbol{B}\cdot\boldsymbol{n}\,\mathrm{d}S+\int_{S_3}\boldsymbol{B}\cdot\boldsymbol{n}\,\mathrm{d}S\\
&=-\int_{S_1}\boldsymbol{B}\cdot\boldsymbol{n}\,\mathrm{d}S+\int_{S_2}\boldsymbol{B}\cdot\boldsymbol{n}\,\mathrm{d}S\qquad\left(\because\int_{S_3}\boldsymbol{B}\cdot\boldsymbol{n}\,\mathrm{d}S=0\right)\\
&=0
\end{aligned}
$$

$$\therefore\int_{S_1}\boldsymbol{B}\cdot\boldsymbol{n}\,\mathrm{d}S=\int_{S_2}\boldsymbol{B}\cdot\boldsymbol{n}\,\mathrm{d}S$$

【例題 3.18】 ベクトル場 $\boldsymbol{A}=(x+y)\boldsymbol{i}+(x-2y)\boldsymbol{j}+2z\boldsymbol{k}$ について，立方体領域 $0\leq x\leq 2, 0\leq y\leq 2, 0\leq z\leq 2$ を囲む閉曲面に対して，ガウスの定理が成り立つことを示せ．

（解）閉曲面 S を構成する 6 つの面の単位法線ベクトルは，図 3.30 に示すように，基本ベクトル $\boldsymbol{i}, \boldsymbol{j}, \boldsymbol{k}$ で与えられる．そこで，yz 平面に平行な $x=0$ の面を $S_{x=0}$ などと表すと，領域 V に関して外側を向く単位法線ベクトル $\boldsymbol{n}$ に対して，面積分と体積分はそれぞれ次のようになる．

$$\int_{S_{x=0}}\boldsymbol{A}\cdot\boldsymbol{n}\,\mathrm{d}S=\int_{S_{x=0}}\boldsymbol{A}\cdot(-\boldsymbol{i})\,\mathrm{d}S=\int_0^2\mathrm{d}z\int_0^2[-(x+y)]_{x=0}\,\mathrm{d}y=\int_0^2\left[-\frac{y^2}{2}\right]_0^2\mathrm{d}z=-4$$

$$\int_{S_{x=2}}\boldsymbol{A}\cdot\boldsymbol{n}\,\mathrm{d}S=\int_{S_{x=2}}\boldsymbol{A}\cdot\boldsymbol{i}\,\mathrm{d}S=\int_0^2\mathrm{d}z\int_0^2[x+y]_{x=2}\,\mathrm{d}y=\int_0^2\left[2y+\frac{y^2}{2}\right]_0^2\mathrm{d}z=12$$

$$
\begin{aligned}
\int_{S_{y=0}}\boldsymbol{A}\cdot\boldsymbol{n}\,\mathrm{d}S&=\int_{S_{y=0}}\boldsymbol{A}\cdot(-\boldsymbol{j})\,\mathrm{d}S=\int_0^2\mathrm{d}x\int_0^2[-(x-2y)]_{y=0}\,\mathrm{d}z=\int_0^2 2(-x)\,\mathrm{d}x\\
&=[-x^2]_0^2=-4
\end{aligned}
$$

$$
\begin{aligned}
\int_{S_{y=2}}\boldsymbol{A}\cdot\boldsymbol{n}\,\mathrm{d}S&=\int_{S_{y=2}}\boldsymbol{A}\cdot\boldsymbol{j}\,\mathrm{d}S=\int_0^2\mathrm{d}x\int_0^2[x-2y]_{y=2}\,\mathrm{d}z=\int_0^2 2(x-4)\,\mathrm{d}x=[x^2-8x]_0^2\\
&=-12
\end{aligned}
$$

$$\int_{S_{z=0}}\boldsymbol{A}\cdot\boldsymbol{n}\,\mathrm{d}S=\int_{S_{z=0}}\boldsymbol{A}\cdot(-\boldsymbol{k})\,\mathrm{d}S=\int_0^2\mathrm{d}y\int_0^2[-2z]_{z=0}\,\mathrm{d}x=0$$

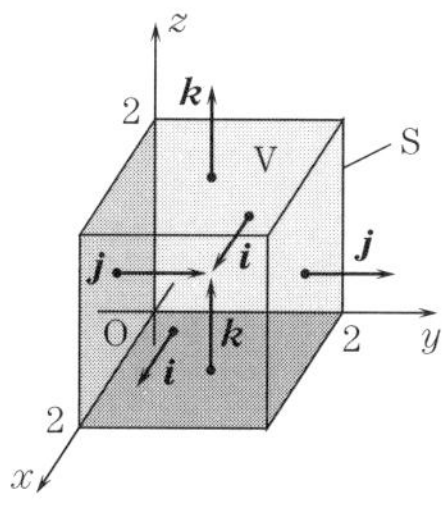

図 3.30　例題 3.18

$$\int_{S_{z=2}} \boldsymbol{A}\cdot\boldsymbol{n}\,\mathrm{d}S=\int_{S_{z=2}} \boldsymbol{A}\cdot\boldsymbol{k}\,\mathrm{d}S=\int_0^2 \mathrm{d}y\int_0^2 [2z]_{z=2}\,\mathrm{d}x=16$$

$$\therefore \oint_S \boldsymbol{A}\cdot\boldsymbol{n}\,\mathrm{d}S=-4+12-4-12+0+16=8$$

$$\int_V (\nabla\cdot\boldsymbol{A})\,\mathrm{d}V=\int_0^2 \mathrm{d}z\int_0^2 \mathrm{d}y\int_0^2 (1-2+2)\,\mathrm{d}x=8$$

$$\therefore \oint_S \boldsymbol{A}\cdot\boldsymbol{n}\,\mathrm{d}S=\int_V (\nabla\cdot\boldsymbol{A})\,\mathrm{d}V$$

3.6 ストークスの定理

ベクトル場 $\boldsymbol{A}=A_1(x,y,z)\boldsymbol{i}+A_2(x,y,z)\boldsymbol{j}+A_3(x,y,z)\boldsymbol{k}$ について，点 (x,y,z) を中心として回転するたがいに直角な 3 本の細い両腕 $2h$ をもつ仮想的なコマの xy 平面内の回転の大きさ（トルク）ΔR_z は近似的に，ベクトルの回転 $\nabla\times\boldsymbol{A}$ を用いて次で与えられる（2.8 節参照）.

$$\Delta R_z\simeq hA_2(x+h,y,z)-hA_2(x-h,y,z)-hA_1(x,y+h,z)+hA_1(x,y-h,z)$$
$$\simeq 2h^2[\nabla\times\boldsymbol{A}]_z=\frac{1}{2}[\nabla\times\boldsymbol{A}]_z\Delta S$$

ただし，$\Delta S=4h^2$ は回転に有効な 2 本の両腕がつくる正方形 S_0 の面積である．ところで，正方形 S_0 を形成する 4 つの辺の和（**閉曲線**，closed path）を C_0 とし，C_0 上にとった単位接線ベクトル $\boldsymbol{t}$ に対して正方形 S_0 に垂直な単位法線ベクトル $\boldsymbol{n}$ を右ネジが進む向きにとると，ΔR_z は次のように変形できる（図 3.31 参照）.

$$\Delta R_z\simeq\frac{1}{2}\sum_{C_0}\boldsymbol{A}\cdot\boldsymbol{t}\,\Delta r\simeq\frac{1}{2}(\nabla\times\boldsymbol{A})\cdot\boldsymbol{n}\,\Delta S$$
$$\therefore \sum_{C_0}\boldsymbol{A}\cdot\boldsymbol{t}\,\Delta r\simeq(\nabla\times\boldsymbol{A})\cdot\boldsymbol{n}\,\Delta S$$

ただし，$\Delta r=2h$ は正方形 S_0 の 1 辺の長さである．この得られた関係式は xy 平面内の正方形に対してだけでなく，空間に存在する任意の微小平面（面積 ΔS，辺長 Δr）の回転に対して成り立つ．図 3.32 に示すように，空間内に一般的な形状をもつ曲面 S を考え，微小な平面の集合体として近似する．隣り合う微小平面の共通な辺上の $\boldsymbol{A}\cdot\boldsymbol{t}$ はたがいに打ち消し合うため，曲面 S を取り囲む閉曲線 C 上の値のみを考慮すればよい．したがって，次が得られる．

$$\sum_{C}\boldsymbol{A}\cdot\boldsymbol{t}\,\Delta r\simeq\sum_{S}(\nabla\times\boldsymbol{A})\cdot\boldsymbol{n}\,\Delta S$$

微小平面の大きさが無限小の極限（$\Delta r\to 0,\Delta S\to 0$）をとると，次が厳密に成

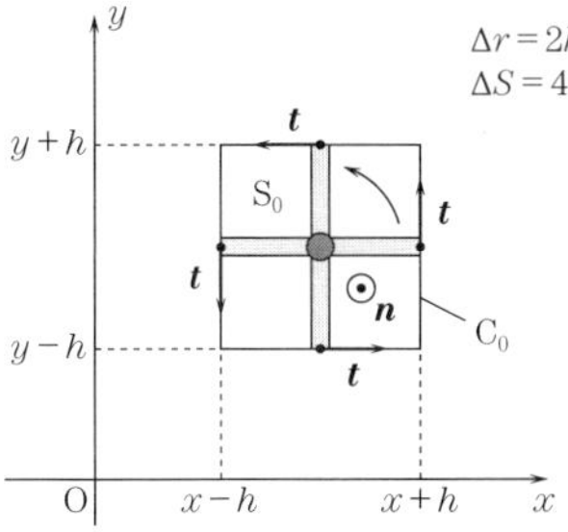

図 3.31 微小な正方形領域に対する回転

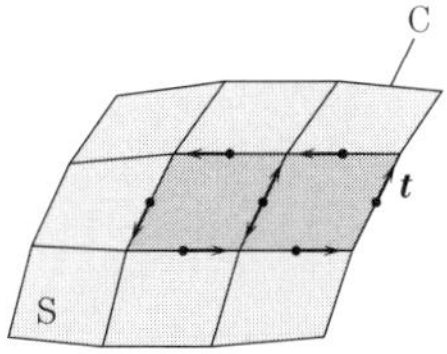

図 3.32 微小な平面の集合体

り立つ.

$$\oint_C \boldsymbol{A}\cdot\boldsymbol{t}\,\mathrm{d}r=\int_S(\nabla\times\boldsymbol{A})\cdot\boldsymbol{n}\,\mathrm{d}S$$

もしくは,

$$\oint_C \boldsymbol{A}\cdot\mathrm{d}\boldsymbol{r}=\int_S(\nabla\times\boldsymbol{A})\cdot\mathrm{d}\boldsymbol{S}$$

これを,**ストークスの定理**(Stokes' theorem)という.以上の導出方法からわかるように,曲面Sの単位法線ベクトル $\boldsymbol{n}$(または,面素ベクトル $\mathrm{d}\boldsymbol{S}$)と,それを取り囲む閉曲線C上の単位接線ベクトル $\boldsymbol{t}$(または,線素ベクトル $\mathrm{d}\boldsymbol{r}$)の向きは,右手系をなすようにとる.つまり,単位接線ベクトル $\boldsymbol{t}$ の向きに右ネジを回したときに進む向きが,単位法線ベクトル $\boldsymbol{n}$ の向きと一致する(図3.33参照).

【例題 3.19】 電流密度 $\boldsymbol{J}$ を用いて $\nabla\times\boldsymbol{H}=\boldsymbol{J}$ で表される静磁場 $\boldsymbol{H}$ にストークスの定理を適用することにより,線電流 I が位置 $r=|\boldsymbol{r}|$ につくる磁場の大きさ $H=|\boldsymbol{H}|$ を求めよ.

(解) 線電流を中心とする半径 r の円周Cに囲まれた円内部Sに対して,ストークスの定理を適用する.

$$\oint_C \boldsymbol{H}\cdot\boldsymbol{t}\,\mathrm{d}r=H\oint_C \mathrm{d}r=2\pi rH$$

$$=\int_S(\nabla\times\boldsymbol{H})\cdot\boldsymbol{n}\,\mathrm{d}S=\int_S\boldsymbol{J}\cdot\boldsymbol{n}\,\mathrm{d}S=I \qquad \left(\because I=\int_S\boldsymbol{J}\cdot\boldsymbol{n}\,\mathrm{d}S\right)$$

$$\therefore H=\frac{I}{2\pi r}$$

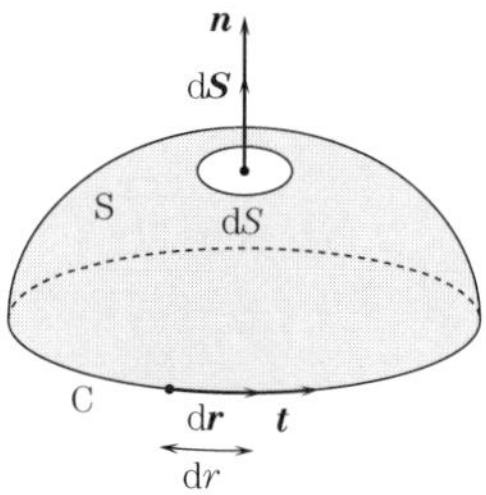

図 3.33　閉曲線で囲まれた曲面に関する定義

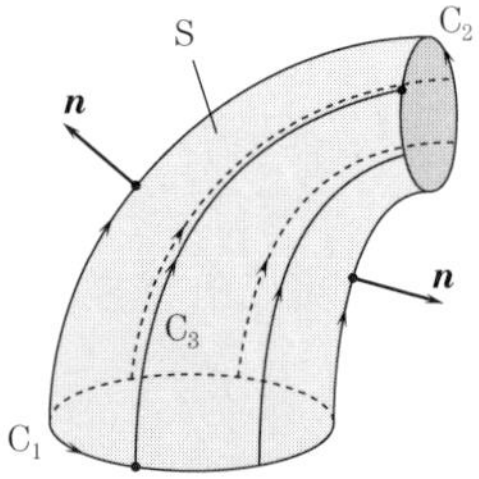

図 3.34　例題 3.20

【例題 3.20】　ベクトル $\boldsymbol{A}$ の回転場 $\nabla\times\boldsymbol{A}$ がつくる力管を考えると，その側面をまわる任意の閉曲線 $\mathrm{C}_1, \mathrm{C}_2$ について，次を示せ（図 3.34 参照）．

$$\oint_{\mathrm{C}_1}\boldsymbol{A}\cdot\mathrm{d}\boldsymbol{r}=\oint_{\mathrm{C}_2}\boldsymbol{A}\cdot\mathrm{d}\boldsymbol{r}$$

（解）　閉曲線 $\mathrm{C}_1, \mathrm{C}_2$ を結ぶ力管側面上の 1 本の力線を C_3 とし，C_3 により切断された側面 S とそれを取り囲む閉曲線 $\mathrm{C}=\mathrm{C}_1+\mathrm{C}_3-\mathrm{C}_2-\mathrm{C}_3$ に対して，ストークスの定理を適用する．

$$\oint_{\mathrm{C}}\boldsymbol{A}\cdot\mathrm{d}\boldsymbol{r}=\int_{\mathrm{S}}(\nabla\times\boldsymbol{A})\cdot\boldsymbol{n}\,\mathrm{d}S=0 \qquad (\because (\nabla\times\boldsymbol{A})\cdot\boldsymbol{n}=0)$$

$$\begin{aligned}\therefore\ \oint_{\mathrm{C}}\boldsymbol{A}\cdot\mathrm{d}\boldsymbol{r}&=\int_{\mathrm{C}_1+\mathrm{C}_3-\mathrm{C}_2-\mathrm{C}_3}\boldsymbol{A}\cdot\mathrm{d}\boldsymbol{r}\\&=\int_{\mathrm{C}_1}\boldsymbol{A}\cdot\mathrm{d}\boldsymbol{r}+\int_{\mathrm{C}_3}\boldsymbol{A}\cdot\mathrm{d}\boldsymbol{r}-\int_{\mathrm{C}_2}\boldsymbol{A}\cdot\mathrm{d}\boldsymbol{r}-\int_{\mathrm{C}_3}\boldsymbol{A}\cdot\mathrm{d}\boldsymbol{r}\\&=\int_{\mathrm{C}_1}\boldsymbol{A}\cdot\mathrm{d}\boldsymbol{r}-\int_{\mathrm{C}_2}\boldsymbol{A}\cdot\mathrm{d}\boldsymbol{r}=0\end{aligned}$$

$$\therefore\ \oint_{\mathrm{C}_1}\boldsymbol{A}\cdot\mathrm{d}\boldsymbol{r}=\oint_{\mathrm{C}_2}\boldsymbol{A}\cdot\mathrm{d}\boldsymbol{r}$$

【例題 3.21】　ベクトル場 $\boldsymbol{B}$ が条件 $\nabla\cdot\boldsymbol{B}=0$ を満足するとき，そのベクトルポテンシャル $\boldsymbol{A}$ が定義できることを示せ．

（解）　例題 3.17 より，条件 $\nabla\cdot\boldsymbol{B}=0$ を満足する場合，力管における任意の断面 $\mathrm{S}_1, \mathrm{S}_2$ について，ベクトル場 $\boldsymbol{B}$ の面積分は常に一定である．そこで，この一定量を Φ とする．

$$\Phi=\int_{\mathrm{S}_1}\boldsymbol{B}\cdot\mathrm{d}\boldsymbol{S}=\int_{\mathrm{S}_2}\boldsymbol{B}\cdot\mathrm{d}\boldsymbol{S}$$

図 3.35 に示すように，力管の側面をまわる閉曲線 C に対して任意の断面 $\mathrm{S}_1, \mathrm{S}_2$ を考えると，この場合も Φ は常に一定なので，閉曲線 C 上で定義される量の線

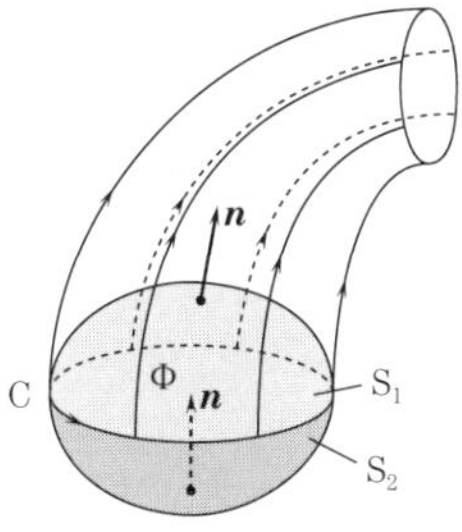

図 3.35　例題 3.21

積分を用いても表現できるはずである．これをベクトル量 $\boldsymbol{A}$ とすると，次のようになる．

$$\Phi=\oint_{\mathrm{C}}\boldsymbol{A}\cdot\mathrm{d}\boldsymbol{r}$$

したがって，Φ に対する 2 つの表現をまとめると，ストークスの定理を用いて次のようになる．

$$\Phi=\int_{\mathrm{S_1}}\boldsymbol{B}\cdot\mathrm{d}\boldsymbol{S}=\int_{\mathrm{S_2}}\boldsymbol{B}\cdot\mathrm{d}\boldsymbol{S}=\oint_{\mathrm{C}}\boldsymbol{A}\cdot\mathrm{d}\boldsymbol{r}=\int_{\mathrm{S_1}}(\nabla\times\boldsymbol{A})\cdot\mathrm{d}\boldsymbol{S}=\int_{\mathrm{S_2}}(\nabla\times\boldsymbol{A})\cdot\mathrm{d}\boldsymbol{S}$$

$$\therefore\int_{\mathrm{S_1}}(\boldsymbol{B}-\nabla\times\boldsymbol{A})\cdot\mathrm{d}\boldsymbol{S}=\int_{\mathrm{S_2}}(\boldsymbol{B}-\nabla\times\boldsymbol{A})\cdot\mathrm{d}\boldsymbol{S}=0$$

この式が閉曲線 C に囲まれた任意の断面 $\mathrm{S_1},\mathrm{S_2}$ に対して成り立つので，$\boldsymbol{B}-\nabla\times\boldsymbol{A}=\boldsymbol{0}$ あるいは $\boldsymbol{B}=\nabla\times\boldsymbol{A}$ でなければならない．つまり，ベクトル場 $\boldsymbol{B}$ は，ベクトルポテンシャル $\boldsymbol{A}$ をもつことがわかる．

【例題 3.22】　ベクトル場 $\boldsymbol{E}$ が条件 $\nabla\times\boldsymbol{E}=\boldsymbol{0}$ を満足するとき，$\boldsymbol{E}$ は保存場であり，その線積分は経路によらないことを示せ．

（解）　空間内の任意の曲面 S を取り囲む閉曲線 C に対してストークスの定理を適用すると，次が得られる．

$$\oint_{\mathrm{C}}\boldsymbol{E}\cdot\mathrm{d}\boldsymbol{r}=\int_{\mathrm{S}}(\nabla\times\boldsymbol{E})\cdot\mathrm{d}\boldsymbol{S}=0$$

閉曲線 C 上の任意の 2 点を A,B とし，それぞれを始点および終点とする 2 つの曲線 $\mathrm{C_1},\mathrm{C_2}$ に C を分割すると，次のようになる（図 3.36 参照）．

$$\oint_{\mathrm{C}}\boldsymbol{E}\cdot\mathrm{d}\boldsymbol{r}=\oint_{\mathrm{C_2-C_1}}\boldsymbol{E}\cdot\mathrm{d}\boldsymbol{r}=\int_{\mathrm{C_2}}\boldsymbol{E}\cdot\mathrm{d}\boldsymbol{r}-\int_{\mathrm{C_1}}\boldsymbol{E}\cdot\mathrm{d}\boldsymbol{r}=0$$

$$\therefore\int_{\mathrm{C_1}}\boldsymbol{E}\cdot\mathrm{d}\boldsymbol{r}=\int_{\mathrm{C_2}}\boldsymbol{E}\cdot\mathrm{d}\boldsymbol{r}$$

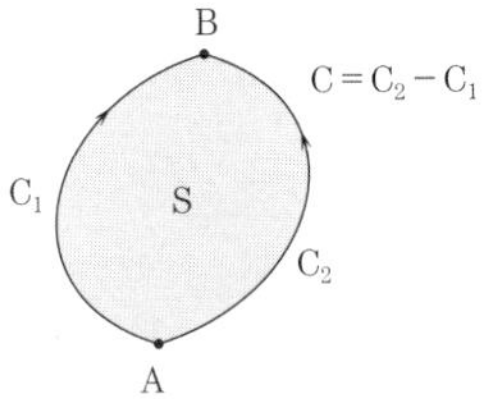

図 3.36　例題 3.22

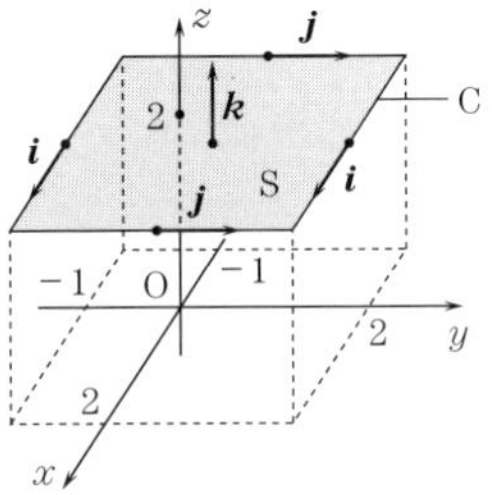

図 3.37　例題 3.23

したがって，2 点 A,B とそれぞれを始点および終点とする曲線 C_1, C_2 の任意性より，ベクトル場 $\boldsymbol{E}$ の線積分は経路によらず，保存場であることがわかる．

【例題 3.23】　ベクトル場 $\boldsymbol{A}=yz\boldsymbol{i}+2xy\boldsymbol{j}+3z^2\boldsymbol{k}$ について，正方形領域 $-1\leq x\leq 2, -1\leq y\leq 2, z=2$ を囲む閉曲線に対して，ストークスの定理が成り立つことを示せ．

（解）　閉曲線 C を構成する 4 つの辺の単位接線ベクトルや領域 S の単位法線ベクトルは，図 3.37 に示すように，基本ベクトル $\boldsymbol{i}, \boldsymbol{j}, \boldsymbol{k}$ で与えられる．そこで，$x=-1, z=2$ の線路を $C_{x=-1}$ などと表すと，領域 S の単位法線ベクトル $\boldsymbol{n}$ と閉曲線 C の単位接線ベクトル $\boldsymbol{t}$ が右手系をなす向きに対して，線積分と面積分はそれぞれ次のようになる．

$$\int_{C_{x=-1}} \boldsymbol{A}\cdot\boldsymbol{t}\,dr=\int_{C_{x=-1}} \boldsymbol{A}\cdot(-\boldsymbol{j})\,dr=\int_{-1}^{2}[-2xy]_{x=-1,z=2}\,dy=[y^2]_{-1}^{2}=3$$

$$\int_{C_{x=2}} \boldsymbol{A}\cdot\boldsymbol{t}\,dr=\int_{C_{x=2}} \boldsymbol{A}\cdot\boldsymbol{j}\,dr=\int_{-1}^{2}[2xy]_{x=2,z=2}\,dy=[2y^2]_{-1}^{2}=6$$

$$\int_{C_{y=-1}} \boldsymbol{A}\cdot\boldsymbol{t}\,dr=\int_{C_{y=-1}} \boldsymbol{A}\cdot\boldsymbol{i}\,dr=\int_{-1}^{2}[yz]_{y=-1,z=2}\,dx=-6$$

$$\int_{C_{y=2}} \boldsymbol{A}\cdot\boldsymbol{t}\,dr=\int_{C_{y=2}} \boldsymbol{A}\cdot(-\boldsymbol{i})\,dr=\int_{-1}^{2}[-yz]_{y=2,z=2}\,dx=-12$$

$$\therefore\ \oint_{C} \boldsymbol{A}\cdot\boldsymbol{t}\,dr=3+6-6-12=-9$$

$$\int_{S}(\nabla\times\boldsymbol{A})\cdot\boldsymbol{n}\,dS=\int_{S}(\nabla\times\boldsymbol{A})\cdot\boldsymbol{k}\,dS=\int_{-1}^{2}dy\int_{-1}^{2}\left[\frac{\partial}{\partial x}(2xy)-\frac{\partial}{\partial y}(yz)\right]_{z=2}dx$$

$$=\int_{-1}^{2}dy\int_{-1}^{2}[2y-z]_{z=2}\,dx=\int_{-1}^{2}3(2y-2)\,dy=[3(y^2-2y)]_{-1}^{2}=-9$$

$$\therefore\ \oint_{C} \boldsymbol{A}\cdot\boldsymbol{t}\,dr=\int_{S}(\nabla\times\boldsymbol{A})\cdot\boldsymbol{n}\,dS$$

3.7 ポアソン方程式の解

3.7.1 グリーンの定理

2つのスカラー φ, ψ を用いたベクトル $\varphi\nabla\psi$ にガウスの定理を適用すると，閉曲面Sに囲まれた領域Vに対して，次が得られる．

$$\oint_S (\varphi\nabla\psi)\cdot\boldsymbol{n}\,\mathrm{d}S = \int_V \nabla\cdot(\varphi\nabla\psi)\,\mathrm{d}V = \int_V \{\varphi\nabla^2\psi + (\nabla\varphi)\cdot(\nabla\psi)\}\,\mathrm{d}V$$

$$\therefore \oint_S \varphi(\nabla\psi)\cdot\boldsymbol{n}\,\mathrm{d}S = \int_V \{\varphi\nabla^2\psi + (\nabla\varphi)\cdot(\nabla\psi)\}\,\mathrm{d}V$$

これを，**グリーンの定理**（Green's theorem）という．ところで，2つのスカラー φ, ψ をたがいに入れ換えると，

$$\oint_S \psi(\nabla\varphi)\cdot\boldsymbol{n}\,\mathrm{d}S = \int_V \{\psi\nabla^2\varphi + (\nabla\varphi)\cdot(\nabla\psi)\}\,\mathrm{d}V$$

となるので，両者の差から，次も求まる．

$$\oint_S (\varphi\nabla\psi - \psi\nabla\varphi)\cdot\boldsymbol{n}\,\mathrm{d}S = \int_V (\varphi\nabla^2\psi - \psi\nabla^2\varphi)\,\mathrm{d}V$$

これも，グリーンの定理という．

3.7.2 ディラックのデルタ関数

位置ベクトル $\boldsymbol{r} = x\boldsymbol{i} + y\boldsymbol{j} + z\boldsymbol{k}$ について，その大きさを $r = |\boldsymbol{r}|$ とする．原点Oを中心とする半径 ε の球の内部領域 V_0 を仮想的に考え，$\varepsilon \to 0$ の極限をとることにする（図3.38参照）．次の2つの条件を満足する関数 $\delta(r)$ を，**ディラックのデルタ関数**（Dirac's delta function）という．

$$\begin{cases} \delta(r) = 0 \quad (r \neq 0) \\ \displaystyle\int_V \delta(r)\,\mathrm{d}V = \lim_{\varepsilon\to 0}\int_{V_0} \delta(r)\,\mathrm{d}V = 1 \end{cases}$$

ただし，Vは領域 V_0 を含む任意の領域である．このディラックのデルタ関数 $\delta(r)$ は，**超関数**（distribution あるいは generalized function）の一種である．このとき，領域Vに対する任意のスカラー関数 $f(r)$ と $\delta(r)$ の積の体積分について，次が成り立つ．

$$\int_V f(r)\,\delta(r)\,\mathrm{d}V = \lim_{\varepsilon\to 0}\int_{V_0} f(r)\,\delta(r)\,\mathrm{d}V = f(0)\lim_{\varepsilon\to 0}\int_{V_0} \delta(r)\,\mathrm{d}V = f(0)$$

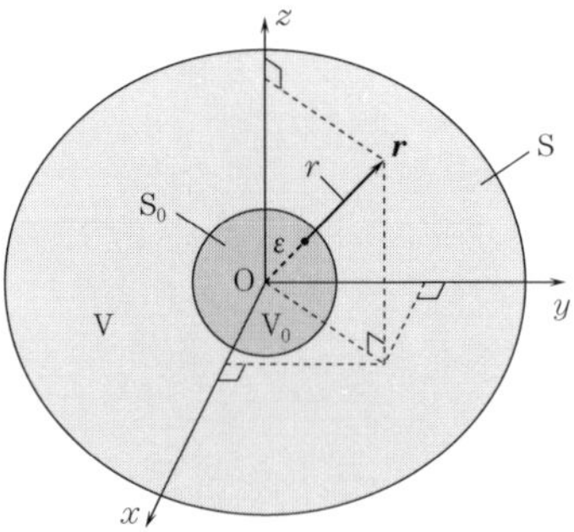

図 3.38　領域内部の原点を中心とする仮想的な微小球

$$\therefore \int_V f(r)\delta(r)\mathrm{d}V = f(0)$$

ディラックのデルタ関数 $\delta(r)$ にはさまざまな表現方法があるが，その一例を次の例題に示す．

【例題 3.24】　次の関数が，ディラックのデルタ関数 $\delta(r)$ に相当することを示せ．

$$\nabla\cdot\frac{\boldsymbol{r}}{r^3} = -\nabla^2\frac{1}{r}$$

（解）　まず，演習問題 2.6 (1) より，両者が等しいことがわかる．

$$-\nabla^2\frac{1}{r} = \nabla\cdot\left(-\nabla\frac{1}{r}\right) = \nabla\cdot\frac{\boldsymbol{r}}{r^3}$$

また，演習問題 2.6 (2) より，$r\neq 0$ のとき，次が成り立つ．

$$\nabla\cdot\frac{\boldsymbol{r}}{r^3} = 0 \quad (r\neq 0)$$

そこで，原点 O を中心とする半径 ε の球の表面 S_0 で囲まれる領域 V_0 を仮想的に考え，$\varepsilon\to 0$ の極限をとると，V_0 を含む任意の領域 V に対する体積分は，次のようになる．

$$\int_V \nabla\cdot\frac{\boldsymbol{r}}{r^3}\mathrm{d}V = \lim_{\varepsilon\to 0}\int_{V_0}\nabla\cdot\frac{\boldsymbol{r}}{r^3}\mathrm{d}V = \lim_{\varepsilon\to 0}\oint_{S_0}\frac{\boldsymbol{r}}{r^3}\cdot\boldsymbol{n}\,\mathrm{d}S = \lim_{\varepsilon\to 0}\oint_{S_0}\frac{1}{r^2}\mathrm{d}S$$

$$= \lim_{\varepsilon\to 0}\frac{1}{\varepsilon^2}\oint_{S_0}\mathrm{d}S = \lim_{\varepsilon\to 0}\left(\frac{1}{\varepsilon^2}\times 4\pi\varepsilon^2\right) = 4\pi$$

ただし，球表面 S_0 における外向きの法線ベクトル $\boldsymbol{n}$ は位置ベクトル $\boldsymbol{r}$ と常に同じ向きである（図3.38参照）．また，式変形にガウスの定理も用いた．したがって，ディラックのデルタ関数 $\delta(r)$ として，次の表現が得られる．

$$\delta(r)=\frac{1}{4\pi}\nabla\cdot\frac{\boldsymbol{r}}{r^3}=-\frac{1}{4\pi}\nabla^2\frac{1}{r}$$

3.7.3 スカラーポテンシャルの解

2.11節で述べた，スカラーポテンシャル φ に対するポアソン方程式 $\nabla^2\varphi=-\gamma$ の解を導出しよう．位置ベクトル $\boldsymbol{r}=x\boldsymbol{i}+y\boldsymbol{j}+z\boldsymbol{k}$ の大きさを $r=|\boldsymbol{r}|$ とすると，グリーンの定理における ψ に $1/r$ を代入することにより，次が求まる．

$$\begin{aligned}\oint_S\left(\varphi\nabla\frac{1}{r}-\frac{\nabla\varphi}{r}\right)\cdot\boldsymbol{n}\,\mathrm{d}S&=\int_V\left(\varphi\nabla^2\frac{1}{r}-\frac{\nabla^2\varphi}{r}\right)\mathrm{d}V\\&=\int_V\left(-4\pi\varphi\delta(r)+\frac{\gamma}{r}\right)\mathrm{d}V\\&=-4\pi\varphi_0+\int_V\frac{\gamma}{r}\mathrm{d}V\end{aligned}$$

$$\therefore\ \varphi_0=\frac{1}{4\pi}\int_V\frac{\gamma}{r}\mathrm{d}V+\frac{1}{4\pi}\oint_S\left(\frac{\nabla\varphi}{r}-\varphi\nabla\frac{1}{r}\right)\cdot\boldsymbol{n}\,\mathrm{d}S$$

この式が，原点Oにおけるスカラーポテンシャル φ_0 の解である．右辺第2項は，領域Vを取り囲む閉曲面S上のポテンシャルが満たす条件（境界条件）により決定される．境界条件として，**無限遠点**（point at infinity）においてポテンシャルが0となる場合，右辺第2項は第1項に比べて非常に小さくなって無視できるため，次の解が得られる．

$$\varphi_0=\frac{1}{4\pi}\int_V\frac{\gamma}{r}\mathrm{d}V$$

ただし，この場合，Vは無限領域となる．座標系を平行移動すると，領域V内に原点Oを任意に設定できるので，得られたポアソン方程式の解 φ_0 の表式を用いて任意の位置のポテンシャルを求めることができる．

3.7.4 ベクトルポテンシャルの解

ベクトルポテンシャルに対するポアソン方程式の解を求めるために，まず2つのベクトル $\boldsymbol{A},\boldsymbol{B}$ に関するグリーンの定理に相当する表式を導く．2.9節で述べたベクトル公式（6）を用いて，次の2つの関係式が得られる．

$$\nabla\cdot\{\boldsymbol{A}\times(\nabla\times\boldsymbol{B})\}=(\nabla\times\boldsymbol{A})\cdot(\nabla\times\boldsymbol{B})-\boldsymbol{A}\cdot\{\nabla\times(\nabla\times\boldsymbol{B})\}$$

$$\nabla\cdot\{\boldsymbol{B}\times(\nabla\times\boldsymbol{A})\}=(\nabla\times\boldsymbol{A})\cdot(\nabla\times\boldsymbol{B})-\boldsymbol{B}\cdot\{\nabla\times(\nabla\times\boldsymbol{A})\}$$

両辺の差をとってガウスの定理を適用すると，次のようなグリーンの定理に相当する表式が求まる．

$$\oint_{\mathrm{S}}\{\boldsymbol{A}\times(\nabla\times\boldsymbol{B})-\boldsymbol{B}\times(\nabla\times\boldsymbol{A})\}\cdot\boldsymbol{n}\,\mathrm{d}S$$
$$=\int_{\mathrm{V}}[\boldsymbol{B}\cdot\{\nabla\times(\nabla\times\boldsymbol{A})\}-\boldsymbol{A}\cdot\{\nabla\times(\nabla\times\boldsymbol{B})\}]\,\mathrm{d}V$$

この一般的な関係式において，位置ベクトル $\boldsymbol{r}=x\boldsymbol{i}+y\boldsymbol{j}+z\boldsymbol{k}$ の大きさ $r=|\boldsymbol{r}|$ と任意の一定なベクトル $\boldsymbol{c}$ を用いたベクトル $\boldsymbol{c}/r$ を $\boldsymbol{B}$ に代入すると，次のようになる．

$$\oint_{\mathrm{S}}\left\{\boldsymbol{A}\times\left(\nabla\times\frac{\boldsymbol{c}}{r}\right)-\frac{\boldsymbol{c}}{r}\times(\nabla\times\boldsymbol{A})\right\}\cdot\boldsymbol{n}\,\mathrm{d}S$$
$$=\int_{\mathrm{V}}\left[\frac{\boldsymbol{c}}{r}\cdot\{\nabla\times(\nabla\times\boldsymbol{A})\}-\boldsymbol{A}\cdot\left\{\nabla\times\left(\nabla\times\frac{\boldsymbol{c}}{r}\right)\right\}\right]\mathrm{d}V$$

ところで，被積分項はそれぞれ，次のように変形できる．

$$\left\{\boldsymbol{A}\times\left(\nabla\times\frac{\boldsymbol{c}}{r}\right)\right\}\cdot\boldsymbol{n}=\left\{\boldsymbol{A}\times\left[\left(\nabla\frac{1}{r}\right)\times\boldsymbol{c}+\frac{\nabla\times\boldsymbol{c}}{r}\right]\right\}\cdot\boldsymbol{n}=\left\{\boldsymbol{A}\times\left[\left(\nabla\frac{1}{r}\right)\times\boldsymbol{c}\right]\right\}\cdot\boldsymbol{n}$$
$$=\left[\left(\nabla\frac{1}{r}\right)\times\boldsymbol{c}\right]\cdot(\boldsymbol{n}\times\boldsymbol{A})=\boldsymbol{c}\cdot\left\{(\boldsymbol{n}\times\boldsymbol{A})\times\left(\nabla\frac{1}{r}\right)\right\}$$

$$\left\{\frac{\boldsymbol{c}}{r}\times(\nabla\times\boldsymbol{A})\right\}\cdot\boldsymbol{n}=\frac{\boldsymbol{c}}{r}\cdot\{(\nabla\times\boldsymbol{A})\times\boldsymbol{n}\}=\boldsymbol{c}\cdot\frac{(\nabla\times\boldsymbol{A})\times\boldsymbol{n}}{r}$$

$$\frac{\boldsymbol{c}}{r}\cdot\{\nabla\times(\nabla\times\boldsymbol{A})\}=\boldsymbol{c}\cdot\frac{\nabla\times(\nabla\times\boldsymbol{A})}{r}=\boldsymbol{c}\cdot\frac{\nabla(\nabla\cdot\boldsymbol{A})-\nabla^2\boldsymbol{A}}{r}$$

$$\boldsymbol{A}\cdot\left\{\nabla\times\left(\nabla\times\frac{\boldsymbol{c}}{r}\right)\right\}=\boldsymbol{A}\cdot\left\{\nabla\left(\nabla\cdot\frac{\boldsymbol{c}}{r}\right)-\nabla^2\frac{\boldsymbol{c}}{r}\right\}=\boldsymbol{A}\cdot\left\{\nabla\left(\boldsymbol{c}\cdot\nabla\frac{1}{r}+\frac{\nabla\cdot\boldsymbol{c}}{r}\right)-\boldsymbol{c}\nabla^2\frac{1}{r}\right\}$$
$$=\boldsymbol{A}\cdot\nabla\left(\boldsymbol{c}\cdot\nabla\frac{1}{r}\right)-(\boldsymbol{c}\cdot\boldsymbol{A})\nabla^2\frac{1}{r}$$
$$=\nabla\cdot\left\{\left(\boldsymbol{c}\cdot\nabla\frac{1}{r}\right)\boldsymbol{A}\right\}-\left(\boldsymbol{c}\cdot\nabla\frac{1}{r}\right)(\nabla\cdot\boldsymbol{A})-(\boldsymbol{c}\cdot\boldsymbol{A})\nabla^2\frac{1}{r}$$

したがって，クーロンゲージ $\nabla\cdot\boldsymbol{A}=0$ を仮定した場合，次のようになる．

$$\boldsymbol{c}\cdot\oint_{\mathrm{S}}\left\{(\boldsymbol{n}\times\boldsymbol{A})\times\left(\nabla\frac{1}{r}\right)-\frac{(\nabla\times\boldsymbol{A})\times\boldsymbol{n}}{r}\right\}\mathrm{d}S$$
$$=-\boldsymbol{c}\cdot\int_{\mathrm{V}}\frac{\nabla^2\boldsymbol{A}}{r}\mathrm{d}V-\int_{\mathrm{V}}\nabla\cdot\left\{\left(\boldsymbol{c}\cdot\nabla\frac{1}{r}\right)\boldsymbol{A}\right\}\mathrm{d}V+\boldsymbol{c}\cdot\int_{\mathrm{V}}\boldsymbol{A}\,\nabla^2\frac{1}{r}\mathrm{d}V$$

$$= -\boldsymbol{c}\cdot\int_V \frac{\nabla^2\boldsymbol{A}}{r}\mathrm{d}V - \oint_S\left\{\left(\boldsymbol{c}\cdot\nabla\frac{1}{r}\right)\boldsymbol{A}\right\}\cdot\boldsymbol{n}\,\mathrm{d}S + \boldsymbol{c}\cdot\int_V \boldsymbol{A}\,\nabla^2\frac{1}{r}\mathrm{d}V$$

$$= -\boldsymbol{c}\cdot\int_V \frac{\nabla^2\boldsymbol{A}}{r}\mathrm{d}V - \boldsymbol{c}\cdot\oint_S\left\{\left(\nabla\frac{1}{r}\right)(\boldsymbol{A}\cdot\boldsymbol{n})\right\}\mathrm{d}S + \boldsymbol{c}\cdot\int_V \boldsymbol{A}\,\nabla^2\frac{1}{r}\mathrm{d}V$$

任意のベクトル $\boldsymbol{c}$ に対して両辺は等しいので，次が得られる．

$$\oint_S\left\{(\boldsymbol{n}\times\boldsymbol{A})\times\left(\nabla\frac{1}{r}\right) - \frac{(\nabla\times\boldsymbol{A})\times\boldsymbol{n}}{r}\right\}\mathrm{d}S$$

$$= -\int_V \frac{\nabla^2\boldsymbol{A}}{r}\mathrm{d}V - \oint_S\left\{\left(\nabla\frac{1}{r}\right)(\boldsymbol{A}\cdot\boldsymbol{n})\right\}\mathrm{d}S + \int_V \boldsymbol{A}\,\nabla^2\frac{1}{r}\mathrm{d}V$$

$$\therefore\ \oint_S\left\{\left(\nabla\frac{1}{r}\right)(\boldsymbol{A}\cdot\boldsymbol{n}) + \left(\nabla\frac{1}{r}\right)\times(\boldsymbol{A}\times\boldsymbol{n}) - \frac{(\nabla\times\boldsymbol{A})\times\boldsymbol{n}}{r}\right\}\mathrm{d}S$$

$$= \int_V\left(\boldsymbol{A}\,\nabla^2\frac{1}{r} - \frac{\nabla^2\boldsymbol{A}}{r}\right)\mathrm{d}V$$

この式の右辺に，ベクトルポテンシャル $\boldsymbol{A}$ に対するポアソン方程式 $\nabla^2\boldsymbol{A} = -\boldsymbol{g}$ を代入すると，

$$\int_V\left(\boldsymbol{A}\,\nabla^2\frac{1}{r} - \frac{\nabla^2\boldsymbol{A}}{r}\right)\mathrm{d}V = \int_V\left(-4\pi\boldsymbol{A}\delta(r) + \frac{\boldsymbol{g}}{r}\right)\mathrm{d}V = -4\pi\boldsymbol{A}_0 + \int_V\frac{\boldsymbol{g}}{r}\mathrm{d}V$$

となるので，原点 O におけるベクトルポテンシャル $\boldsymbol{A}_0$ の解として一般に，次が求まる．

$$\boldsymbol{A}_0 = \frac{1}{4\pi}\int_V\frac{\boldsymbol{g}}{r}\mathrm{d}V + \frac{1}{4\pi}\oint_S\left\{\frac{(\nabla\times\boldsymbol{A})\times\boldsymbol{n}}{r} - \left(\nabla\frac{1}{r}\right)(\boldsymbol{A}\cdot\boldsymbol{n}) - \left(\nabla\frac{1}{r}\right)\times(\boldsymbol{A}\times\boldsymbol{n})\right\}\mathrm{d}S$$

スカラーポテンシャルの場合と同様に，境界条件として無限遠点においてポテンシャルが 0 となる場合，右辺第 2 項は第 1 項に比べて非常に小さくなって無視できるため，次の解が得られる．

$$\boldsymbol{A}_0 = \frac{1}{4\pi}\int_V\frac{\boldsymbol{g}}{r}\mathrm{d}V$$

ただし，クーロンゲージ $\nabla\cdot\boldsymbol{A}_0 = 0$ を仮定していることを念頭におく必要がある．座標系を平行移動すると，領域 V 内に原点 O を任意に設定できるので，得られたポアソン方程式の解 $\boldsymbol{A}_0$ の表式を用いて任意の位置のポテンシャルを求めることができる．

3.8 場の積分に関する公式

スカラー場 φ, ψ とベクトル場 $\boldsymbol{A}$ の積分に関して，次のような公式が一般に成

り立つ．（ただし，証明済みのものも再掲している．）

(1) $\oint_S \varphi(\nabla\psi)\cdot\boldsymbol{n}\,\mathrm{d}S=\int_V\{\varphi\nabla^2\psi+(\nabla\varphi)\cdot(\nabla\psi)\}\,\mathrm{d}V$ （グリーンの定理）

(2) $\oint_S (\varphi\nabla\psi-\psi\nabla\varphi)\cdot\boldsymbol{n}\,\mathrm{d}S=\int_V(\varphi\nabla^2\psi-\psi\nabla^2\varphi)\,\mathrm{d}V$ （グリーンの定理）

(3) $\oint_S \varphi\boldsymbol{n}\,\mathrm{d}S=\int_V\nabla\varphi\,\mathrm{d}V$

(4) $\oint_S \boldsymbol{A}\cdot\boldsymbol{n}\,\mathrm{d}S=\int_V\nabla\cdot\boldsymbol{A}\,\mathrm{d}V$ （ガウスの定理）

(5) $\oint_S \boldsymbol{n}\times\boldsymbol{A}\,\mathrm{d}S=\int_V\nabla\times\boldsymbol{A}\,\mathrm{d}V$

(6) $\oint_C \varphi\boldsymbol{t}\,\mathrm{d}r=\int_S(\boldsymbol{n}\times\nabla)\,\varphi\,\mathrm{d}S=\int_S\boldsymbol{n}\times(\nabla\varphi)\,\mathrm{d}S$

(7) $\oint_C \boldsymbol{A}\cdot\boldsymbol{t}\,\mathrm{d}r=\int_S(\boldsymbol{n}\times\nabla)\cdot\boldsymbol{A}\,\mathrm{d}S=\int_S(\nabla\times\boldsymbol{A})\cdot\boldsymbol{n}\,\mathrm{d}S$ （ストークスの定理）

(8) $\oint_C \boldsymbol{t}\times\boldsymbol{A}\,\mathrm{d}r=\int_S(\boldsymbol{n}\times\nabla)\times\boldsymbol{A}\,\mathrm{d}S$

上記（6），(7）の公式における中辺と右辺の間の等号についてはすでに，演習問題 2.9（1），(2）において証明している．

【例題 3.25】 任意の一定なベクトル $\boldsymbol{c}$ を用いて，スカラー場 φ に対するベクトル $\varphi\boldsymbol{c}$ にガウスの定理を適用することにより，次を示せ．

$$\oint_S \varphi\boldsymbol{n}\,\mathrm{d}S=\int_V\nabla\varphi\,\mathrm{d}V$$

（解） $\oint_S(\varphi\boldsymbol{c})\cdot\boldsymbol{n}\,\mathrm{d}S=\boldsymbol{c}\cdot\oint_S\varphi\boldsymbol{n}\,\mathrm{d}S$

$$\int_V\nabla\cdot(\varphi\boldsymbol{c})\,\mathrm{d}V=\int_V\{(\nabla\varphi)\cdot\boldsymbol{c}+\varphi(\nabla\cdot\boldsymbol{c})\}\,\mathrm{d}V=\int_V(\nabla\varphi)\cdot\boldsymbol{c}\,\mathrm{d}V=\boldsymbol{c}\cdot\int_V\nabla\varphi\,\mathrm{d}V$$

$$\therefore\ \boldsymbol{c}\cdot\oint_S\varphi\boldsymbol{n}\,\mathrm{d}S=\boldsymbol{c}\cdot\int_V\nabla\varphi\,\mathrm{d}V$$

任意のベクトル $\boldsymbol{c}$ に対して両辺は等しいので，証明すべき関係式が得られる．

演習問題

3.1 次の定積分を求めよ．

(1) $\displaystyle\int_0^1 \frac{1}{\sqrt{1-x^2}}\,\mathrm{d}x$　(2) $\displaystyle\int_0^{\pi/2} \tan x\,\mathrm{d}x$　(3) $\displaystyle\int_0^2 \frac{1}{2}\ln\left|\frac{1+x}{1-x}\right|\mathrm{d}x$

(4) $\displaystyle\int_1^\infty \frac{1}{x}\,\mathrm{d}x$　(5) $\displaystyle\int_1^\infty \frac{1}{x^2}\,\mathrm{d}x$　(6) $\displaystyle\int_{-\infty}^\infty \frac{1}{1+x^2}\,\mathrm{d}x$

(7) $\displaystyle\int_{-\infty}^\infty \frac{1}{\sqrt{2\pi}}\,e^{-x^2/2}\,\mathrm{d}x$

3.2 線積分について，次の問に答えよ．

(1) 曲線 C が $\boldsymbol{r}(t)=(1+t)\,\boldsymbol{i}+(1-t)\,\boldsymbol{j}+2t\boldsymbol{k}$ $(1\leq t\leq 2)$ と表せるとき，スカラー場 $\varphi=2xy-z^2$ の C に沿う線積分を求めよ．

(2) 曲線 C が $\boldsymbol{r}(t)=\boldsymbol{i}\cos t+\boldsymbol{j}\sin t+2t\boldsymbol{k}$ $(0\leq t\leq \pi)$ と表せるとき，スカラー場 $\varphi=z(x^2+y^2)$ の C に沿う線積分を求めよ．

(3) 曲線 C が $\boldsymbol{r}(t)=t\boldsymbol{i}+t^2\boldsymbol{j}+t^3\boldsymbol{k}$ $(0\leq t\leq 2)$ と表せるとき，ベクトル場 $\boldsymbol{A}=(2y+3z)\,\boldsymbol{i}+(2y-x)\,\boldsymbol{j}-2x\boldsymbol{k}$ の C に沿う線積分を求めよ．

(4) 曲線 C が $\boldsymbol{r}(t)=\boldsymbol{i}\cos t+\boldsymbol{j}\sin t+3t^2\boldsymbol{k}$ $(0\leq t\leq \pi)$ と表せるとき，ベクトル場 $\boldsymbol{A}=yz\boldsymbol{i}-xz\boldsymbol{j}$ の C に沿う線積分を求めよ．

3.3 面積分について，次の問に答えよ．

(1) 曲面 S が半径 a，高さ h の円錐側面で与えられるとき，一定なスカラー場 $\phi=1$ の S に対する面積分を求めよ．

(2) 曲面 S が $x+y+z=1$ $(x\geq 0, y\geq 0, z\geq 0)$ と表せるとき，スカラー場 $\varphi=x^2+y^2+z^2$ の S に対する面積分を求めよ．

(3) 曲面 S が $2x+2y+z=2$ $(x\geq 0, y\geq 0, z\geq 0)$ と表せるとき，スカラー場 $\varphi=z^2+8(1-x)y$ の S に対する面積分を求めよ．

(4) 曲面 S が $6x+3y+z=6$ $(x\geq 0, y\geq 0, z\geq 0)$ と表せるとき，ベクトル場 $\boldsymbol{A}=(yz/3)\,\boldsymbol{i}+(zx/3)\,\boldsymbol{j}+xy\boldsymbol{k}$ の S に対する面積分を求めよ．

(5) 曲面 S が $2x+2y+z=2$ $(x\geq 0, y\geq 0, z\geq 0)$ と表せるとき，ベクトル場 $\boldsymbol{A}=z(x^2+y^2)\,\boldsymbol{i}-2xyz\boldsymbol{j}$ の S に対する面積分を求めよ．

3.4 次に示す領域 V について，一定なスカラー場 $\phi=1$ の体積分を求めよ．

(1) 半径 a，高さ h の円錐内部

(2) 3 つの主軸がそれぞれ $2a, 2b, 2c$ の楕円体内部

3.5 積分定理について，次の問に答えよ．

(1) ベクトル場 $\boldsymbol{A}=z(x^2+y^2)\,\boldsymbol{i}-2xyz\boldsymbol{j}$ について，直方体領域 $-2\leq x\leq 3, -1\leq y\leq 2, 0\leq z\leq 1$ を囲む閉曲面に対して，ガウスの定理が成り立つことを示せ．

(2) ベクトル場 $\boldsymbol{A}=(yz/3)\boldsymbol{i}+(zx/3)\boldsymbol{j}+xy\boldsymbol{k}$ について，平面 $6x+3y+z=6$ と xy, yz, zx 平面からなる閉曲面に囲まれた三角錐領域に対して，ガウスの定理が成り立つことを示せ．

(3) ベクトル場 $\boldsymbol{A}=(z^2/6)\boldsymbol{i}+(x^2/2)\boldsymbol{j}+(y^2/12)\boldsymbol{k}$ について，xy, yz, zx 平面により切り取られた平面 $6x+3y+z=6$ がつくる三角形領域に対して，ストークスの定理が成り立つことを示せ．

(4) ベクトル場 $\boldsymbol{A}=yz(x^2+y^2/3)\boldsymbol{k}$ について，xy, yz, zx 平面により切り取られた平面 $2x+2y+z=2$ がつくる三角形領域に対して，ストークスの定理が成り立つことを示せ．

(5) ベクトル場 $\boldsymbol{A}=(y^2+z^2)\boldsymbol{i}+(x^2-z^2)\boldsymbol{j}+(x^2+y^2)\boldsymbol{k}$ について，正方形領域 $0\leq x\leq 1, 0\leq y\leq 1, z=1$ を囲む閉曲線に対して，ストークスの定理が成り立つことを示せ．

3.6 ストークスの定理を用いて，スカラー場 φ について $\nabla\times(\nabla\varphi)=\boldsymbol{0}$ を示せ．

3.7 ガウスの定理とストークスの定理を用いて，ベクトル場 $\boldsymbol{A}$ について $\nabla\cdot(\nabla\times\boldsymbol{A})=0$ を示せ．

3.8 積分公式について，次の問に答えよ．

(1) 任意の一定なベクトル $\boldsymbol{c}$ を用いて，スカラー場 φ に対するベクトル $\varphi\boldsymbol{c}$ にストークスの定理を適用することにより，次を示せ．

$$\oint_{\mathrm{C}}\varphi\boldsymbol{t}\,\mathrm{d}r=\int_{\mathrm{S}}\boldsymbol{n}\times(\nabla\varphi)\,\mathrm{d}S$$

(2) 任意の一定なベクトル $\boldsymbol{c}$ を用いて，ベクトル場 $\boldsymbol{A}$ に対するベクトル $\boldsymbol{A}\times\boldsymbol{c}$ にガウスの定理を適用することにより，次を示せ．

$$\oint_{\mathrm{S}}\boldsymbol{n}\times\boldsymbol{A}\,\mathrm{d}S=\int_{\mathrm{V}}\nabla\times\boldsymbol{A}\,\mathrm{d}V$$

(3) ベクトル場 $\boldsymbol{A}$ について，次の関係式が成り立つことを示せ．

$$\oint_{\mathrm{C}}\boldsymbol{t}\times\boldsymbol{A}\,\mathrm{d}r=\int_{\mathrm{S}}(\boldsymbol{n}\times\nabla)\times\boldsymbol{A}\,\mathrm{d}S$$

4. 座標変換

前章までは主に，デカルト座標系を対象としてきた．デカルト座標では，たがいに直交する3つの座標軸（x, y, z 軸）の向きが，空間内の任意の位置において常に一定である．本章では，デカルト座標を用いるよりもむしろ，スカラー場やベクトル場の対称性からその記述が簡単となる，一般的な直交座標の数学的表現方法について学ぶ．まず，デカルト座標から一般的な直交座標に移行するための表示変換の方法を学習した後，直交座標で場の勾配や発散・回転がどのように記述されるかについて説明する．さらに，典型的な直交座標の具体例として，特に重要と思われる円柱座標や球座標についても簡単に述べる．

4.1 直交座標系

空間内の位置ベクトル $\boldsymbol{r}=x\boldsymbol{i}+y\boldsymbol{j}+z\boldsymbol{k}=(x, y, z)$ の各成分が，たがいに独立な3変数 u, v, w の関数 $x=x(u, v, w)$，$y=y(u, v, w)$，$z=z(u, v, w)$ で表されるとする．空間内の各点の位置（x, y, z）が1組の u, v, w と1対1に対応しているとき，（x, y, z）の代わりに（u, v, w）を用いて空間座標を指定できる．このとき，（u, v, w）を**曲線座標**（curvilinear coordinates）という．デカルト座標（x, y, z）と曲線座標（u, v, w）は1対1に対応するので，上の3つの方程式を連立して逆に解くと，u, v, w を変数 x, y, z の関数 $u=u(x, y, z)$，$v=v(x, y, z)$，$w=w(x, y, z)$ として表せる．

曲線座標（u, v, w）において，2変数 v, w を一定にすると，u の変化に対して位置ベクトル $\boldsymbol{r}$ は空間内に1つの曲線を描く．これを u 曲線という（図4.1参照）．同様に，w, u または u, v を一定にして v または w のみを変化させた場合に形成される曲線をそれぞれ，v 曲線および w 曲線という．次に，w を一定にして u, v を変化させると，$\boldsymbol{r}$ は空間内に1つの曲面を描く．これを uv 曲面という．同様に，u または v を一定にして v, w または w, u を変化させた場合

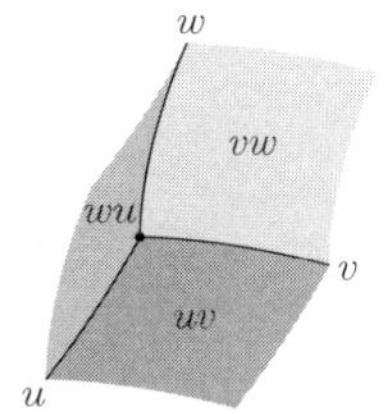

図 4.1　曲線座標を構成する曲線と曲面

に形成される曲面をそれぞれ，vw 曲面および wu 曲面という．wu 曲面と uv 曲面が交わってできる曲線は，1 つの u 曲線をなす．同様に，uv 曲面と vw 曲面，または vw 曲面と wu 曲面が交わってできる曲線はそれぞれ，v 曲線と w 曲線をなす．また，3 つの曲面（vw 曲面，wu 曲面，uv 曲面）は 1 点のみで交わる．

u 曲線，v 曲線および w 曲線に対する接線ベクトルはそれぞれ，次で与えられる（3.4.1 項参照）．

$$\boldsymbol{r}_u=\frac{\partial \boldsymbol{r}}{\partial u}=\frac{\partial x}{\partial u}\boldsymbol{i}+\frac{\partial y}{\partial u}\boldsymbol{j}+\frac{\partial z}{\partial u}\boldsymbol{k}$$

$$\boldsymbol{r}_v=\frac{\partial \boldsymbol{r}}{\partial v}=\frac{\partial x}{\partial v}\boldsymbol{i}+\frac{\partial y}{\partial v}\boldsymbol{j}+\frac{\partial z}{\partial v}\boldsymbol{k}$$

$$\boldsymbol{r}_w=\frac{\partial \boldsymbol{r}}{\partial w}=\frac{\partial x}{\partial w}\boldsymbol{i}+\frac{\partial y}{\partial w}\boldsymbol{j}+\frac{\partial z}{\partial w}\boldsymbol{k}$$

したがって，u 曲線，v 曲線および w 曲線の単位接線ベクトル $\boldsymbol{e}_u, \boldsymbol{e}_v, \boldsymbol{e}_w$ はそれぞれ，次のように表せる．

$$\boldsymbol{e}_u=\frac{1}{h_1}\boldsymbol{r}_u, \quad \boldsymbol{e}_v=\frac{1}{h_2}\boldsymbol{r}_v, \quad \boldsymbol{e}_w=\frac{1}{h_3}\boldsymbol{r}_w$$

ここで h_1, h_2, h_3 はそれぞれ，

$$h_1=|\boldsymbol{r}_u|=\sqrt{\left(\frac{\partial x}{\partial u}\right)^2+\left(\frac{\partial y}{\partial u}\right)^2+\left(\frac{\partial z}{\partial u}\right)^2}$$

$$h_2=|\boldsymbol{r}_v|=\sqrt{\left(\frac{\partial x}{\partial v}\right)^2+\left(\frac{\partial y}{\partial v}\right)^2+\left(\frac{\partial z}{\partial v}\right)^2}$$

$$h_3=|\boldsymbol{r}_w|=\sqrt{\left(\frac{\partial x}{\partial w}\right)^2+\left(\frac{\partial y}{\partial w}\right)^2+\left(\frac{\partial z}{\partial w}\right)^2}$$

である．空間内の各点における単位ベクトル $\boldsymbol{e}_u, \boldsymbol{e}_v, \boldsymbol{e}_w$ が常にたがいに直交しているとき，(u, v, w) を**直交座標**（orthogonal coordinates）という．本書では，

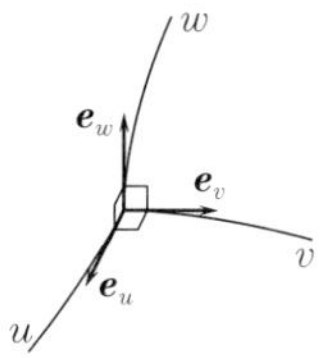

図 4.2 直交座標系

曲線座標 (u, v, w) として直交座標のみを取り扱い，その基本ベクトル $\boldsymbol{e}_u, \boldsymbol{e}_v, \boldsymbol{e}_w$ はたがいに右手系をなすものとする（図 4.2 参照）．したがって，直交座標における基本ベクトル $\boldsymbol{e}_u, \boldsymbol{e}_v, \boldsymbol{e}_w$ の間の内積と外積にはそれぞれ，次のような関係がある．

$$\begin{cases} \boldsymbol{e}_u \cdot \boldsymbol{e}_u = \boldsymbol{e}_v \cdot \boldsymbol{e}_v = \boldsymbol{e}_w \cdot \boldsymbol{e}_w = 1 \\ \boldsymbol{e}_u \cdot \boldsymbol{e}_v = \boldsymbol{e}_v \cdot \boldsymbol{e}_w = \boldsymbol{e}_w \cdot \boldsymbol{e}_u = 0 \end{cases}$$

$$\begin{cases} \boldsymbol{e}_u \times \boldsymbol{e}_u = \boldsymbol{e}_v \times \boldsymbol{e}_v = \boldsymbol{e}_w \times \boldsymbol{e}_w = 0 \\ \boldsymbol{e}_u \times \boldsymbol{e}_v = \boldsymbol{e}_w \quad (= -\boldsymbol{e}_v \times \boldsymbol{e}_u) \\ \boldsymbol{e}_v \times \boldsymbol{e}_w = \boldsymbol{e}_u \quad (= -\boldsymbol{e}_w \times \boldsymbol{e}_v) \\ \boldsymbol{e}_w \times \boldsymbol{e}_u = \boldsymbol{e}_v \quad (= -\boldsymbol{e}_u \times \boldsymbol{e}_w) \end{cases}$$

vw 曲面の単位法線ベクトルは $\boldsymbol{e}_u$ で与えられる（3.4.1 項参照）．同様に，wu 曲面と uv 曲面の単位法線ベクトルはそれぞれ，$\boldsymbol{e}_v$ および $\boldsymbol{e}_w$ となる．直交座標系の一種であるデカルト座標 (x, y, z) では当然，基本ベクトルは $\boldsymbol{e}_x = \boldsymbol{i}, \boldsymbol{e}_y = \boldsymbol{j}, \boldsymbol{e}_z = \boldsymbol{k}$ である．

一方，2.6 節で述べたように，スカラー場 $\varphi = \varphi(x, y, z)$ の勾配 $\nabla\varphi$ は一般に φ 一定の等位面に対して垂直な向きをもつので，u が一定である vw 曲面の単位法線ベクトル $\boldsymbol{e}_u$ と $u = u(x, y, z)$ の勾配 ∇u は同一方向である．したがって，次が成り立つ．

$$(\nabla u) \cdot \boldsymbol{e}_u = \frac{1}{h_1}(\nabla u) \cdot \boldsymbol{r}_u = \frac{1}{h_1}\left(\frac{\partial u}{\partial x}\frac{\partial x}{\partial u} + \frac{\partial u}{\partial y}\frac{\partial y}{\partial u} + \frac{\partial u}{\partial z}\frac{\partial z}{\partial u}\right) = \frac{1}{h_1}\frac{\mathrm{d}u}{\mathrm{d}u} = \frac{1}{h_1} \neq 0$$

$$(\nabla u) \cdot \boldsymbol{e}_v = \frac{1}{h_2}(\nabla u) \cdot \boldsymbol{r}_v = \frac{1}{h_2}\left(\frac{\partial u}{\partial x}\frac{\partial x}{\partial v} + \frac{\partial u}{\partial y}\frac{\partial y}{\partial v} + \frac{\partial u}{\partial z}\frac{\partial z}{\partial v}\right) = \frac{1}{h_2}\frac{\mathrm{d}u}{\mathrm{d}v} = 0$$

$$(\nabla u) \cdot \boldsymbol{e}_w = \frac{1}{h_3}(\nabla u) \cdot \boldsymbol{r}_w = \frac{1}{h_3}\left(\frac{\partial u}{\partial x}\frac{\partial x}{\partial w} + \frac{\partial u}{\partial y}\frac{\partial y}{\partial w} + \frac{\partial u}{\partial z}\frac{\partial z}{\partial w}\right) = \frac{1}{h_3}\frac{\mathrm{d}u}{\mathrm{d}w} = 0$$

同様に，次も得られる．

$$(\nabla v) \cdot \boldsymbol{e}_u = 0, \quad (\nabla v) \cdot \boldsymbol{e}_v = \frac{1}{h_2}, \quad (\nabla v) \cdot \boldsymbol{e}_w = 0$$

$$(\nabla w)\cdot\boldsymbol{e}_u=0,\quad (\nabla w)\cdot\boldsymbol{e}_v=0,\quad (\nabla w)\cdot\boldsymbol{e}_w=\frac{1}{h_3}$$

したがって，直交座標（u,v,w）における勾配 $\nabla u,\nabla v,\nabla w$ はそれぞれ

$$\nabla u=\frac{1}{h_1}\boldsymbol{e}_u,\quad \nabla v=\frac{1}{h_2}\boldsymbol{e}_v,\quad \nabla w=\frac{1}{h_3}\boldsymbol{e}_w$$

で与えられるので，基本ベクトル $\boldsymbol{e}_u,\boldsymbol{e}_v,\boldsymbol{e}_w$ はそれぞれ次のようにも表せる．

$$\boldsymbol{e}_u=h_1\nabla u,\quad \boldsymbol{e}_v=h_2\nabla v,\quad \boldsymbol{e}_w=h_3\nabla w$$

また，h_1,h_2,h_3 の逆数として，次の表現も求まる．

$$\frac{1}{h_1}=|\nabla u|=\sqrt{\left(\frac{\partial u}{\partial x}\right)^2+\left(\frac{\partial u}{\partial y}\right)^2+\left(\frac{\partial u}{\partial z}\right)^2}$$

$$\frac{1}{h_2}=|\nabla v|=\sqrt{\left(\frac{\partial v}{\partial x}\right)^2+\left(\frac{\partial v}{\partial y}\right)^2+\left(\frac{\partial v}{\partial z}\right)^2}$$

$$\frac{1}{h_3}=|\nabla w|=\sqrt{\left(\frac{\partial w}{\partial x}\right)^2+\left(\frac{\partial w}{\partial y}\right)^2+\left(\frac{\partial w}{\partial z}\right)^2}$$

$\boldsymbol{e}_u=\boldsymbol{r}_u/h_1=h_1\nabla u$，$\boldsymbol{e}_v=\boldsymbol{r}_v/h_2=h_2\nabla v$，$\boldsymbol{e}_w=\boldsymbol{r}_w/h_3=h_3\nabla w$ より，次のような関係式が得られる．

$$\begin{cases}\dfrac{1}{h_1}\dfrac{\partial x}{\partial u}=h_1\dfrac{\partial u}{\partial x}, & \dfrac{1}{h_1}\dfrac{\partial y}{\partial u}=h_1\dfrac{\partial u}{\partial y}, & \dfrac{1}{h_1}\dfrac{\partial z}{\partial u}=h_1\dfrac{\partial u}{\partial z}\\[2mm] \dfrac{1}{h_2}\dfrac{\partial x}{\partial v}=h_2\dfrac{\partial v}{\partial x}, & \dfrac{1}{h_2}\dfrac{\partial y}{\partial v}=h_2\dfrac{\partial v}{\partial y}, & \dfrac{1}{h_2}\dfrac{\partial z}{\partial v}=h_2\dfrac{\partial v}{\partial z}\\[2mm] \dfrac{1}{h_3}\dfrac{\partial x}{\partial w}=h_3\dfrac{\partial w}{\partial x}, & \dfrac{1}{h_3}\dfrac{\partial y}{\partial w}=h_3\dfrac{\partial w}{\partial y}, & \dfrac{1}{h_3}\dfrac{\partial z}{\partial w}=h_3\dfrac{\partial w}{\partial z}\end{cases}$$

3.3.1項で述べたパラメータ t で表される曲線Cの線素 $\mathrm{d}r$ に対して，u 曲線，v 曲線および w 曲線の線素 $\mathrm{d}r_1,\mathrm{d}r_2,\mathrm{d}r_3$ をそれぞれ対応させると，次式が得られる．

$$\mathrm{d}r_1=\left|\frac{\partial\boldsymbol{r}}{\partial u}\right|\mathrm{d}u=\sqrt{\left(\frac{\partial x}{\partial u}\right)^2+\left(\frac{\partial y}{\partial u}\right)^2+\left(\frac{\partial z}{\partial u}\right)^2}\,\mathrm{d}u=h_1\mathrm{d}u$$

$$\mathrm{d}r_2=\left|\frac{\partial\boldsymbol{r}}{\partial v}\right|\mathrm{d}v=\sqrt{\left(\frac{\partial x}{\partial v}\right)^2+\left(\frac{\partial y}{\partial v}\right)^2+\left(\frac{\partial z}{\partial v}\right)^2}\,\mathrm{d}v=h_2\mathrm{d}v$$

$$\mathrm{d}r_3=\left|\frac{\partial\boldsymbol{r}}{\partial w}\right|\mathrm{d}w=\sqrt{\left(\frac{\partial x}{\partial w}\right)^2+\left(\frac{\partial y}{\partial w}\right)^2+\left(\frac{\partial z}{\partial w}\right)^2}\,\mathrm{d}w=h_3\mathrm{d}w$$

直交座標において点（u,v,w）から微小量だけ離れた点（$u+\mathrm{d}u,v+\mathrm{d}v,w+\mathrm{d}w$）を考えると，両者を通る6つの曲面（$vw$ 曲面，wu 曲面，uv 曲面）がつくる六面体は近似的に直方体とみなせる（図4.3参照）．この微小な直方体の

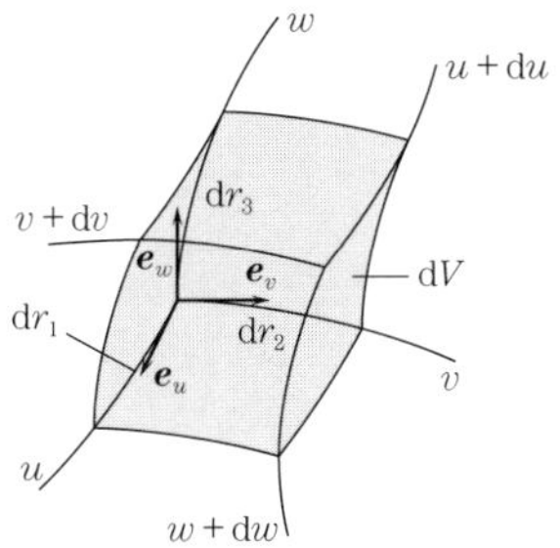

図 4.3　直交座標における微小な六面体領域

各辺の長さは，u 曲線，v 曲線および w 曲線の線素 $\mathrm{d}r_1, \mathrm{d}r_2, \mathrm{d}r_3$ で与えられる．したがって，2 点間の距離 $\mathrm{d}r$ は，次のようになる．

$$\mathrm{d}r = \sqrt{\mathrm{d}r_1^2 + \mathrm{d}r_2^2 + \mathrm{d}r_3^2} = \sqrt{h_1^2\,\mathrm{d}u^2 + h_2^2\,\mathrm{d}v^2 + h_3^2\,\mathrm{d}w^2}$$

また，vw 曲面，wu 曲面および uv 曲面上の面素 $\mathrm{d}S_1, \mathrm{d}S_2, \mathrm{d}S_3$ はそれぞれ，

$$\begin{cases} \mathrm{d}S_1 = \mathrm{d}r_2\mathrm{d}r_3 = h_2h_3\,\mathrm{d}v\mathrm{d}w \\ \mathrm{d}S_2 = \mathrm{d}r_3\mathrm{d}r_1 = h_3h_1\,\mathrm{d}w\mathrm{d}u \\ \mathrm{d}S_3 = \mathrm{d}r_1\mathrm{d}r_2 = h_1h_2\,\mathrm{d}u\mathrm{d}v \end{cases}$$

と表せる．さらに，直方体の体積である体積素 $\mathrm{d}V$ は，次で与えられる．

$$\mathrm{d}V = \mathrm{d}r_1\mathrm{d}r_2\mathrm{d}r_3 = h_1h_2h_3\,\mathrm{d}u\mathrm{d}v\mathrm{d}w$$

4.2　ベクトルの成分表示

デカルト座標 (x, y, z) において $\boldsymbol{A} = A_x\boldsymbol{i} + A_y\boldsymbol{j} + A_z\boldsymbol{k}$ のように成分表示されるベクトルは，直交座標 (u, v, w) における基本ベクトル $\boldsymbol{e}_u, \boldsymbol{e}_v, \boldsymbol{e}_w$ を用いて，次のように表現できる（図 4.4 参照）．

$$\boldsymbol{A} = A_u\boldsymbol{e}_u + A_v\boldsymbol{e}_v + A_w\boldsymbol{e}_w$$

A_u, A_v, A_w をそれぞれベクトル $\boldsymbol{A}$ の u 成分，v 成分，w 成分という．この式を変形すると，次のようになる．

$$\begin{aligned} \boldsymbol{A} &= A_u\boldsymbol{e}_u + A_v\boldsymbol{e}_v + A_w\boldsymbol{e}_w = \frac{A_u}{h_1}\boldsymbol{r}_u + \frac{A_v}{h_2}\boldsymbol{r}_v + \frac{A_w}{h_3}\boldsymbol{r}_w \\ &= \frac{A_u}{h_1}\left(\frac{\partial x}{\partial u}\boldsymbol{i} + \frac{\partial y}{\partial u}\boldsymbol{j} + \frac{\partial z}{\partial u}\boldsymbol{k}\right) + \frac{A_v}{h_2}\left(\frac{\partial x}{\partial v}\boldsymbol{i} + \frac{\partial y}{\partial v}\boldsymbol{j} + \frac{\partial z}{\partial v}\boldsymbol{k}\right) \\ &\quad + \frac{A_w}{h_3}\left(\frac{\partial x}{\partial w}\boldsymbol{i} + \frac{\partial y}{\partial w}\boldsymbol{j} + \frac{\partial z}{\partial w}\boldsymbol{k}\right) \end{aligned}$$

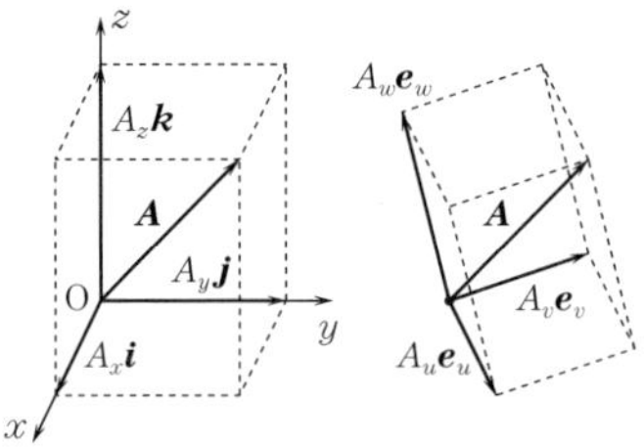

図 4.4 ベクトルの成分表示

$$=\left(\frac{A_u}{h_1}\frac{\partial x}{\partial u}+\frac{A_v}{h_2}\frac{\partial x}{\partial v}+\frac{A_w}{h_3}\frac{\partial x}{\partial w}\right)\boldsymbol{i}+\left(\frac{A_u}{h_1}\frac{\partial y}{\partial u}+\frac{A_v}{h_2}\frac{\partial y}{\partial v}+\frac{A_w}{h_3}\frac{\partial y}{\partial w}\right)\boldsymbol{j}$$
$$+\left(\frac{A_u}{h_1}\frac{\partial z}{\partial u}+\frac{A_v}{h_2}\frac{\partial z}{\partial v}+\frac{A_w}{h_3}\frac{\partial z}{\partial w}\right)\boldsymbol{k}$$

これが $\boldsymbol{A}=A_x\boldsymbol{i}+A_y\boldsymbol{j}+A_z\boldsymbol{k}$ に等しいため，たがいに成分を比較すると，次のような行列を用いた関係式が得られる．

$$\begin{bmatrix} A_x \\ A_y \\ A_z \end{bmatrix}=\begin{bmatrix} \frac{1}{h_1}\frac{\partial x}{\partial u} & \frac{1}{h_2}\frac{\partial x}{\partial v} & \frac{1}{h_3}\frac{\partial x}{\partial w} \\ \frac{1}{h_1}\frac{\partial y}{\partial u} & \frac{1}{h_2}\frac{\partial y}{\partial v} & \frac{1}{h_3}\frac{\partial y}{\partial w} \\ \frac{1}{h_1}\frac{\partial z}{\partial u} & \frac{1}{h_2}\frac{\partial z}{\partial v} & \frac{1}{h_3}\frac{\partial z}{\partial w} \end{bmatrix}\begin{bmatrix} A_u \\ A_v \\ A_w \end{bmatrix}=\begin{bmatrix} h_1\frac{\partial u}{\partial x} & h_2\frac{\partial v}{\partial x} & h_3\frac{\partial w}{\partial x} \\ h_1\frac{\partial u}{\partial y} & h_2\frac{\partial v}{\partial y} & h_3\frac{\partial w}{\partial y} \\ h_1\frac{\partial u}{\partial z} & h_2\frac{\partial v}{\partial z} & h_3\frac{\partial w}{\partial z} \end{bmatrix}\begin{bmatrix} A_u \\ A_v \\ A_w \end{bmatrix}$$

上式に現れるベクトル $\boldsymbol{A}$ の直交座標表示からデカルト座標表示への変換行列を C とすると，その転置行列 C^{T} との積は，次のように単位行列となる．

$$CC^{\mathrm{T}}=\begin{bmatrix} \frac{1}{h_1}\frac{\partial x}{\partial u} & \frac{1}{h_2}\frac{\partial x}{\partial v} & \frac{1}{h_3}\frac{\partial x}{\partial w} \\ \frac{1}{h_1}\frac{\partial y}{\partial u} & \frac{1}{h_2}\frac{\partial y}{\partial v} & \frac{1}{h_3}\frac{\partial y}{\partial w} \\ \frac{1}{h_1}\frac{\partial z}{\partial u} & \frac{1}{h_2}\frac{\partial z}{\partial v} & \frac{1}{h_3}\frac{\partial z}{\partial w} \end{bmatrix}\begin{bmatrix} h_1\frac{\partial u}{\partial x} & h_1\frac{\partial u}{\partial y} & h_1\frac{\partial u}{\partial z} \\ h_2\frac{\partial v}{\partial x} & h_2\frac{\partial v}{\partial y} & h_2\frac{\partial v}{\partial z} \\ h_3\frac{\partial w}{\partial x} & h_3\frac{\partial w}{\partial y} & h_3\frac{\partial w}{\partial z} \end{bmatrix}$$

$$=\begin{bmatrix} \frac{\mathrm{d}x}{\mathrm{d}x} & \frac{\mathrm{d}x}{\mathrm{d}y} & \frac{\mathrm{d}x}{\mathrm{d}z} \\ \frac{\mathrm{d}y}{\mathrm{d}x} & \frac{\mathrm{d}y}{\mathrm{d}y} & \frac{\mathrm{d}y}{\mathrm{d}z} \\ \frac{\mathrm{d}z}{\mathrm{d}x} & \frac{\mathrm{d}z}{\mathrm{d}y} & \frac{\mathrm{d}z}{\mathrm{d}z} \end{bmatrix}=\begin{bmatrix} 1 & 0 & 0 \\ 0 & 1 & 0 \\ 0 & 0 & 1 \end{bmatrix}$$

したがって，C と C^{T} はたがいの逆行列となっており，このような特徴をもつものを一般に直交行列という．ベクトル $\boldsymbol{A}$ の直交座標表示からデカルト座標表示への変換式の両辺に左から C^{T} を乗じると，次のようなデカルト座標から直交座標へ成分表示を変換する式が求まる．

$$\begin{bmatrix} A_u \\ A_v \\ A_w \end{bmatrix} = \begin{bmatrix} \dfrac{1}{h_1}\dfrac{\partial x}{\partial u} & \dfrac{1}{h_1}\dfrac{\partial y}{\partial u} & \dfrac{1}{h_1}\dfrac{\partial z}{\partial u} \\ \dfrac{1}{h_2}\dfrac{\partial x}{\partial v} & \dfrac{1}{h_2}\dfrac{\partial y}{\partial v} & \dfrac{1}{h_2}\dfrac{\partial z}{\partial v} \\ \dfrac{1}{h_3}\dfrac{\partial x}{\partial w} & \dfrac{1}{h_3}\dfrac{\partial y}{\partial w} & \dfrac{1}{h_3}\dfrac{\partial z}{\partial w} \end{bmatrix} \begin{bmatrix} A_x \\ A_y \\ A_z \end{bmatrix} = \begin{bmatrix} h_1\dfrac{\partial u}{\partial x} & h_1\dfrac{\partial u}{\partial y} & h_1\dfrac{\partial u}{\partial z} \\ h_2\dfrac{\partial v}{\partial x} & h_2\dfrac{\partial v}{\partial y} & h_2\dfrac{\partial v}{\partial z} \\ h_3\dfrac{\partial w}{\partial x} & h_3\dfrac{\partial w}{\partial y} & h_3\dfrac{\partial w}{\partial z} \end{bmatrix} \begin{bmatrix} A_x \\ A_y \\ A_z \end{bmatrix}$$

4.3 スカラー場とベクトル場の微分

直交座標 (u, v, w) におけるスカラー場 ϕ の勾配 $\nabla\phi$ の表式を求めよう．勾配 $\nabla\phi$ の u 成分 $[\nabla\phi]_u$ は，次のように表せる．

$$[\nabla\phi]_u = (\nabla\phi)\cdot\boldsymbol{e}_u = \frac{1}{h_1}\left(\frac{\partial\phi}{\partial x}\boldsymbol{i} + \frac{\partial\phi}{\partial y}\boldsymbol{j} + \frac{\partial\phi}{\partial z}\boldsymbol{k}\right)\cdot\left(\frac{\partial x}{\partial u}\boldsymbol{i} + \frac{\partial y}{\partial u}\boldsymbol{j} + \frac{\partial z}{\partial u}\boldsymbol{k}\right)$$
$$= \frac{1}{h_1}\left(\frac{\partial\phi}{\partial x}\frac{\partial x}{\partial u} + \frac{\partial\phi}{\partial y}\frac{\partial y}{\partial u} + \frac{\partial\phi}{\partial z}\frac{\partial z}{\partial u}\right) = \frac{1}{h_1}\frac{\partial\phi}{\partial u}$$

同様に，勾配 $\nabla\phi$ の v 成分 $[\nabla\phi]_v$，w 成分 $[\nabla\phi]_w$ はそれぞれ

$$[\nabla\phi]_v = \frac{1}{h_2}\frac{\partial\phi}{\partial v}, \qquad [\nabla\phi]_w = \frac{1}{h_3}\frac{\partial\phi}{\partial w}$$

となるので，勾配 $\nabla\phi$ は次で与えられる．

$$\nabla\phi = \frac{1}{h_1}\frac{\partial\phi}{\partial u}\boldsymbol{e}_u + \frac{1}{h_2}\frac{\partial\phi}{\partial v}\boldsymbol{e}_v + \frac{1}{h_3}\frac{\partial\phi}{\partial w}\boldsymbol{e}_w$$

次に，直交座標 (u, v, w) におけるベクトル場 $\boldsymbol{A} = A_u\boldsymbol{e}_u + A_v\boldsymbol{e}_v + A_w\boldsymbol{e}_w$ の発散 $\nabla\cdot\boldsymbol{A}$ の表式を求めよう．右辺第1項の発散 $\nabla\cdot(A_u\boldsymbol{e}_u)$ は，次のように表せる．

$$\nabla\cdot(A_u\boldsymbol{e}_u) = \nabla\cdot\{A_u(\boldsymbol{e}_v\times\boldsymbol{e}_w)\} = \nabla\cdot\{h_2h_3A_u(\nabla v\times\nabla w)\}$$
$$= \{\nabla(h_2h_3A_u)\}\cdot(\nabla v\times\nabla w) + h_2h_3A_u\nabla\cdot(\nabla v\times\nabla w)$$
$$= \frac{1}{h_2h_3}\{\nabla(h_2h_3A_u)\}\cdot\boldsymbol{e}_u + h_2h_3A_u\{(\nabla w)\cdot(\nabla\times\nabla v) - (\nabla v)\cdot(\nabla\times\nabla w)\}$$
$$= \frac{1}{h_2h_3}\left\{\frac{1}{h_1}\frac{\partial(h_2h_3A_u)}{\partial u}\boldsymbol{e}_u + \frac{1}{h_2}\frac{\partial(h_2h_3A_u)}{\partial v}\boldsymbol{e}_v + \frac{1}{h_3}\frac{\partial(h_2h_3A_u)}{\partial w}\boldsymbol{e}_w\right\}\cdot\boldsymbol{e}_u$$

$$= \frac{1}{h_1 h_2 h_3} \frac{\partial (h_2 h_3 A_u)}{\partial u}$$

同様に，右辺第 2 項，第 3 項の発散 $\nabla \cdot (A_v \boldsymbol{e}_v), \nabla \cdot (A_w \boldsymbol{e}_w)$ はそれぞれ

$$\nabla \cdot (A_v \boldsymbol{e}_v) = \frac{1}{h_1 h_2 h_3} \frac{\partial (h_3 h_1 A_v)}{\partial v}, \qquad \nabla \cdot (A_w \boldsymbol{e}_w) = \frac{1}{h_1 h_2 h_3} \frac{\partial (h_1 h_2 A_w)}{\partial w}$$

となるので，発散 $\nabla \cdot \boldsymbol{A}$ は次で与えられる．

$$\nabla \cdot \boldsymbol{A} = \frac{1}{h_1 h_2 h_3} \left\{ \frac{\partial (h_2 h_3 A_u)}{\partial u} + \frac{\partial (h_3 h_1 A_v)}{\partial v} + \frac{\partial (h_1 h_2 A_w)}{\partial w} \right\}$$

最後に，直交座標 (u, v, w) におけるベクトル場 $\boldsymbol{A}$ の回転 $\nabla \times \boldsymbol{A}$ の表式を求めよう．右辺第 1 項の回転 $\nabla \times (A_u \boldsymbol{e}_u)$ は，次のように表せる．

$$\begin{aligned}
\nabla \times (A_u \boldsymbol{e}_u) &= \nabla \times (h_1 A_u \nabla u) = \{\nabla (h_1 A_u)\} \times \nabla u + h_1 A_u \nabla \times \nabla u \\
&= \frac{1}{h_1} \left\{ \frac{1}{h_1} \frac{\partial (h_1 A_u)}{\partial u} \boldsymbol{e}_u + \frac{1}{h_2} \frac{\partial (h_1 A_u)}{\partial v} \boldsymbol{e}_v + \frac{1}{h_3} \frac{\partial (h_1 A_u)}{\partial w} \boldsymbol{e}_w \right\} \times \boldsymbol{e}_u \\
&= \frac{1}{h_3 h_1} \frac{\partial (h_1 A_u)}{\partial w} \boldsymbol{e}_v - \frac{1}{h_1 h_2} \frac{\partial (h_1 A_u)}{\partial v} \boldsymbol{e}_w
\end{aligned}$$

同様に，右辺第 2 項，第 3 項の回転 $\nabla \times (A_v \boldsymbol{e}_v), \nabla \times (A_w \boldsymbol{e}_w)$ はそれぞれ

$$\nabla \times (A_v \boldsymbol{e}_v) = \frac{1}{h_1 h_2} \frac{\partial (h_2 A_v)}{\partial u} \boldsymbol{e}_w - \frac{1}{h_2 h_3} \frac{\partial (h_2 A_v)}{\partial w} \boldsymbol{e}_u$$

$$\nabla \times (A_w \boldsymbol{e}_w) = \frac{1}{h_2 h_3} \frac{\partial (h_3 A_w)}{\partial v} \boldsymbol{e}_u - \frac{1}{h_3 h_1} \frac{\partial (h_3 A_w)}{\partial u} \boldsymbol{e}_v$$

となるので，回転 $\nabla \times \boldsymbol{A}$ は次で与えられる．

$$\begin{aligned}
\nabla \times \boldsymbol{A} &= \frac{1}{h_2 h_3} \left\{ \frac{\partial (h_3 A_w)}{\partial v} - \frac{\partial (h_2 A_v)}{\partial w} \right\} \boldsymbol{e}_u + \frac{1}{h_3 h_1} \left\{ \frac{\partial (h_1 A_u)}{\partial w} - \frac{\partial (h_3 A_w)}{\partial u} \right\} \boldsymbol{e}_v \\
&\quad + \frac{1}{h_1 h_2} \left\{ \frac{\partial (h_2 A_v)}{\partial u} - \frac{\partial (h_1 A_u)}{\partial v} \right\} \boldsymbol{e}_w \\
&= \begin{vmatrix} \dfrac{1}{h_2 h_3} \boldsymbol{e}_u & \dfrac{1}{h_3 h_1} \boldsymbol{e}_v & \dfrac{1}{h_1 h_2} \boldsymbol{e}_w \\ \dfrac{\partial}{\partial u} & \dfrac{\partial}{\partial v} & \dfrac{\partial}{\partial w} \\ h_1 A_u & h_2 A_v & h_3 A_w \end{vmatrix}
\end{aligned}$$

4.4 主な直交座標系

4.4.1 円柱座標

デカルト座標 (x, y, z) と次のような式で関係づけられる直交座標 (ρ, φ, z)

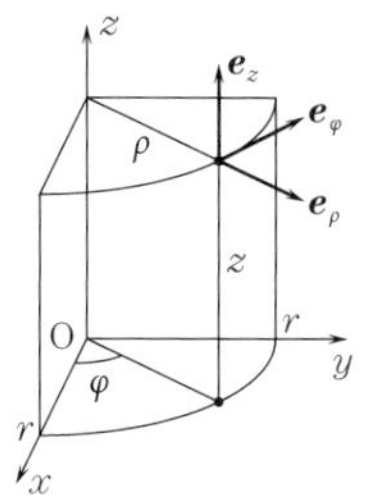

図 4.5　円柱座標系

を，**円柱座標**（cylindrical coordinates）という（図 4.5 参照）．

$$\begin{cases} x=\rho\cos\varphi \\ y=\rho\sin\varphi \\ z=z \end{cases}$$

円柱座標 (ρ,φ,z) の各成分の範囲はそれぞれ，$0\leq\rho<\infty, 0\leq\varphi<2\pi, -\infty<z<\infty$ で与えられる．このとき，h_ρ, h_φ, h_z はそれぞれ次のようになる．

$$h_\rho=\sqrt{\left(\frac{\partial x}{\partial\rho}\right)^2+\left(\frac{\partial y}{\partial\rho}\right)^2+\left(\frac{\partial z}{\partial\rho}\right)^2}=\sqrt{\cos^2\varphi+\sin^2\varphi+0}=1$$

$$h_\varphi=\sqrt{\left(\frac{\partial x}{\partial\varphi}\right)^2+\left(\frac{\partial y}{\partial\varphi}\right)^2+\left(\frac{\partial z}{\partial\varphi}\right)^2}=\sqrt{(-\rho\sin\varphi)^2+(\rho\cos\varphi)^2+0}=\rho$$

$$h_z=\sqrt{\left(\frac{\partial x}{\partial z}\right)^2+\left(\frac{\partial y}{\partial z}\right)^2+\left(\frac{\partial z}{\partial z}\right)^2}=\sqrt{0+0+1^2}=1$$

【例題 4.1】　円柱座標 (ρ,φ,z) における線素 $\mathrm{d}r$，体積素 $\mathrm{d}V$，およびデカルト座標 (x,y,z) との間の変換の表式を，それぞれ求めよ．

（解）　$h_\rho=1, h_\varphi=\rho, h_z=1$ なので，次のようになる．

$$\mathrm{d}r=\sqrt{\mathrm{d}\rho^2+\rho^2\mathrm{d}\varphi^2+\mathrm{d}z^2}$$

$$\mathrm{d}V=\rho\,\mathrm{d}\rho\,\mathrm{d}\varphi\,\mathrm{d}z$$

$$\begin{bmatrix} A_\rho \\ A_\varphi \\ A_z \end{bmatrix}=\begin{bmatrix} \cos\varphi & \sin\varphi & 0 \\ -\sin\varphi & \cos\varphi & 0 \\ 0 & 0 & 1 \end{bmatrix}\begin{bmatrix} A_x \\ A_y \\ A_z \end{bmatrix}=\begin{bmatrix} \cos\varphi & -\sin\varphi & 0 \\ \sin\varphi & \cos\varphi & 0 \\ 0 & 0 & 1 \end{bmatrix}^{-1}\begin{bmatrix} A_x \\ A_y \\ A_z \end{bmatrix}$$

4.4.2 球　座　標

デカルト座標 (x, y, z) と次のような式で関係づけられる直交座標 (r, θ, φ) を，**球座標**（spherical coordinates）という（図 4.6 参照）．

$$\begin{cases} x = r \sin\theta \cos\varphi \\ y = r \sin\theta \sin\varphi \\ z = r \cos\theta \end{cases}$$

球座標 (r, θ, φ) の各成分の範囲はそれぞれ，$0 \leq r < \infty, 0 \leq \theta \leq \pi, 0 \leq \varphi < 2\pi$ で与えられる．ただし，θ を**天頂角**（zenith angle），φ を**方位角**（azimuthal angle）という．このとき，h_r, h_θ, h_φ はそれぞれ次のようになる．

$$h_r = \sqrt{\left(\frac{\partial x}{\partial r}\right)^2 + \left(\frac{\partial y}{\partial r}\right)^2 + \left(\frac{\partial z}{\partial r}\right)^2} = \sqrt{(\sin\theta\cos\varphi)^2 + (\sin\theta\cos\varphi)^2 + \cos^2\theta} = 1$$

$$h_\theta = \sqrt{\left(\frac{\partial x}{\partial \theta}\right)^2 + \left(\frac{\partial y}{\partial \theta}\right)^2 + \left(\frac{\partial z}{\partial \theta}\right)^2}$$

$$= \sqrt{(r\cos\theta\cos\varphi)^2 + (r\cos\theta\sin\varphi)^2 + (-r\sin\theta)^2} = r$$

$$h_\varphi = \sqrt{\left(\frac{\partial x}{\partial \varphi}\right)^2 + \left(\frac{\partial y}{\partial \varphi}\right)^2 + \left(\frac{\partial z}{\partial \varphi}\right)^2} = \sqrt{(-r\sin\theta\sin\varphi)^2 + (r\sin\theta\cos\varphi)^2 + 0}$$

$$= r\sin\theta$$

【例題 4.2】 球座標 (r, θ, φ) における線素 $\mathrm{d}r$，体積素 $\mathrm{d}V$，およびデカルト座標 (x, y, z) との間の変換の表式を，それぞれ求めよ．

（解）　$h_r = 1, h_\theta = r, h_\varphi = r\sin\theta$ なので，次のようになる．

$$\mathrm{d}r = \sqrt{\mathrm{d}r^2 + r^2\mathrm{d}\theta^2 + r^2\sin^2\theta\,\mathrm{d}\varphi^2}$$

$$\mathrm{d}V = r^2\sin\theta\,\mathrm{d}r\mathrm{d}\theta\mathrm{d}\varphi$$

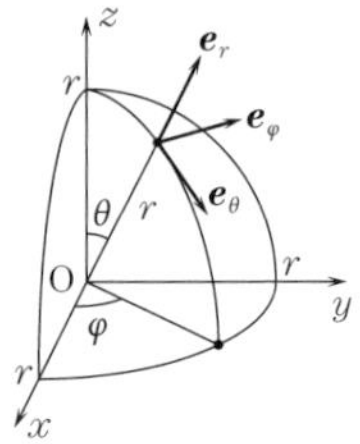

図 4.6　球座標系

$$\begin{bmatrix} A_r \\ A_\theta \\ A_\varphi \end{bmatrix} = \begin{bmatrix} \sin\theta\cos\varphi & \sin\theta\sin\varphi & \cos\theta \\ \cos\theta\cos\varphi & \cos\theta\sin\varphi & -\sin\theta \\ -\sin\varphi & \cos\varphi & 0 \end{bmatrix} \begin{bmatrix} A_x \\ A_y \\ A_z \end{bmatrix}$$

$$= \begin{bmatrix} \sin\theta\cos\varphi & \cos\theta\cos\varphi & -\sin\varphi \\ \sin\theta\sin\varphi & \cos\theta\sin\varphi & \cos\varphi \\ \cos\theta & -\sin\theta & 0 \end{bmatrix}^{-1} \begin{bmatrix} A_x \\ A_y \\ A_z \end{bmatrix}$$

4.4.3　楕円柱座標

デカルト座標 (x, y, z) と次のような式で関係づけられる直交座標 (u, v, z) を，**楕円柱座標**（elliptic cylindrical coordinates）という（図 4.7 参照）.

$$\begin{cases} x = c\cosh u\cos v \\ y = c\sinh u\sin v \\ z = z \end{cases}$$

ただし，c は正の実定数である．楕円柱座標 (u, v, z) の各成分の範囲はそれぞれ，$0 \leq u < \infty, 0 \leq v < 2\pi, -\infty < z < \infty$ で与えられる．ところで，楕円柱座標 (u, v, z) では，次のような関係式が成り立つ．

$$\frac{x^2}{c^2\cos^2 v} - \frac{y^2}{c^2\sin^2 v} = 1$$

$$\frac{x^2}{c^2\cosh^2 u} + \frac{y^2}{c^2\sinh^2 u} = 1$$

したがって，z 一定の uv 平面を考えると，v 一定の u 曲線群はデカルト座標 $(\pm c, 0, z)$ を焦点とする共焦双曲線となる．一方，u 一定の v 曲線群はデカルト座標 $(\pm c, 0, z)$ を焦点とする共焦楕円となる．このとき，h_u, h_v, h_z はそれ

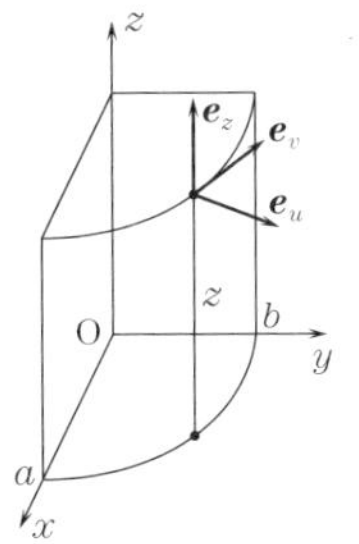

図 4.7　楕円柱座標系

それ次のようになる．

$$h_u=\sqrt{\left(\frac{\partial x}{\partial u}\right)^2+\left(\frac{\partial y}{\partial u}\right)^2+\left(\frac{\partial z}{\partial u}\right)^2}=\sqrt{(c\sinh u\cos v)^2+(c\cosh u\sin v)^2+0}$$

$$=c\sqrt{\sinh^2 u\cos^2 v+\cosh^2 u\sin^2 v}=c\sqrt{\sinh^2 u+\sin^2 v}=c\sqrt{\cosh^2 u-\cos^2 v}$$

$$h_v=\sqrt{\left(\frac{\partial x}{\partial v}\right)^2+\left(\frac{\partial y}{\partial v}\right)^2+\left(\frac{\partial z}{\partial v}\right)^2}=\sqrt{(-c\cosh u\sin v)^2+(c\sinh u\cos v)^2+0}$$

$$=h_u$$

$$h_z=\sqrt{\left(\frac{\partial x}{\partial z}\right)^2+\left(\frac{\partial y}{\partial z}\right)^2+\left(\frac{\partial z}{\partial z}\right)^2}=\sqrt{0+0+1^2}=1$$

4.4.4 楕円体座標

半軸 a, b, c（$a>b>c>0$）をもつ楕円体面の方程式

$$\frac{x^2}{a^2}+\frac{y^2}{b^2}+\frac{z^2}{c^2}=1$$

に対して，次の方程式はそれぞれ，楕円体面，1 葉双曲面および 2 葉双曲面の曲面群を表す．

$$\frac{x^2}{\xi+a^2}+\frac{y^2}{\xi+b^2}+\frac{z^2}{\xi+c^2}=1$$

$$\frac{x^2}{\eta+a^2}+\frac{y^2}{\eta+b^2}+\frac{z^2}{\eta+c^2}=1$$

$$\frac{x^2}{\zeta+a^2}+\frac{y^2}{\zeta+b^2}+\frac{z^2}{\zeta+c^2}=1$$

この直交座標（ξ, η, ζ）を，**楕円体座標**（ellipsoidal coordinates）という（図 4.8 参照）．楕円体座標（ξ, η, ζ）の各成分の範囲はそれぞれ，$\infty>\xi>-c^2$, $-c^2>\eta>-b^2$, $-b^2>\zeta>-a^2$ で与えられる．楕円体座標（ξ, η, ζ）は，デカル

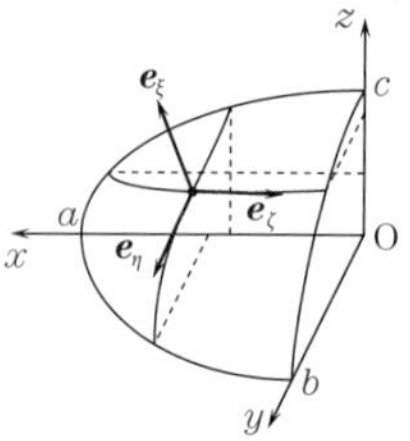

図 4.8 楕円体座標系

ト座標 (x, y, z) と次のような式で関係づけられる．

$$\begin{cases} x^2 = \dfrac{(\xi + a^2)(\eta + a^2)(\zeta + a^2)}{(b^2 - a^2)(c^2 - a^2)} \\ y^2 = \dfrac{(\xi + b^2)(\eta + b^2)(\zeta + b^2)}{(c^2 - b^2)(a^2 - b^2)} \\ z^2 = \dfrac{(\xi + c^2)(\eta + c^2)(\zeta + c^2)}{(a^2 - c^2)(b^2 - c^2)} \end{cases}$$

このとき，h_ξ, h_η, h_ζ はそれぞれ次のようになる．

$$h_\xi = \sqrt{\left(\frac{\partial x}{\partial \xi}\right)^2 + \left(\frac{\partial y}{\partial \xi}\right)^2 + \left(\frac{\partial z}{\partial \xi}\right)^2} = \frac{1}{2}\sqrt{\frac{(\eta - \xi)(\zeta - \xi)}{(\xi + a^2)(\xi + b^2)(\xi + c^2)}}$$

$$h_\eta = \sqrt{\left(\frac{\partial x}{\partial \eta}\right)^2 + \left(\frac{\partial y}{\partial \eta}\right)^2 + \left(\frac{\partial z}{\partial \eta}\right)^2} = \frac{1}{2}\sqrt{\frac{(\zeta - \eta)(\xi - \eta)}{(\eta + a^2)(\eta + b^2)(\eta + c^2)}}$$

$$h_\zeta = \sqrt{\left(\frac{\partial x}{\partial \zeta}\right)^2 + \left(\frac{\partial y}{\partial \zeta}\right)^2 + \left(\frac{\partial z}{\partial \zeta}\right)^2} = \frac{1}{2}\sqrt{\frac{(\xi - \zeta)(\eta - \zeta)}{(\zeta + a^2)(\zeta + b^2)(\zeta + c^2)}}$$

演習問題

4.1　直交座標 (u, v, w) におけるスカラー場 ϕ のラプラシアン $\nabla^2\phi(=\Delta\phi)$ の表式が，次で与えられることを示せ．

$$\nabla^2\phi=\frac{1}{h_1h_2h_3}\left\{\frac{\partial}{\partial u}\left(\frac{h_2h_3}{h_1}\frac{\partial\phi}{\partial u}\right)+\frac{\partial}{\partial v}\left(\frac{h_3h_1}{h_2}\frac{\partial\phi}{\partial v}\right)+\frac{\partial}{\partial w}\left(\frac{h_1h_2}{h_3}\frac{\partial\phi}{\partial w}\right)\right\}$$

4.2　円柱座標 (ρ, φ, z) について，次の問に答えよ．

(1)　ベクトル場 $\boldsymbol{A}=A_\rho\boldsymbol{e}_\rho+A_\varphi\boldsymbol{e}_\varphi+A_z\boldsymbol{e}_z$ の発散 $\nabla\cdot\boldsymbol{A}$ および回転 $\nabla\times\boldsymbol{A}$ の表式がそれぞれ，次で与えられることを示せ．

$$\nabla\cdot\boldsymbol{A}=\frac{1}{\rho}\frac{\partial(\rho A_\rho)}{\partial\rho}+\frac{1}{\rho}\frac{\partial A_\varphi}{\partial\varphi}+\frac{\partial A_z}{\partial z}$$

$$\nabla\times\boldsymbol{A}=\left(\frac{1}{\rho}\frac{\partial A_z}{\partial\varphi}-\frac{\partial A_\varphi}{\partial z}\right)\boldsymbol{e}_\rho+\left(\frac{\partial A_\rho}{\partial z}-\frac{\partial A_z}{\partial\rho}\right)\boldsymbol{e}_\varphi+\frac{1}{\rho}\left\{\frac{\partial(\rho A_\varphi)}{\partial\rho}-\frac{\partial A_\rho}{\partial\varphi}\right\}\boldsymbol{e}_z$$

(2)　スカラー場 ϕ の勾配 $\nabla\phi$ およびラプラシアン $\nabla^2\phi$ の表式がそれぞれ，次で与えられることを示せ．

$$\nabla\phi=\frac{\partial\phi}{\partial\rho}\boldsymbol{e}_\rho+\frac{1}{\rho}\frac{\partial\phi}{\partial\varphi}\boldsymbol{e}_\varphi+\frac{\partial\phi}{\partial z}\boldsymbol{e}_z$$

$$\nabla^2\phi=\frac{1}{\rho}\frac{\partial}{\partial\rho}\left(\rho\frac{\partial\phi}{\partial\rho}\right)+\frac{1}{\rho^2}\frac{\partial^2\phi}{\partial\varphi^2}+\frac{\partial^2\phi}{\partial z^2}$$

4.3　球座標 (r, θ, φ) について，次の問に答えよ．

(1)　ベクトル場 $\boldsymbol{A}=A_r\boldsymbol{e}_r+A_\theta\boldsymbol{e}_\theta+A_\varphi\boldsymbol{e}_\varphi$ の発散 $\nabla\cdot\boldsymbol{A}$ および回転 $\nabla\times\boldsymbol{A}$ の表式がそれぞれ，次で与えられることを示せ．

$$\nabla\cdot\boldsymbol{A}=\frac{1}{r^2}\frac{\partial(r^2A_r)}{\partial r}+\frac{1}{r\sin\theta}\frac{\partial(A_\theta\sin\theta)}{\partial\theta}+\frac{1}{r\sin\theta}\frac{\partial A_\varphi}{\partial\varphi}$$

$$\nabla\times\boldsymbol{A}=\frac{1}{r\sin\theta}\left\{\frac{\partial(A_\varphi\sin\theta)}{\partial\theta}-\frac{\partial A_\theta}{\partial\varphi}\right\}\boldsymbol{e}_r+\frac{1}{r}\left\{\frac{1}{\sin\theta}\frac{\partial A_r}{\partial\varphi}-\frac{\partial(rA_\varphi)}{\partial r}\right\}\boldsymbol{e}_\theta+\frac{1}{r}\left\{\frac{\partial(rA_\theta)}{\partial r}-\frac{\partial A_r}{\partial\theta}\right\}\boldsymbol{e}_\varphi$$

(2)　スカラー場 ϕ の勾配 $\nabla\phi$ およびラプラシアン $\nabla^2\phi$ の表式がそれぞれ，次で与えられることを示せ．

$$\nabla\phi=\frac{\partial\phi}{\partial r}\boldsymbol{e}_r+\frac{1}{r}\frac{\partial\phi}{\partial\theta}\boldsymbol{e}_\theta+\frac{1}{r\sin\theta}\frac{\partial\phi}{\partial\varphi}\boldsymbol{e}_\varphi$$

$$\nabla^2\phi=\frac{1}{r^2}\frac{\partial}{\partial r}\left(r^2\frac{\partial\phi}{\partial r}\right)+\frac{1}{r^2\sin\theta}\frac{\partial}{\partial\theta}\left(\sin\theta\frac{\partial\phi}{\partial\theta}\right)+\frac{1}{r^2\sin^2\theta}\frac{\partial^2\phi}{\partial\varphi^2}$$

5. フーリエ級数

われわれの周りには，音や光に代表されるように，時間的あるいは空間的に一定の周期で繰り返される物理量が数多く存在する．フーリエ級数は，このような周期的な物理量を，同じ周期をもつ三角関数の級数和で表現するものである．そこで，まず，フーリエ級数において駆使される三角関数の基本的性質について復習する．次に，三角関数の直交性を利用して，周期 2π をもつ関数をフーリエ級数に展開する一般的な表式を導出する．さらに，周期関数が対称性をもつ場合に適用できる表式の簡略化について説明した後，より一般的な任意の周期をもつ関数に対しても級数展開が可能となるように，フーリエ級数の表式を拡張する．

5.1　三角関数の基本

図 5.1 に示すような直角三角形 ROX において，角 ROX を $\theta (0 \leq \theta \leq \pi/2)$ とすると，**正弦関数**（sine function）と**余弦関数**（cosine function）をそれぞれ，次のように定義できる．

$$\sin\theta = \frac{\mathrm{RX}}{\mathrm{OR}}, \qquad \cos\theta = \frac{\mathrm{OX}}{\mathrm{OR}}$$

この正弦関数と余弦関数を図 5.2 に示すような 2 次元平面内の**極座標**（polar coordinates）に拡張すると，任意の角度 θ に対してそれぞれ次のように表現できる．

$$\sin\theta = \frac{y}{r} = \frac{y}{\sqrt{x^2+y^2}}, \qquad \cos\theta = \frac{x}{r} = \frac{x}{\sqrt{x^2+y^2}}$$

この正弦関数と余弦関数は，**三角関数**（trigonometric functions）の仲間に分類されている．ここで，角度 θ の異符号 $-\theta$ を考えると，その正弦関数と余弦関数はそれぞれ

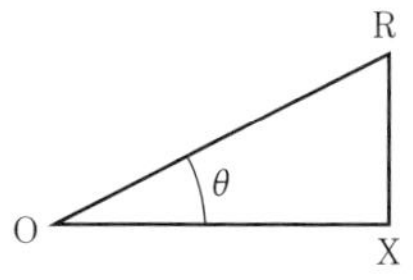

図 5.1 直角三角形と三角関数

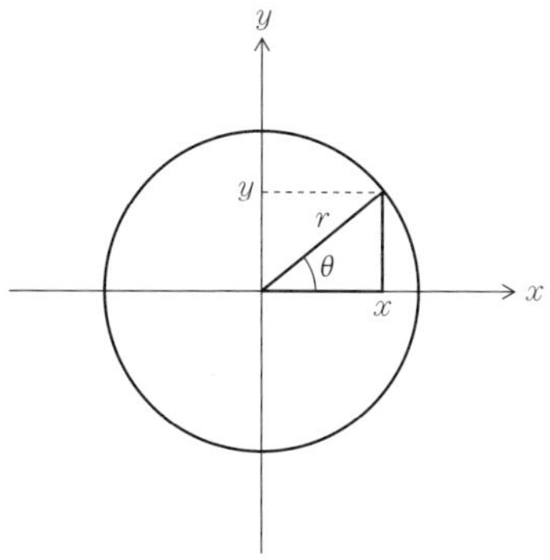

図 5.2 極座標と三角関数

$$\sin(-\theta)=\frac{-y}{r}=-\sin\theta, \qquad \cos(-\theta)=\frac{x}{r}=\cos\theta$$

となるため，一般に正弦関数は**奇関数**（odd function），余弦関数は**偶関数**（even function）である．奇関数 $f(x)$ と偶関数 $g(x)$ に対する区間 $[-a,a]$ における積分はそれぞれ，一般的に次のように表せる．

$$\begin{aligned}\int_{-a}^{a} f(x)\,\mathrm{d}x &= \int_{-a}^{0} f(x)\,\mathrm{d}x+\int_{0}^{a} f(x)\,\mathrm{d}x\\ &= \int_{a}^{0} f(-x')(-\mathrm{d}x')+\int_{0}^{a} f(x)\,\mathrm{d}x \qquad (x'=-x)\\ &= -\int_{0}^{a} f(x')\,\mathrm{d}x'+\int_{0}^{a} f(x)\,\mathrm{d}x=0\end{aligned}$$

$$\begin{aligned}\int_{-a}^{a} g(x)\,\mathrm{d}x &= \int_{-a}^{0} g(x)\,\mathrm{d}x+\int_{0}^{a} g(x)\,\mathrm{d}x\\ &= \int_{a}^{0} g(-x')(-\mathrm{d}x')+\int_{0}^{a} g(x)\,\mathrm{d}x \qquad (x'=-x)\\ &= \int_{0}^{a} g(x')\,\mathrm{d}x'+\int_{0}^{a} g(x)\,\mathrm{d}x=2\int_{0}^{a} g(x)\,\mathrm{d}x\end{aligned}$$

また，図 5.2 から容易に理解できるように，m, n を 0 以外の任意の**整数**（integer）として，次が常に成り立つ．

$$\left\{\begin{aligned}&\sin\left[m\left(\theta+\frac{2n\pi}{m}\right)\right]=\sin(m\theta+2n\pi)=\sin m\theta\\ &\cos\left[m\left(\theta+\frac{2n\pi}{m}\right)\right]=\cos(m\theta+2n\pi)=\cos m\theta\end{aligned}\right. \qquad (m, n=\pm1, \pm2, \cdots)$$

一般に，変数 t に関して常に $f(t+T)=f(t)$ を満足するとき，関数 $f(t)$ は周期（period）$T(>0)$ をもつといい，$f(t)$ を**周期関数**（periodic function）という．したがって，上記の正弦関数と余弦関数はともに，周期 $2n\pi/m$（m, n は**自然数**，natural number）をもつことがわかる．特に，$m=n$ と考えると，正弦関数 $\sin m\theta$ と余弦関数 $\cos m\theta$ は自然数 m に対して周期 2π をもつことになる．

正弦関数と余弦関数を含む基本演算として，次に示す**三角関数の加法定理**（trigonometric addition formulas）が特に重要である．

$$\begin{cases} \sin(\alpha\pm\beta)=\sin\alpha\cos\beta\pm\cos\alpha\sin\beta \\ \cos(\alpha\pm\beta)=\cos\alpha\cos\beta\mp\sin\alpha\sin\beta \end{cases} \quad \text{(複号同順)}$$

この加法定理は三角関数の基本的な公式であり，これから三角関数に関するほとんどの公式を導出できる．以下に，一例として，積を和と差に変換する公式を示す．

$$\begin{cases} \sin\alpha\cos\beta=\dfrac{1}{2}[\sin(\alpha+\beta)+\sin(\alpha-\beta)] \\ \cos\alpha\sin\beta=\dfrac{1}{2}[\sin(\alpha+\beta)-\sin(\alpha-\beta)] \\ \cos\alpha\cos\beta=\dfrac{1}{2}[\cos(\alpha+\beta)+\cos(\alpha-\beta)] \\ \sin\alpha\sin\beta=-\dfrac{1}{2}[\cos(\alpha+\beta)-\cos(\alpha-\beta)] \end{cases}$$

表 2.1 および表 3.1 にそれぞれ，三角関数の微分と積分をまとめている．0 以外の任意の整数 m に対して正弦関数 $\sin m\theta$ と余弦関数 $\cos m\theta$ はともに周期 2π をもち，かつそれぞれ奇関数および偶関数なので，区間 $[-\pi, \pi]$ に対する積分は次のようになる．

$$\begin{cases} \displaystyle\int_{-\pi}^{\pi}\sin mx\,\mathrm{d}x=0 \\ \displaystyle\int_{-\pi}^{\pi}\cos mx\,\mathrm{d}x=2\int_{0}^{\pi}\cos mx\,\mathrm{d}x=2\left[\frac{\sin mx}{m}\right]_{0}^{\pi}=0 \end{cases} \quad (m=\pm1, \pm2, \cdots)$$

一方，m が 0 の場合は，次のようになる．

$$\begin{cases} \displaystyle\int_{-\pi}^{\pi}\sin mx\,\mathrm{d}x=\int_{-\pi}^{\pi}0\,\mathrm{d}x=0 \\ \displaystyle\int_{-\pi}^{\pi}\cos mx\,\mathrm{d}x=\int_{-\pi}^{\pi}1\,\mathrm{d}x=2\pi \end{cases} \quad (m=0)$$

以上をまとめると，任意の整数 m に対して，次が得られる．

$$\int_{-\pi}^{\pi} \sin mx \, \mathrm{d}x = 0 \qquad (m=0, \pm 1, \pm 2, \cdots)$$

$$\int_{-\pi}^{\pi} \cos mx \, \mathrm{d}x = \begin{cases} 2\pi & (m=0) \\ 0 & (m=\pm 1, \pm 2, \cdots) \end{cases}$$

5.2　三角関数の直交性

1.3 節で述べたように，2 つのベクトル $\boldsymbol{A}, \boldsymbol{B}$ のなす角を $\theta (0 \leq \theta \leq \pi)$ とすると，その内積は

$$\boldsymbol{A} \cdot \boldsymbol{B} = |\boldsymbol{A}||\boldsymbol{B}| \cos \theta$$

で定義され，$\boldsymbol{A} \cdot \boldsymbol{B} = 0$ かつ $|\boldsymbol{A}| = \sqrt{\boldsymbol{A} \cdot \boldsymbol{A}} \neq 0, |\boldsymbol{B}| = \sqrt{\boldsymbol{B} \cdot \boldsymbol{B}} \neq 0$ のとき，$\boldsymbol{A}$ と $\boldsymbol{B}$ はたがいに直交しているという．

この概念を関数に対応させると，区間 $[a, b]$ で定義される 2 つの連続関数 $f(x), g(x)$ が

$$\begin{cases} \displaystyle\int_a^b f(x) g(x) \, \mathrm{d}x = 0 \\ \displaystyle\int_a^b \{f(x)\}^2 \, \mathrm{d}x \neq 0 \\ \displaystyle\int_a^b \{g(x)\}^2 \, \mathrm{d}x \neq 0 \end{cases}$$

を満足するとき，$f(x)$ と $g(x)$ は区間 $[a, b]$ で直交するといえる．一般に，N 個の関数の集合 $\varphi_1(x), \varphi_2(x), \cdots, \varphi_N(x)$ に対して，

$$\begin{cases} \displaystyle\int_a^b \varphi_m(x) \varphi_n(x) \, \mathrm{d}x = 0 & (m, n = 1, 2, \cdots, N\,;\ m \neq n) \\ \displaystyle\int_a^b \{\varphi_n(x)\}^2 \, \mathrm{d}x \neq 0 & (n = 1, 2, \cdots, N) \end{cases}$$

を満足するとき，この関数全体をまとめて，区間 $[a, b]$ における**直交系**（orthogonal system）あるいは**直交関数系**（system of orthogonal functions）という．すなわち，直交関数系とは，自分と異なる関数との内積が 0 であり，自分自身とは有限であることを意味する．特に，この直交関数系が

$$\int_a^b \{\varphi_n(x)\}^2 \, \mathrm{d}x = 1 \qquad (n = 1, 2, \cdots, N)$$

を満足するとき，**正規直交系**（orthonormal　system）あるいは**正規直交関数系**（system of orthonormal functions）という．

次の例題に示すように，正弦関数と余弦関数の集合は直交関数系をなすことが

知られている．

【例題 5.1】 次の関数の集合が，区間 $[-\pi,\pi]$ で直交関数系をなすことを示せ．

$$1,\quad \cos x,\quad \sin x,\quad \cos 2x,\quad \sin 2x,\quad \cdots,\quad \cos nx,\quad \sin nx,\quad \cdots$$

（解） $1=\cos 0x$ と考えると，対象とする関数の集合は，0 以上の非負の整数 n に対する余弦関数 $\cos nx$ と 1 以上の自然数 m に対する正弦関数 $\sin mx$ の合成のみから構成される．また，すべての関数が，周期 2π をもつ．したがって，5.1 節で述べた三角関数の積を和と差に変換する公式を利用して，対象とする関数全体が直交関数系をなすことを次のように証明できる．

$$\int_{-\pi}^{\pi}\sin mx\cos nx\,\mathrm{d}x=\frac{1}{2}\int_{-\pi}^{\pi}\{\sin(m+n)x+\sin(m-n)x\}\mathrm{d}x=0$$

$$\int_{-\pi}^{\pi}\cos mx\cos nx\,\mathrm{d}x=\frac{1}{2}\int_{-\pi}^{\pi}\{\cos(m+n)x+\cos(m-n)x\}\mathrm{d}x$$

$$=\begin{cases}2\pi & (m=n=0)\\ \pi & (m=n\geq 1)\\ 0 & (m\neq n)\end{cases}$$

$$\int_{-\pi}^{\pi}\sin mx\sin nx\,\mathrm{d}x=-\frac{1}{2}\int_{-\pi}^{\pi}\{\cos(m+n)x-\cos(m-n)x\}\mathrm{d}x=\begin{cases}\pi & (m=n)\\ 0 & (m\neq n)\end{cases}$$

5.3 周期 2π をもつ関数のフーリエ級数

例題 5.1 で示したように，周期 2π をもつ正弦関数と余弦関数の集合は直交関数系をなす．この性質を利用して，周期 2π をもつ任意の関数 $f(x)$ を，次のような三角関数の無限級数（**三角級数**，trigonometric series）で表現してみよう．

$$f(x)\sim c\cos 0x+\sum_{n=1}^{\infty}(a_n\cos nx+b_n\sin nx)=c+\sum_{n=1}^{\infty}(a_n\cos nx+b_n\sin nx)$$

どんな周期関数でも三角級数に展開できるとは限らない．また，たとえ三角級数に展開できたとしても，もとの関数と無限級数の和が一致するかどうかは，一般にはわからない．したがって，上式では～(波の記号）を用いている．このような**収束性**（convergence）については，次節で詳しく述べる．

以下で，三角級数の係数 c, a_n, b_n をそれぞれ導出する．まず，両辺を区間 $[-\pi,\pi]$ で積分することにより，係数 c の表式が次のように得られる．

$$\int_{-\pi}^{\pi}f(x)\,\mathrm{d}x\sim\int_{-\pi}^{\pi}\left\{c+\sum_{n=1}^{\infty}(a_n\cos nx+b_n\sin nx)\right\}\mathrm{d}x$$

$$=c\int_{-\pi}^{\pi}\mathrm{d}x+\sum_{n=1}^{\infty}\left(a_n\int_{-\pi}^{\pi}\cos nx\mathrm{d}x+b_n\int_{-\pi}^{\pi}\sin nx\mathrm{d}x\right)$$

$$=c\int_{-\pi}^{\pi}\mathrm{d}x=2\pi c$$

$$\therefore\ c\sim\frac{1}{2\pi}\int_{-\pi}^{\pi}f(x)\mathrm{d}x$$

次に，任意の自然数 m に対して，両辺に $\cos mx$ を乗じて区間 $[-\pi,\pi]$ で積分することにより，係数 a_m の表式が求まる．

$$\int_{-\pi}^{\pi}f(x)\cos mx\mathrm{d}x\sim\int_{-\pi}^{\pi}\left\{c+\sum_{n=1}^{\infty}(a_n\cos nx+b_n\sin nx)\right\}\cos mx\mathrm{d}x$$

$$=c\int_{-\pi}^{\pi}\cos mx\mathrm{d}x$$

$$+\sum_{n=1}^{\infty}\left(a_n\int_{-\pi}^{\pi}\cos mx\cos nx\mathrm{d}x+b_n\int_{-\pi}^{\pi}\cos mx\sin nx\mathrm{d}x\right)$$

$$=a_m\int_{-\pi}^{\pi}\cos^2 mx\mathrm{d}x=\pi a_m$$

$$\therefore\ a_m\sim\frac{1}{\pi}\int_{-\pi}^{\pi}f(x)\cos mx\mathrm{d}x\qquad(m=1,2,\cdots)$$

最後に，任意の自然数 m に対して，両辺に $\sin mx$ を乗じて区間 $[-\pi,\pi]$ で積分することにより，係数 b_m の表式が求まる．

$$\int_{-\pi}^{\pi}f(x)\sin mx\mathrm{d}x\sim\int_{-\pi}^{\pi}\left\{c+\sum_{n=1}^{\infty}(a_n\cos nx+b_n\sin nx)\right\}\sin mx\mathrm{d}x$$

$$=c\int_{-\pi}^{\pi}\sin mx\mathrm{d}x$$

$$+\sum_{n=1}^{\infty}\left(a_n\int_{-\pi}^{\pi}\sin mx\cos nx\mathrm{d}x+b_n\int_{-\pi}^{\pi}\sin mx\sin nx\mathrm{d}x\right)$$

$$=b_m\int_{-\pi}^{\pi}\sin^2 mx\mathrm{d}x=\pi b_m$$

$$\therefore b_m\sim\frac{1}{\pi}\int_{-\pi}^{\pi}f(x)\sin mx\mathrm{d}x\qquad(m=1,2,\cdots)$$

ところで，$\cos 0x=1$ なので，係数 a_m を整数 m が 0 の場合まで拡張して，係数 c を次のように統一的に表現することもできる．

$$c\sim\frac{1}{2\pi}\int_{-\pi}^{\pi}f(x)\mathrm{d}x=\frac{1}{2\pi}\int_{-\pi}^{\pi}f(x)\cos 0x\mathrm{d}x=\frac{a_0}{2}$$

$$a_m\sim\frac{1}{\pi}\int_{-\pi}^{\pi}f(x)\cos mx\mathrm{d}x\qquad(m=0,1,2,\cdots)$$

以上をまとめると，関数 $f(x)$ の三角級数の表式は m を n と置き換えて次のようになる．

$$f(x) \sim \frac{a_0}{2} + \sum_{n=1}^{\infty} (a_n \cos nx + b_n \sin nx)$$

$$\begin{cases} a_n \sim \dfrac{1}{\pi}\displaystyle\int_{-\pi}^{\pi} f(x) \cos nx \mathrm{d}x & (n=0,1,2,\cdots) \\ b_n \sim \dfrac{1}{\pi}\displaystyle\int_{-\pi}^{\pi} f(x) \sin nx \mathrm{d}x & (n=1,2,\cdots) \end{cases}$$

ここで，定数 a_n, b_n を関数 $f(x)$ の**フーリエ係数**（Fourier coefficients）といい，この係数をもつ三角級数を**フーリエ級数**（Fourier series）という．また，上記のように，関数 $f(x)$ を三角級数の和で表すことを**フーリエ級数展開**（Fourier series expansion）という．

5.4 フーリエ級数の収束性

まず，**区分的に連続な関数**（piecewise continuous function）について説明する．区間 $[a, b]$ で定義される関数 $f(x)$ が，次に列挙する条件をすべて満足する場合，$f(x)$ は区分的に連続であるという（図 5.3 参照）．

（i） 区間 (a, b) 内の有限個の点を除いて，関数 $f(x)$ は連続である．

（ii） 区間 (a, b) 内の任意の不連続点 c において，次のような**左側極限**（left-hand limit）と**右側極限**（right-hand limit）がともに存在する．

$$\begin{cases} f(c-0) = \displaystyle\lim_{x \to c-0} f(x) \\ f(c+0) = \displaystyle\lim_{x \to c+0} f(x) \end{cases}$$

（iii） 区間 $[a, b]$ の両端において，次のような右側極限と左側極限がともに存在する．

$$\begin{cases} f(a+0) = \displaystyle\lim_{x \to a+0} f(x) \\ f(b-0) = \displaystyle\lim_{x \to b-0} f(x) \end{cases}$$

ここで，左側極限 $f(x-0)$ とは，変数を小さい方（左側）から点 x に近づけたときの極限値である．一方，右側極限 $f(x+0)$ は，大きい方（右側）からの極限値である．関数 $f(x)$ が区間 $[a, b]$ で区分的に連続ならば，その区間で積分可能である（3.1 節参照）．

次に，周期関数をフーリエ級数展開したものがもとの関数に一致するかどうかの収束性について簡単に述べる．必要があれば，詳細は巻末の参考図書を参照さ

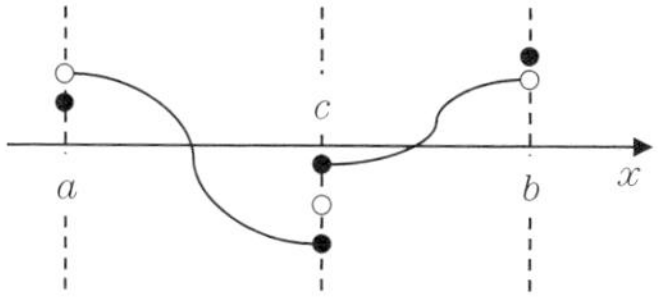

図 5.3　区分的に連続な関数

れたい．周期 2π をもつ関数 $f(x)$ とその微分 $f'(x)$ がともに区分的に連続な場合，$f(x)$ のフーリエ級数について次が成り立つ．

$$\frac{a_0}{2}+\sum_{n=1}^{\infty}(a_n\cos nx+b_n\sin nx)=\begin{cases} f(x) & (\text{連続点 } x) \\ \dfrac{f(x-0)+f(x+0)}{2} & (\text{不連続点 } x) \end{cases}$$

すなわち，フーリエ級数は，$f(x)$ が連続な点ではそのままもとの値に収束し，不連続な点では左側極限と右側極限の中間（平均値）に収束する．そこで，区分的に連続な周期 2π をもつ関数 $f(x)$ として，不連続点では左側極限と右側極限の平均値をとるものだけを考察対象とすると，次のように波の記号～を等号＝に置き換えることができる．

$$f(x)=\frac{a_0}{2}+\sum_{n=1}^{\infty}(a_n\cos nx+b_n\sin nx)$$

$$\begin{cases} a_0=\dfrac{1}{\pi}\displaystyle\int_{-\pi}^{\pi}f(x)\,\mathrm{d}x \\ a_n=\dfrac{1}{\pi}\displaystyle\int_{-\pi}^{\pi}f(x)\cos nx\,\mathrm{d}x & (n=1,2,\cdots) \\ b_n=\dfrac{1}{\pi}\displaystyle\int_{-\pi}^{\pi}f(x)\sin nx\,\mathrm{d}x & (n=1,2,\cdots) \end{cases}$$

もしくは，

$$f(x)=\frac{a_0}{2}+\sum_{n=1}^{\infty}(a_n\cos nx+b_n\sin nx)$$

$$\begin{cases} a_n=\dfrac{1}{\pi}\displaystyle\int_{-\pi}^{\pi}f(x)\cos nx\,\mathrm{d}x & (n=0,1,2,\cdots) \\ b_n=\dfrac{1}{\pi}\displaystyle\int_{-\pi}^{\pi}f(x)\sin nx\,\mathrm{d}x & (n=1,2,\cdots) \end{cases}$$

本書では，このような関数のみに焦点を当てるので，収束性を気にせずに等号

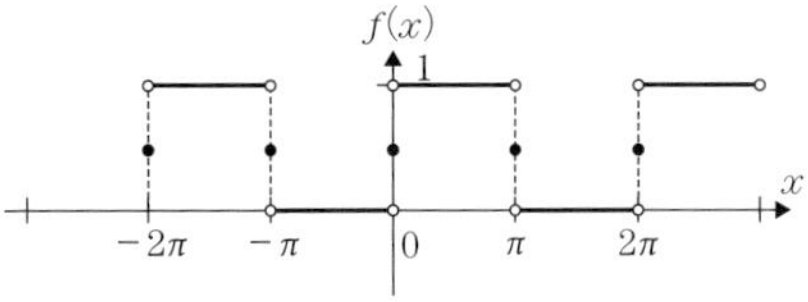

(a)　関数 $f(x)$

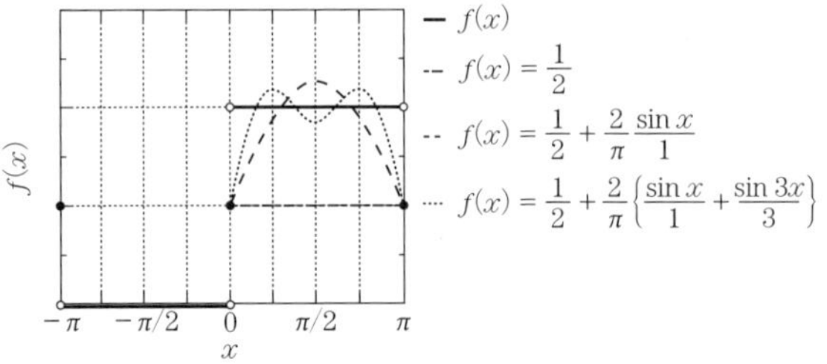

(b)　関数 $f(x)$ のフーリエ級数展開（$n=3$ まで）

図 5.4　例題 5.2

= を使用するものとする．なお，$A_n=|a_n|, B_n=|b_n|$ を一般に**スペクトル**（単数形は spectrum，複数形は spectra）という．

なお，実際にフーリエ係数を計算する際に，任意の整数 n に対して次が成り立つことを覚えておくと便利である．

$$\begin{cases} \sin n\pi=0 \\ \cos n\pi=(-1)^n \end{cases} \qquad (n=0, \pm 1, \pm 2, \cdots)$$

【例題 5.2】　周期 2π をもつ次の関数 $f(x)$ をフーリエ級数に展開せよ（図 5.4 参照）．

$$f(x)=\begin{cases} 0 & (-\pi<x<0) \\ \dfrac{1}{2} & (x=0, \pi) \\ 1 & (0<x<\pi) \end{cases}$$

（解）

$$a_0=\frac{1}{\pi}\int_{-\pi}^{\pi} f(x)\,\mathrm{d}x=\frac{1}{\pi}\left(\int_{-\pi}^{0} 0\,\mathrm{d}x+\int_{0}^{\pi} 1\,\mathrm{d}x\right)=1$$

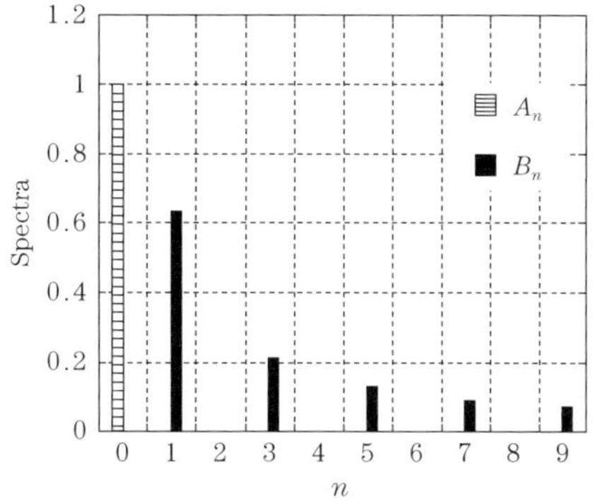

図 5.5　フーリエ級数のスペクトル

$$a_n=\frac{1}{\pi}\int_{-\pi}^{\pi}f(x)\cos nx\,\mathrm{d}x=\frac{1}{\pi}\int_{0}^{\pi}\cos nx\,\mathrm{d}x=\frac{1}{\pi}\left[\frac{\sin nx}{n}\right]_0^{\pi}=0$$

$$b_n=\frac{1}{\pi}\int_{-\pi}^{\pi}f(x)\sin nx\,\mathrm{d}x=\frac{1}{\pi}\int_{0}^{\pi}\sin nx\,\mathrm{d}x=\frac{1}{\pi}\left[\frac{-\cos nx}{n}\right]_0^{\pi}=\frac{1}{\pi}\,\frac{1-(-1)^n}{n}$$

$$\therefore\ f(x)=\frac{1}{2}+\frac{1}{\pi}\sum_{n=1}^{\infty}\frac{1+(-1)^{n-1}}{n}\sin nx$$

$$=\frac{1}{2}+\frac{2}{\pi}\left(\frac{\sin x}{1}+\frac{\sin 3x}{3}+\frac{\sin 5x}{5}+\cdots\right)$$

図 5.4 (b) に，例題 5.2 で求めたフーリエ級数の無限和を有限項で打ち切ったものと，もとの関数 $f(x)$ を比較して示す．部分和の数が増加すると，もとの関数 $f(x)$ に近づいていく様子がわかる．また，不連続な点では，左側極限と右側極限の平均値に一致することもわかる．ただし，フーリエ級数の部分和では，不連続な点の近傍で異常な跳びが存在する．これを一般に，**ギブスの現象** (Gibbs phenomenon) という．一方，図 5.5 はフーリエ級数のスペクトルを表しており，第 7 章で述べるフーリエ変換と対応関係がある．

5.5　偶関数のフーリエ余弦級数

ある周期関数をフーリエ級数に展開することは，大変な計算時間と労力を必要とする．そこで，関数のもつ対称性を利用して，フーリエ級数の表式を簡略化しよう．本節では，関数 $f(x)$ が偶関数の場合を取り扱う．なお，奇関数については，次節で述べる．

周期 2π をもつ関数 $f(x)$ が偶関数，すなわち $f(-x)=f(x)$ を満足するとき，フーリエ係数 a_n, b_n はそれぞれ，次のようになる．

$$a_n=\frac{1}{\pi}\int_{-\pi}^{\pi}f(x)\cos nx\,\mathrm{d}x=\frac{1}{\pi}\int_{-\pi}^{0}f(x)\cos nx\,\mathrm{d}x+\frac{1}{\pi}\int_{0}^{\pi}f(x)\cos nx\,\mathrm{d}x$$

$$=\frac{1}{\pi}\int_{\pi}^{0}f(-x')\cos(-nx')(-\mathrm{d}x')+\frac{1}{\pi}\int_{0}^{\pi}f(x)\cos nx\,\mathrm{d}x\qquad(x'=-x)$$

$$=\frac{1}{\pi}\int_{0}^{\pi}f(x')\cos nx'\,\mathrm{d}x'+\frac{1}{\pi}\int_{0}^{\pi}f(x)\cos nx\,\mathrm{d}x$$

$$=\frac{2}{\pi}\int_{0}^{\pi}f(x)\cos nx\,\mathrm{d}x\qquad(n=0,1,2,\cdots)$$

$$b_n=\frac{1}{\pi}\int_{-\pi}^{\pi}f(x)\sin nx\,\mathrm{d}x=\frac{1}{\pi}\int_{-\pi}^{0}f(x)\sin nx\,\mathrm{d}x+\frac{1}{\pi}\int_{0}^{\pi}f(x)\sin nx\,\mathrm{d}x$$

$$=\frac{1}{\pi}\int_{\pi}^{0}f(-x')\sin(-nx')(-\mathrm{d}x')+\frac{1}{\pi}\int_{0}^{\pi}f(x)\sin nx\,\mathrm{d}x\qquad(x'=-x)$$

$$=-\frac{1}{\pi}\int_{0}^{\pi}f(x')\sin nx'\,\mathrm{d}x'+\frac{1}{\pi}\int_{0}^{\pi}f(x)\sin nx\,\mathrm{d}x=0\qquad(n=1,2,\cdots)$$

このように，偶関数のフーリエ係数 b_n は，常に 0 となる．したがって，周期 2π をもつ偶関数 $f(x)$ のフーリエ級数は，次で表される．

$$f(x)=\frac{a_0}{2}+\sum_{n=1}^{\infty}a_n\cos nx$$

$$a_n=\frac{2}{\pi}\int_{0}^{\pi}f(x)\cos nx\,\mathrm{d}x\qquad(n=0,1,2,\cdots)$$

これを，偶関数 $f(x)$ の**フーリエ余弦級数**（Fourier cosine series）という．

$f(x)$ は偶関数なので，偶関数 $\cos nx$ との積も偶関数となる．一方，奇関数 $\sin nx$ との積は奇関数となる．したがって，偶関数 $f(x)$ のフーリエ係数 a_n, b_n は，それぞれの性質を反映したものとなる．

【例題 5.3】 周期 2π をもつ次の関数 $f(x)$ をフーリエ級数に展開せよ（図 5.6 参照）．

$$f(x)=|x|\qquad(-\pi<x\leq\pi)$$

（解） $f(-x)=f(x)$ より，$f(x)$ は偶関数である．したがって，$b_n=0$ である．また，他のフーリエ係数を計算すると，フーリエ級数は次のようになる．

$$a_0=\frac{2}{\pi}\int_{0}^{\pi}f(x)\,\mathrm{d}x=\frac{2}{\pi}\int_{0}^{\pi}x\,\mathrm{d}x=\frac{2}{\pi}\left[\frac{x^2}{2}\right]_0^{\pi}=\pi$$

$$a_n=\frac{2}{\pi}\int_{0}^{\pi}f(x)\cos nx\,\mathrm{d}x=\frac{2}{\pi}\int_{0}^{\pi}x\cos nx\,\mathrm{d}x$$

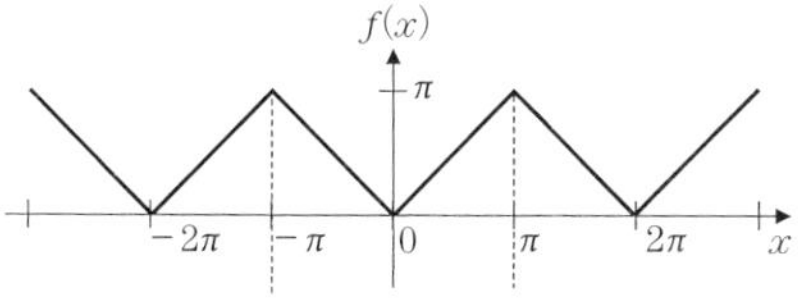

(a) 関数 $f(x)$

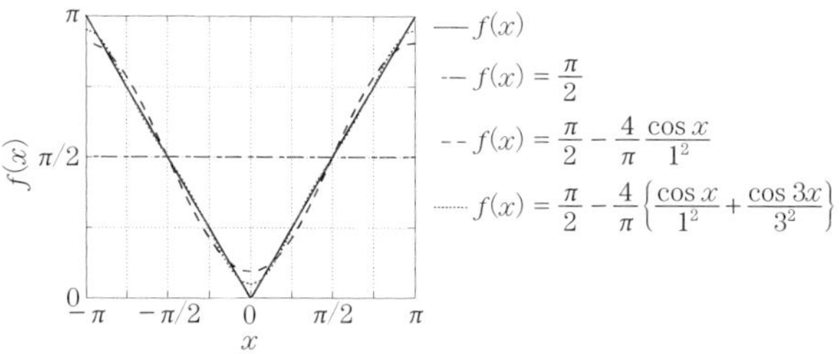

(b) 関数 $f(x)$ のフーリエ級数展開（$n=3$ まで）

図 5.6 例題 5.3

$$=\frac{2}{\pi}\left[x\,\frac{\sin nx}{n}\right]_0^{\pi}-\frac{2}{\pi}\int_0^{\pi}\frac{\sin nx}{n}\,\mathrm{d}x$$

$$=-\frac{2}{\pi}\left[-\frac{\cos nx}{n^2}\right]_0^{\pi}=\frac{2}{\pi}\,\frac{(-1)^n-1}{n^2}$$

$$\therefore\ f(x)=\frac{\pi}{2}-\frac{2}{\pi}\sum_{n=1}^{\infty}\frac{1+(-1)^{n-1}}{n^2}\cos nx=\frac{\pi}{2}-\frac{4}{\pi}\left(\frac{\cos x}{1^2}+\frac{\cos 3x}{3^2}+\frac{\cos 5x}{5^2}+\cdots\right)$$

【例題 5.4】 周期 2π をもつ次の関数 $f(x)$ をフーリエ級数に展開せよ（図 5.7 参照）.

$$f(x)=x^2 \qquad (-\pi<x\leq\pi)$$

（解） $f(x)$ は偶関数なので，$b_n=0$ である.

$$a_0=\frac{2}{\pi}\int_0^{\pi}f(x)\,\mathrm{d}x=\frac{2}{\pi}\int_0^{\pi}x^2\,\mathrm{d}x=\frac{2}{\pi}\left[\frac{x^3}{3}\right]_0^{\pi}=\frac{2\pi^2}{3}$$

$$a_n=\frac{2}{\pi}\int_0^{\pi}f(x)\cos nx\,\mathrm{d}x=\frac{2}{\pi}\int_0^{\pi}x^2\cos nx\,\mathrm{d}x$$

$$=\frac{2}{\pi}\left[x^2\,\frac{\sin nx}{n}\right]_0^{\pi}-\frac{2}{\pi}\int_0^{\pi}2x\frac{\sin nx}{n}\,\mathrm{d}x$$

$$=-\frac{4}{\pi}\left[x\,\frac{-\cos nx}{n^2}\right]_0^{\pi}+\frac{4}{\pi}\int_0^{\pi}\frac{-\cos nx}{n^2}\,\mathrm{d}x$$

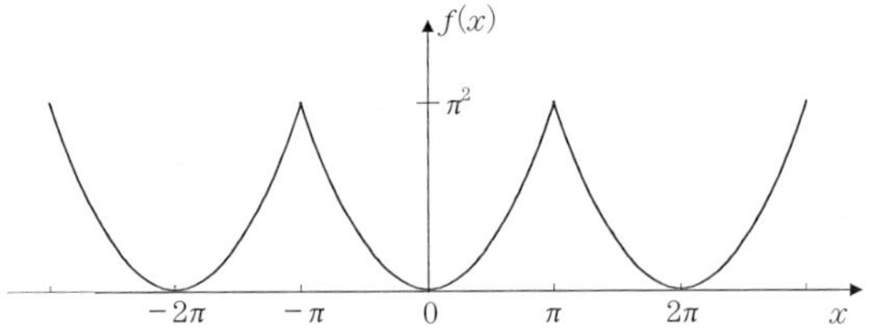

図 5.7　例題 5.4

$$=\frac{4(-1)^n}{n^2}-\frac{4}{\pi}\left[\frac{\sin nx}{n^3}\right]_0^{\pi}=\frac{4(-1)^n}{n^2}$$

$$\therefore f(x)=\frac{\pi^2}{3}+4\sum_{n=1}^{\infty}\frac{(-1)^n}{n^2}\cos nx=\frac{\pi^2}{3}-4\left(\frac{\cos x}{1^2}-\frac{\cos 2x}{2^2}+\frac{\cos 3x}{3^2}-+\cdots\right)$$

5.6　奇関数のフーリエ正弦級数

関数 $f(x)$ が奇関数の場合も，前節で述べた偶関数のときと同様に，関数の対称性に着目してフーリエ級数の表式を簡略化できる．

周期 2π をもつ関数 $f(x)$ が奇関数，すなわち $f(-x)=-f(x)$ を満足するとき，フーリエ係数 a_n, b_n はそれぞれ，次のようになる．

$$a_n=\frac{1}{\pi}\int_{-\pi}^{\pi}f(x)\cos nx\,dx=\frac{1}{\pi}\int_{-\pi}^{0}f(x)\cos nx\,dx+\frac{1}{\pi}\int_{0}^{\pi}f(x)\cos nx\,dx$$

$$=\frac{1}{\pi}\int_{\pi}^{0}f(-x')\cos(-nx')(-dx')+\frac{1}{\pi}\int_{0}^{\pi}f(x)\cos nx\,dx \qquad (x'=-x)$$

$$=-\frac{1}{\pi}\int_{0}^{\pi}f(x')\cos nx'\,dx'+\frac{1}{\pi}\int_{0}^{\pi}f(x)\cos nx\,dx=0 \qquad (n=0,1,2,\cdots)$$

$$b_n=\frac{1}{\pi}\int_{-\pi}^{\pi}f(x)\sin nx\,dx=\frac{1}{\pi}\int_{-\pi}^{0}f(x)\sin nx\,dx+\frac{1}{\pi}\int_{0}^{\pi}f(x)\sin nx\,dx$$

$$=\frac{1}{\pi}\int_{\pi}^{0}f(-x')\sin(-nx')(-dx')+\frac{1}{\pi}\int_{0}^{\pi}f(x)\sin nx\,dx \qquad (x'=-x)$$

$$=\frac{1}{\pi}\int_{0}^{\pi}f(x')\sin nx'\,dx'+\frac{1}{\pi}\int_{0}^{\pi}f(x)\sin nx\,dx$$

$$=\frac{2}{\pi}\int_{0}^{\pi}f(x)\sin nx\,dx \qquad (n=1,2,\cdots)$$

このように，奇関数のフーリエ係数 a_n は，常に 0 となる．したがって，周期 2π をもつ奇関数 $f(x)$ のフーリエ級数は，次で表される．

$$f(x) = \sum_{n=1}^{\infty} b_n \sin nx$$

$$b_n = \frac{2}{\pi} \int_0^{\pi} f(x) \sin nx \, dx \quad (n=1, 2, \cdots)$$

これを，奇関数 $f(x)$ の**フーリエ正弦級数**（Fourier sine series）という．

$f(x)$ は奇関数なので，偶関数 $\cos nx$ との積は奇関数となる．一方，奇関数 $\sin nx$ との積は偶関数となる．したがって，奇関数 $f(x)$ のフーリエ係数 a_n, b_n は，それぞれの性質を反映したものとなる．

【例題 5.5】 周期 2π をもつ次の関数 $f(x)$ をフーリエ級数に展開せよ（図 5.8 参照）．

$$f(x) = \begin{cases} x & (-\pi < x < \pi) \\ 0 & (x = \pi) \end{cases}$$

（解） $f(-x) = -f(x)$ より，$f(x)$ は奇関数である．したがって，$a_n = 0$ である．また，他のフーリエ係数を計算すると，フーリエ級数は次のようになる．

$$b_n = \frac{2}{\pi} \int_0^{\pi} f(x) \sin nx \, dx = \frac{2}{\pi} \int_0^{\pi} x \sin nx \, dx$$

(a) 関数 $f(x)$

$$— f(x)$$
$$-\cdot - f(x) = 2 \frac{\sin x}{1}$$
$$-- f(x) = 2 \left\{ \frac{\sin x}{1} - \frac{\sin 2x}{2} \right\}$$
$$\cdots f(x) = 2 \left\{ \frac{\sin x}{1} - \frac{\sin 2x}{2} + \frac{\sin 3x}{3} \right\}$$

(b) 関数 $f(x)$ のフーリエ級数展開（$n=3$ まで）

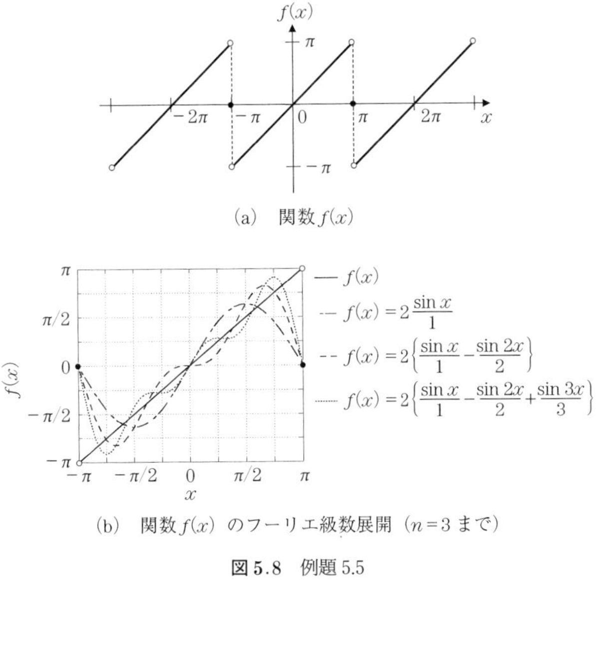

図 5.8 例題 5.5

$$=\frac{2}{\pi}\left[x\,\frac{-\cos nx}{n}\right]_0^{\pi}-\frac{2}{\pi}\int_0^{\pi}\frac{-\cos nx}{n}\,\mathrm{d}x$$

$$=-\frac{2(-1)^n}{n}+\frac{2}{\pi}\left[\frac{\sin nx}{n^2}\right]_0^{\pi}=\frac{2(-1)^{n-1}}{n}$$

$$\therefore\ f(x)=2\sum_{n=1}^{\infty}\frac{(-1)^{n-1}}{n}\sin nx=2\left(\frac{\sin x}{1}-\frac{\sin 2x}{2}+\frac{\sin 3x}{3}-+\cdots\right)$$

【例題 5.6】 周期 2π をもつ次の関数 $f(x)$ をフーリエ級数に展開せよ（図 5.9 参照）.

$$f(x)=\begin{cases}\dfrac{x}{|x|}e^{|x|} & (0<|x|<\pi)\\ 0 & (x=0,\pi)\end{cases}$$

（解） $f(x)$ は奇関数なので，$a_n=0$ である．一方，b_n は次のようになる．

$$b_n=\frac{2}{\pi}\int_0^{\pi}f(x)\sin nx\,\mathrm{d}x=\frac{2}{\pi}\int_0^{\pi}e^x\sin nx\,\mathrm{d}x$$

ここで，$I=\int e^x\sin nx\,\mathrm{d}x$ とおくと，部分積分を 2 回繰り返すことにより，次のようにしてこの不定積分を求めることができる．

$$I=\int e^x\sin nx\,\mathrm{d}x=e^x\frac{-\cos nx}{n}-\int e^x\frac{-\cos nx}{n}\,\mathrm{d}x$$

$$=-\frac{e^x\cos nx}{n}+e^x\frac{\sin nx}{n^2}-\int e^x\frac{\sin nx}{n^2}\mathrm{d}x=\frac{e^x(\sin nx-n\cos nx)}{n^2}-\frac{I}{n^2}$$

$$\therefore\ I=\int e^x\sin nx\,\mathrm{d}x=\frac{e^x(\sin nx-n\cos nx)}{n^2+1}$$

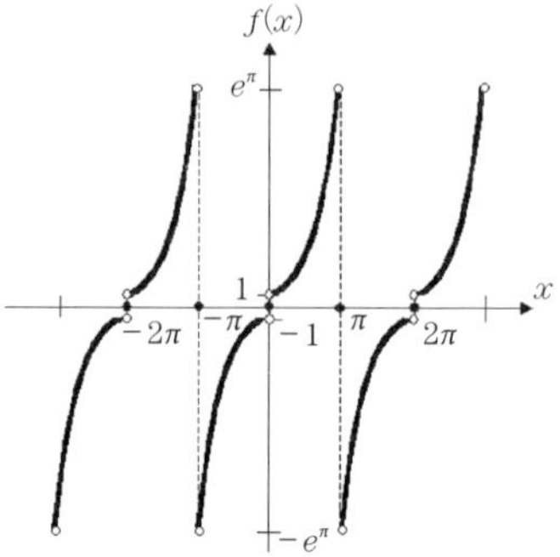

図 5.9　例題 5.6

$$\therefore\ b_n=\frac{2}{\pi}\left[\frac{e^x(\sin nx-n\cos nx)}{n^2+1}\right]_0^{\pi}=\frac{2}{\pi}\frac{n}{n^2+1}\{1-(-1)^n e^{\pi}\}$$

$$\therefore\ f(x)=-\frac{2}{\pi}\sum_{n=1}^{\infty}\frac{n}{n^2+1}\{(-1)^n e^{\pi}-1\}\sin nx$$

5.7　任意の周期をもつ関数のフーリエ級数

これまで周期 2π をもつ関数のフーリエ級数を扱ってきたが，任意の周期をもつ関数についても同様に，フーリエ級数に展開することができる．そこで，ここでは，一般的な周期 T をもつ関数のフーリエ級数展開について述べる．

まず，周期 2π をもつ次のような関数 $g(x)$ のフーリエ級数を考える．

$$g(x)=\frac{a_0}{2}+\sum_{n=1}^{\infty}(a_n\cos nx+b_n\sin nx)$$

$$\begin{cases} a_n=\dfrac{1}{\pi}\displaystyle\int_{-\pi}^{\pi}g(x)\cos nx\,\mathrm{d}x & (n=0,1,2,\cdots) \\ b_n=\dfrac{1}{\pi}\displaystyle\int_{-\pi}^{\pi}g(x)\sin nx\,\mathrm{d}x & (n=1,2,\cdots) \end{cases}$$

ここで，変数 x を別の変数 $t=Tx/2\pi$ に変換すると，積分区間 $-\pi\leq x\leq\pi$ は $-T/2\leq t\leq T/2$ に移行する．そこで，関数 $g(x)$ に変数変換 $x=2\pi t/T$ を代入したものを改めて $g(x)=g(2\pi t/T)=f(t)$ とおくと，関数 $f(t)$ は周期 T をもつことになる．したがって，上式をそれぞれ変形すると，次のようになる．

$$f(t)=g\left(\frac{2\pi t}{T}\right)=\frac{a_0}{2}+\sum_{n=1}^{\infty}\left(a_n\cos\frac{2n\pi t}{T}+b_n\sin\frac{2n\pi t}{T}\right)$$

$$a_n=\frac{1}{\pi}\int_{-\pi}^{\pi}g(x)\cos nx\,\mathrm{d}x=\frac{1}{\pi}\int_{-T/2}^{T/2}f(t)\cos\frac{2n\pi t}{T}\left(\frac{2\pi\,\mathrm{d}t}{T}\right)$$

$$=\frac{2}{T}\int_{-T/2}^{T/2}f(t)\cos\frac{2n\pi t}{T}\,\mathrm{d}t \qquad (n=0,1,2,\cdots)$$

$$b_n=\frac{1}{\pi}\int_{-\pi}^{\pi}g(x)\sin nx\,\mathrm{d}x=\frac{1}{\pi}\int_{-T/2}^{T/2}f(t)\sin\frac{2n\pi t}{T}\left(\frac{2\pi\,\mathrm{d}t}{T}\right)$$

$$=\frac{2}{T}\int_{-T/2}^{T/2}f(t)\sin\frac{2n\pi t}{T}\,\mathrm{d}t \qquad (n=1,2,\cdots)$$

つまり，周期 T をもつ関数 $f(t)$ のフーリエ級数として，次が得られる．

$$f(t)=\frac{a_0}{2}+\sum_{n=1}^{\infty}\left(a_n\cos\frac{2n\pi t}{T}+b_n\sin\frac{2n\pi t}{T}\right)$$

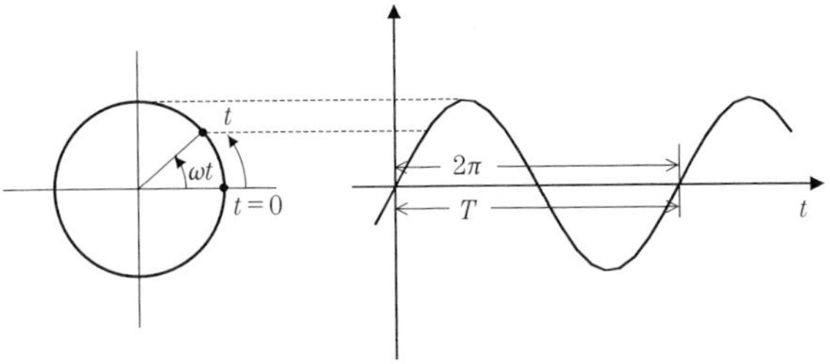

図 5.10　円運動と正弦波の関係

$$\begin{cases} a_n=\dfrac{2}{T}\displaystyle\int_{-T/2}^{T/2}f(t)\cos\dfrac{2n\pi t}{T}\,\mathrm{d}t & (n=0,1,2,\cdots) \\ b_n=\dfrac{2}{T}\displaystyle\int_{-T/2}^{T/2}f(t)\sin\dfrac{2n\pi t}{T}\,\mathrm{d}t & (n=1,2,\cdots) \end{cases}$$

このままでは覚えにくいので，以下でもう少し簡略化しよう．

ところで，電気工学の基本である電気回路において，常に一定の方向をもつ電流を**直流**（direct current, DC）という．また，常に一定の方向をもつ電圧を**直流電圧**（DC voltage）という．これに対して，一般家庭や工場などに供給される電流や電圧は通常，時間とともに正負に変化する．これを**交流**（alternating current, AC）および**交流電圧**（AC voltage）といい，その値は図 5.10 に示すように周期的に変化して**正弦波**（sinusoidal wave）とみなせる．ここで，ω を**角周波数**（angular frequency）（**角速度**（angular velocity）ともいう，単位は〔rad/s〕）とすると，周期 T は

$$T=\frac{2\pi}{\omega}$$

と表せる．一方，**周波数**（frequency）f（単位は〔Hz〕）は，周期 T の逆数として

$$f=\frac{1}{T}$$

で与えられる．したがって，角周波数 ω と周波数 f の関係は，次のようになる．

$$\omega=\frac{2\pi}{T}=2\pi f$$

交流や交流電圧を時刻 t の関数 $f(t)$ と考えると，$f(t)$ は条件 $f(t+T)=$

$f(t)$ を満足するので，周期 T をもつ関数となる．したがって，周期 T をもつ関数 $f(t)$ のフーリエ級数は，三角関数の部分に角周波数 ω を用いて，次のように書き直すことができる．

$$f(t)=\frac{a_0}{2}+\sum_{n=1}^{\infty}\left(a_n\cos n\omega t+b_n\sin n\omega t\right)$$

$$\begin{cases} a_n=\dfrac{2}{T}\displaystyle\int_{-T/2}^{T/2}f(t)\cos n\omega t\,\mathrm{d}t & (n=0,1,2,\cdots) \\ b_n=\dfrac{2}{T}\displaystyle\int_{-T/2}^{T/2}f(t)\sin n\omega t\,\mathrm{d}t & (n=1,2,\cdots) \end{cases}$$

なお，関数 $f(t)$ は周期 T をもつので，次のように積分範囲を区間 $[0,T]$ に変更してもよい．

$$f(t)=\frac{a_0}{2}+\sum_{n=1}^{\infty}\left(a_n\cos n\omega t+b_n\sin n\omega t\right)$$

$$\begin{cases} a_n=\dfrac{2}{T}\displaystyle\int_{0}^{T}f(t)\cos n\omega t\,\mathrm{d}t & (n=0,1,2,\cdots) \\ b_n=\dfrac{2}{T}\displaystyle\int_{0}^{T}f(t)\sin n\omega t\,\mathrm{d}t & (n=1,2,\cdots) \end{cases}$$

積分範囲を $[-T/2,T/2]$ と $[0,T]$ のどちらにするかは，状況に応じて使い分ければよい．ここで，周期 T をもつ関数 $f(t)$ が偶関数の場合，そのフーリエ余弦級数は次のようになる．

$$f(t)=\frac{a_0}{2}+\sum_{n=1}^{\infty}a_n\cos n\omega t$$

$$a_n=\frac{4}{T}\int_{0}^{T/2}f(t)\cos n\omega t\,\mathrm{d}t \qquad (n=0,1,2,\cdots)$$

一方，関数 $f(t)$ が奇関数の場合，そのフーリエ正弦級数は次のようになる．

$$f(t)=\sum_{n=1}^{\infty}b_n\sin n\omega t$$

$$b_n=\frac{4}{T}\int_{0}^{T/2}f(t)\sin n\omega t\,\mathrm{d}t \qquad (n=1,2,\cdots)$$

周期 T をもつ関数 $f(t)$ のフーリエ級数の表式において，$T=2\pi,\omega=2\pi/T=1$ とすると，周期 2π をもつ関数の場合に容易に移行できる．

【例題 5.7】 周期 T をもつ次の関数 $f(t)$ をフーリエ級数に展開せよ（図 5.11 参照）.

$$f(t)=\begin{cases} t & \left(-\dfrac{T}{2}<t<\dfrac{T}{2}\right) \\ 0 & \left(t=\dfrac{T}{2}\right) \end{cases}$$

（解） $f(t)$ は奇関数なので，$a_n=0$ である.

$$b_n=\frac{4}{T}\int_0^{T/2} f(t)\sin n\omega t\,\mathrm{d}t=\frac{4}{T}\int_0^{T/2} t\sin n\omega t\,\mathrm{d}t$$

$$=\frac{4}{T}\left[t\frac{-\cos n\omega t}{n\omega}\right]_0^{T/2}-\frac{4}{T}\int_0^{T/2}\frac{-\cos n\omega t}{n\omega}\mathrm{d}t$$

$$=\frac{2(-1)^{n-1}}{n\omega}+\frac{4}{T}\left[\frac{\sin n\omega t}{(n\omega)^2}\right]_0^{T/2}=\frac{2(-1)^{n-1}}{n\omega}$$

$$\therefore\ f(t)=\frac{2}{\omega}\sum_{n=1}^{\infty}\frac{(-1)^{n-1}}{n}\sin n\omega t=\frac{2}{\omega}\left(\frac{\sin\omega t}{1}-\frac{\sin 2\omega t}{2}+\frac{\sin 3\omega t}{3}-+\cdots\right)$$

【例題 5.8】 周期 T をもつ次の関数 $f(t)$ をフーリエ級数に展開せよ（図 5.12 参照）.

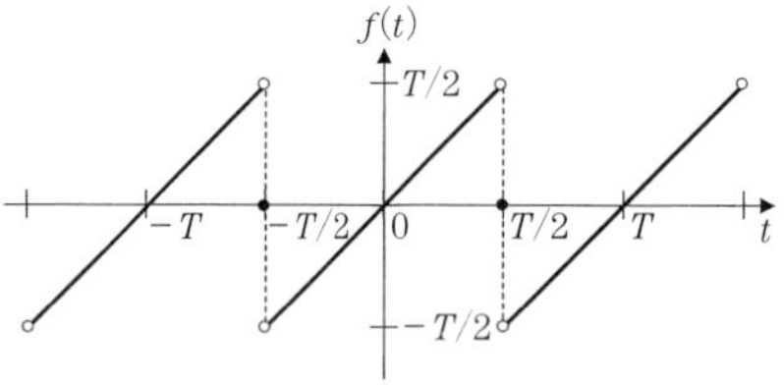

図 5.11 例題 5.7

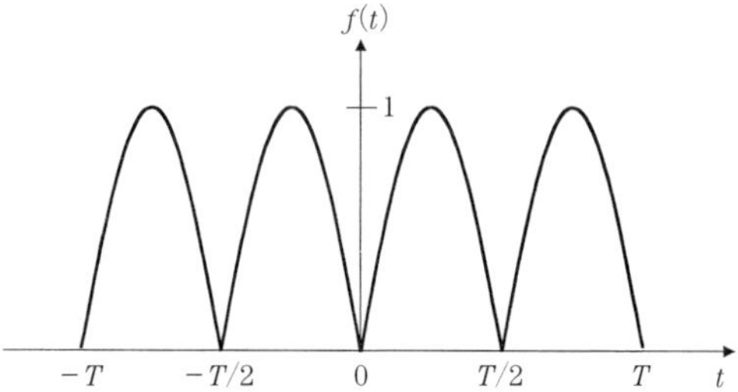

図 5.12 全波整流波形

$$f(t)=|\sin \omega t|$$

（なお，この関数 $f(t)$ を全波整流波形という．全波整流回路は，交流電源を直流電源に変換するための回路の1つであり，ダイオードなどにより構成される．）

（解）$f(t)$ は偶関数なので，$b_n=0$ である．

$$a_n=\frac{4}{T}\int_0^{T/2} f(t)\cos n\omega t\,\mathrm{d}t=\frac{4}{T}\int_0^{T/2}\sin \omega t\cos n\omega t\,\mathrm{d}t$$

$$=\frac{2}{T}\int_0^{T/2}\{\sin (n+1)\omega t-\sin (n-1)\omega t\}\mathrm{d}t$$

$$\therefore \begin{cases} a_0=\dfrac{4}{T}\displaystyle\int_0^{T/2}\sin \omega t\,\mathrm{d}t=\dfrac{4}{T}\left[-\dfrac{\cos \omega t}{\omega}\right]_0^{T/2}=-\dfrac{2}{\pi}(\cos \pi-1)=\dfrac{4}{\pi} \\ a_1=\dfrac{2}{T}\displaystyle\int_0^{T/2}\sin 2\omega t\,\mathrm{d}t=0 \\ a_n=\dfrac{2}{T}\left[-\dfrac{\cos (n+1)\omega t}{(n+1)\omega}+\dfrac{\cos (n-1)\omega t}{(n-1)\omega}\right]_0^{T/2} \\ \quad =\dfrac{1}{\pi}\left\{-\dfrac{(-1)^{n+1}-1}{n+1}+\dfrac{(-1)^{n-1}-1}{n-1}\right\}=-\dfrac{2}{\pi}\dfrac{1-(-1)^{n-1}}{(n-1)(n+1)} \qquad (n\geq 2) \end{cases}$$

$$\therefore f(t)=\frac{2}{\pi}-\frac{2}{\pi}\sum_{n=2}^{\infty}\frac{1+(-1)^n}{(n-1)(n+1)}\cos n\omega t$$

$$=\frac{2}{\pi}-\frac{4}{\pi}\left(\frac{\cos 2\omega t}{1\cdot 3}+\frac{\cos 4\omega t}{3\cdot 5}+\frac{\cos 6\omega t}{5\cdot 7}+\cdots\right)$$

演習問題

5.1 周期 2π をもつ次の関数 $f(x)$ をフーリエ級数に展開せよ.

$$f(x)=\begin{cases} 0 & (-\pi<x<0) \\ x & (0\leq x<\pi) \\ \dfrac{\pi}{2} & (x=\pi) \end{cases}$$

5.2 周期 2π をもつ次の関数 $f(x)$ をフーリエ級数に展開せよ.

$$f(x)=\begin{cases} 0 & (-\pi<x<0) \\ x(x-\pi) & (0\leq x\leq\pi) \end{cases}$$

5.3 周期 2π をもつ次の関数 $f(x)$ をフーリエ級数に展開せよ.

$$f(x)=\begin{cases} \dfrac{x}{|x|} & (0<|x|<\pi) \\ 0 & (x=0,\pi) \end{cases}$$

5.4 周期 2π をもつ次の関数 $f(x)$ をフーリエ級数に展開せよ.

$$f(x)=\begin{cases} \dfrac{x^3}{|x|} & (0<|x|<\pi) \\ 0 & (x=0,\pi) \end{cases}$$

5.5 周期 2π をもつ次の関数 $f(x)$ をフーリエ級数に展開せよ.

$$f(x)=|x|^3 \qquad (-\pi<x\leq\pi)$$

5.6 周期 2π をもつ次の関数 $f(x)$ をフーリエ級数に展開せよ.

$$f(x)=e^{|x|} \qquad (-\pi<x\leq\pi)$$

5.7 次の無限級数の値をそれぞれ求めよ.

$$\sum_{n=1}^{\infty}\frac{1}{(2n-1)^2}=\frac{1}{1^2}+\frac{1}{3^2}+\frac{1}{5^2}+\cdots$$

$$\sum_{n=1}^{\infty}\frac{1}{n^2}=\frac{1}{1^2}+\frac{1}{2^2}+\frac{1}{3^2}+\cdots$$

$$\sum_{n=1}^{\infty}\frac{(-1)^{n-1}}{n^2}=\frac{1}{1^2}-\frac{1}{2^2}+\frac{1}{3^2}-+\cdots$$

5.8 周期 2 をもつ次の関数 $f(t)$ をフーリエ級数に展開せよ.

$$f(t)=\begin{cases} 0 & (-1<t<0) \\ t & (0\leq t<1) \\ \dfrac{1}{2} & (t=1) \end{cases}$$

5.9 周期 T をもつ次の関数 $f(t)$ をフーリエ級数に展開せよ.

$$f(t)=\begin{cases} 0 & \left(-\dfrac{T}{2}<t<0\right) \\ \sin \omega t & \left(0 \leq t \leq \dfrac{T}{2}\right) \end{cases}$$

（なお，この関数 $f(t)$ を半波整流波形という．半波整流回路は，交流電源を直流電源に変換するための回路の１つである．）

6. 複素フーリエ級数

これまでに述べたフーリエ級数の表式では，余弦関数と正弦関数にそれぞれ対応する 2 つのフーリエ係数が必要であった．ここでは，複素数の性質を利用して，2 つのフーリエ係数を 1 つにまとめてみよう．その際に，オイラーの公式が非常に重要な役割を果たすことになる．そこで，まず，複素数について簡単に復習した後，指数関数と三角関数のテイラー展開を用いて，オイラーの公式を導出する．次に，フーリエ級数における自然数の範囲に対する級数和を整数全体にまで拡張することで，より簡略化された複素フーリエ級数の表式を求める．

6.1 複　素　数

2 つの実数 x, y を用いて，**複素数**（complex number）z を次のように表現することができる．

$$z = x + iy$$

ここで，$i = \sqrt{-1}$ は**虚数単位**（imaginary unit）である．この虚数単位として，数学では一般に記号 i を用いるが，電気工学では i がもっぱら電流の記号として使用されるため，その代わりに記号 j を用いる慣習がある．本書では，i を用いることにする．また，上式の x, y をそれぞれ複素数 z の**実部**（real part）および**虚部**（imaginary part）といい，

$$x = \mathrm{Re}\, z, \qquad y = \mathrm{Im}\, z$$

で表す．ところで，実部 x を横方向の数直線上の 1 点，虚部 y を縦方向の数直線上の 1 点と考えると，複素数 z はそれらの交点として 2 次元平面（**複素平面**，complex plane）上の 1 点で指定できる（図 6.1 参照）．このような直交座標 (x, y) による複素数の表現方法を**直交形式**（cartesian form）という．このとき，x 軸，y 軸をそれぞれ**実軸**（real axis）および**虚軸**（imaginary axis）とい

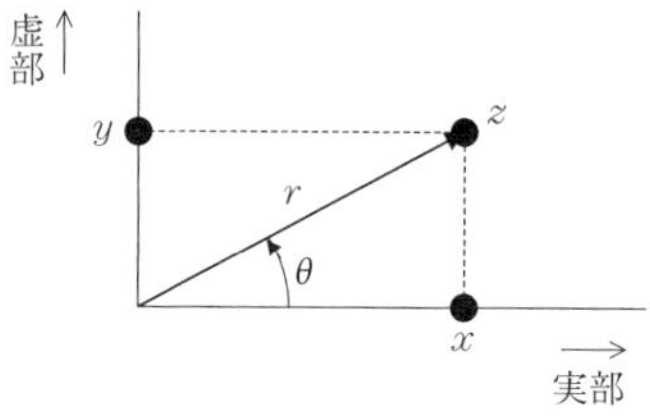

図 6.1　複素平面

う．

また，平面上の 1 点は，次のような極座標 (r, θ) を用いて特定することもできる．

$$\begin{cases} r = \sqrt{x^2 + y^2} \\ \cos\theta = \dfrac{x}{r}, \qquad \sin\theta = \dfrac{y}{r} \end{cases}$$

したがって，複素数 z も同様に，次のように表現できる．

$$z = r(\cos\theta + i\sin\theta)$$

これを，**極形式**（polar form）という．また，r, θ をそれぞれ複素数 z の**絶対値**（absolute value）および**偏角**（argument）といい，

$$|z| = r, \qquad \arg z = \theta$$

で表す．ただし，偏角 θ には 2π の整数倍の不定性がある．なお，電気工学では，上記の極形式を次のように表現することが多い．

$$z = r\angle\theta$$

これを特に，**フェーザ形式**（phasor form）といい，r をフェーザの大きさ，θ を**位相角**（phase angle）という．

複素数 $z = x + iy$ に対して，虚部の符号を変えたもの，つまり

$$z^* = x - iy$$

を，z の**複素共役**（complex conjugate）という．この複素共役を用いると，次のように複素数 z の絶対値 r が得られる．

$$zz^* = (x+iy)(x-iy) = x^2 - (iy)^2 = x^2 + y^2 = r^2$$

$$\therefore\ r = \sqrt{zz^*}$$

また，複素共役との和および差はそれぞれ

$$\begin{cases} z+z^*=(x+iy)+(x-iy)=2x \\ z-z^*=(x+iy)-(x-iy)=2iy \end{cases}$$

となるので，複素数 z の実部と虚部はそれぞれ，次で与えられる．

$$\mathrm{Re}\, z=x=\frac{z+z^*}{2}, \qquad \mathrm{Im}\, z=y=\frac{z-z^*}{2i}$$

このように，複素数を含む四則演算では，虚数単位 i を $i^2=-1$ が成り立つ定数として取り扱えば，実数の場合と同様に計算できる．

6.2 テイラー展開

任意の関数 $f(x)$ を，次のような**べき級数**（power series）で表現できるか，検討してみよう．

$$f(x)=\sum_{n=0}^{\infty} c_n x^n = c_0+c_1 x+c_2 x^2+\cdots+c_n x^n+\cdots$$

ここで，$x=0$ とすると，次のようになる．

$$f(0)=c_0$$

したがって，x が非常に小さい，つまり x が 0 に近い値をとるとき，べき級数を有限項で打ち切った部分和は，関数 $f(x)$ の $x=0$ 近傍における近似式を与えると考えられる．そこで，べき級数における高次の係数 c_n（$n=1,2,\cdots$）の具体的な表式を求めてみよう．ただし，関数 $f(x)$ は無限回の微分が可能とする．

まず，関数 $f(x)$ のべき級数を 1 回微分すると，次のようになる．

$$f'(x)=1\cdot c_1+2c_2 x+\cdots+nc_n x^{n-1}+\cdots=\sum_{n=1}^{\infty} nc_n x^{n-1}$$

ここで，$x=0$ とすると，次が得られる．

$$c_1=\frac{f'(0)}{1}$$

同様に，微分を繰り返すと，

$$f''(x)=2\cdot 1\cdot c_2+3\cdot 2c_3 x+\cdots+n(n-1)c_n x^{n-2}+\cdots=\sum_{n=2}^{\infty} n(n-1)c_n x^{n-2}$$

$$\begin{aligned} f'''(x)&=3\cdot 2\cdot 1\cdot c_3+4\cdot 3\cdot 2c_4 x+\cdots+n(n-1)(n-2)c_n x^{n-3}+\cdots \\ &=\sum_{n=3}^{\infty} n(n-1)(n-2)c_n x^{n-3} \\ &\ \vdots \end{aligned}$$

となるので，$x=0$ を代入すると，$c_n(n=2,3,\cdots)$ の表式として最終的に次が求まる．

$$c_2=\frac{f''(0)}{2\cdot1},\ c_3=\frac{f'''(0)}{3\cdot2\cdot1},\cdots,\ c_n=\frac{f^{(n)}(0)}{n!},\cdots$$

したがって，得られた係数を用いて，関数 $f(x)$ のべき級数は次のようになる．

$$f(x)=f(0)+\frac{f'(0)}{1!}x+\frac{f''(0)}{2!}x^2+\cdots+\frac{f^{(n)}(0)}{n!}x^n+\cdots$$
$$=\sum_{n=0}^{\infty}\frac{f^{(n)}(0)}{n!}x^n$$

これを，関数 $f(x)$ の**マクローリン級数**（Maclaurin series）という．より一般的には，関数 $f(x)$ を $x=a$ の周りでべき級数に展開すると，次の表式が得られる．

$$f(x)=f(a)+\frac{f'(a)}{1!}(x-a)+\frac{f''(a)}{2!}(x-a)^2+\cdots+\frac{f^{(n)}(a)}{n!}(x-a)^n+\cdots$$
$$=\sum_{n=0}^{\infty}\frac{f^{(n)}(a)}{n!}(x-a)^n$$

これを，関数 $f(x)$ の $x=a$ における**テイラー級数**（Taylor series）という．つまり，$x=0$ におけるテイラー級数を特に，マクローリン級数という．テイラー級数に展開したものが，もとの関数と一致するかどうかの収束性については，必要があれば，詳細は巻末の参考図書を参照されたい．

【例題 6.1】　次の関数をそれぞれ，$x=0$ でテーラー級数に展開せよ．

$$e^x,\quad \cos x,\quad \sin x$$

（解）

$$e^x=[e^x]_{x=0}+\frac{[(e^x)']_{x=0}}{1!}x+\frac{[(e^x)'']_{x=0}}{2!}x^2+\frac{[(e^x)''']_{x=0}}{3!}x^3+\cdots$$
$$=1+x+\frac{x^2}{2}+\frac{x^3}{6}+\cdots=\sum_{n=0}^{\infty}\frac{x^n}{n!}$$

$$\cos x=[\cos x]_{x=0}+\frac{[(\cos x)']_{x=0}}{1!}x+\frac{[(\cos x)'']_{x=0}}{2!}x^2+\frac{[(\cos x)''']_{x=0}}{3!}x^3+\cdots$$
$$=[\cos x]_{x=0}+\frac{[-\sin x]_{x=0}}{1!}x+\frac{[-\cos x]_{x=0}}{2!}x^2+\frac{[\sin x]_{x=0}}{3!}x^3+\cdots$$
$$=1-\frac{x^2}{2}+\frac{x^4}{24}-+\cdots=\sum_{n=0}^{\infty}\frac{(-1)^n x^{2n}}{(2n)!}$$

$$\sin x=[\sin x]_{x=0}+\frac{[(\sin x)']_{x=0}}{1!}x+\frac{[(\sin x)'']_{x=0}}{2!}x^2+\frac{[(\sin x)''']_{x=0}}{3!}x^3+\cdots$$

$$=[\sin x]_{x=0}+\frac{[\cos x]_{x=0}}{1!}x+\frac{[-\sin x]_{x=0}}{2!}x^2+\frac{[-\cos x]_{x=0}}{3!}x^3+\cdots$$

$$=x-\frac{x^3}{6}+\frac{x^5}{120}-+\cdots=\sum_{n=1}^{\infty}\frac{(-1)^{n-1}x^{2n-1}}{(2n-1)!}$$

6.3　オイラーの公式

6.1 節で述べた複素数を用いると，**指数関数**（exponential function）と三角関数の間に恒等的に成り立つ関係式を導くことができる．そこで，例題 6.1 で求めた指数関数 e^x のマクローリン級数に $x=ix$ を代入してみよう．

$$e^{ix}=1+ix+\frac{(ix)^2}{2}+\frac{(ix)^3}{6}+\cdots=\sum_{n=1}^{\infty}\frac{(ix)^n}{n!}$$

$$=\left(1-\frac{x^2}{2}+\frac{x^4}{24}-+\cdots\right)+i\left(x-\frac{x^3}{6}+\frac{x^5}{120}-+\cdots\right)$$

$$=\sum_{n=0}^{\infty}\frac{(-1)^n x^{2n}}{(2n)!}+i\sum_{n=1}^{\infty}\frac{(-1)^{n-1}x^{2n-1}}{(2n-1)!}$$

したがって，例題 6.1 で求めた残りの余弦関数 $\cos x$ と正弦関数 $\sin x$ のマクローリン級数を用いて，次の関係式を導出することができる．

$$e^{ix}=\cos x+i\sin x$$

これを，**オイラーの公式**（Euler's formula）という．参考までに，このオイラーの公式に円周率 π を代入すると，次のようになる．

$$e^{i\pi}=\cos\pi+i\sin\pi=-1$$

実在しない架空の虚数単位と無理数である円周率の両者の積の指数関数が，負の整数に等しいという非常に不思議な関係式が得られる．ところで，オイラーの公式の変数 x に異符号 $-x$ を代入すると，次のように複素共役が得られる．

$$e^{-ix}=\cos(-x)+i\sin(-x)=\cos x-i\sin x=(e^{ix})^*$$

したがって，実部と虚部である余弦関数 $\cos x$ と正弦関数 $\sin x$ をそれぞれ，指数関数で表すことができる．

$$\cos x=\frac{e^{ix}+e^{-ix}}{2},\qquad \sin x=\frac{e^{ix}-e^{-ix}}{2i}$$

また，次に示す**ド・モアブルの定理**（de Moivre's theorem）も，オイラーの公式から容易に導ける．

$$(\cos x+i\sin x)^n=\cos nx+i\sin nx\qquad(n=0,\pm1,\pm2,\cdots)$$

【例題 6.2】 次の関数 $f(x)$ の両辺を微分することにより，$f(x)$ が満たすべき微分方程式を求め，それを解くことによりオイラーの公式を証明せよ．

$$f(x)=\cos x+i\sin x$$

(解)

$$\frac{\mathrm{d}f}{\mathrm{d}x}=-\sin x+i\cos x=i^2\sin x+i\cos x=i(\cos x+i\sin x)=if$$

$$\therefore \int\frac{1}{f}\mathrm{d}f=i\int\mathrm{d}x$$

$$\therefore \log_e|f|=\ln|f|=ix+C$$

$$\therefore |f(x)|=e^{ix+C}=e^Ce^{ix}$$

$$\therefore f(x)=\pm e^Ce^{ix}=C'e^{ix} \qquad (C'=\pm e^C)$$

ただし，C, C' は積分定数である．ここで，$x=0$ とする．

$$\begin{aligned} f(0)&=C'e^{i0}=C' \\ &=\cos 0+i\sin 0=1 \end{aligned}$$

$$\therefore f(x)=\cos x+i\sin x=e^{ix}$$

6.4　複素フーリエ級数

前章で勉強したフーリエ級数の表式を，複素数を用いて簡略化しよう．周期 2π をもつ関数 $f(x)$ のフーリエ級数展開の一般式に現れる三角関数を指数関数に書き直すと，次のようになる．

$$\begin{aligned} f(x)&=\frac{a_0}{2}+\sum_{n=1}^{\infty}(a_n\cos nx+b_n\sin nx) \\ &=\frac{a_0}{2}+\sum_{n=1}^{\infty}\left(a_n\frac{e^{inx}+e^{-inx}}{2}+b_n\frac{e^{inx}-e^{-inx}}{2i}\right) \\ &=\frac{a_0}{2}+\sum_{n=1}^{\infty}\left(\frac{a_n-ib_n}{2}e^{inx}+\frac{a_n+ib_n}{2}e^{-inx}\right) \end{aligned}$$

ここで，自然数 n に対して，e^{inx} の係数を c_n とおく．

$$c_n=\frac{a_n-ib_n}{2} \qquad (n=1,2,\cdots)$$

この式中の a_n, b_n にフーリエ係数の具体的な表式を代入すると，次のように変形できる．

$$c_n=\frac{1}{2}\left\{\frac{1}{\pi}\int_{-\pi}^{\pi}f(x)\cos nx\,\mathrm{d}x-i\frac{1}{\pi}\int_{-\pi}^{\pi}f(x)\sin nx\,\mathrm{d}x\right\}$$

$$=\frac{1}{2\pi}\int_{-\pi}^{\pi}f(x)\,(\cos nx-i\sin nx)\,\mathrm{d}x=\frac{1}{2\pi}\int_{-\pi}^{\pi}f(x)\,e^{-inx}\mathrm{d}x \qquad (n=1,2,\cdots)$$

さらに，n の範囲を整数全体に拡張する．

$$c_0=\frac{1}{2\pi}\int_{-\pi}^{\pi}f(x)\,e^{0}\mathrm{d}x=\frac{1}{2\pi}\int_{-\pi}^{\pi}f(x)\,\mathrm{d}x=\frac{a_0}{2} \qquad (n=0)$$

$$c_n=\frac{1}{2\pi}\int_{-\pi}^{\pi}f(x)\,e^{-inx}\mathrm{d}x \qquad (n=-1,-2,\cdots)$$

$$=\frac{1}{2\pi}\int_{-\pi}^{\pi}f(x)\,e^{in'x}\mathrm{d}x \qquad (n'=-n\,;\ n'=1,2,\cdots)$$

$$=\frac{1}{2\pi}\int_{-\pi}^{\pi}f(x)\,(\cos n'x+i\sin n'x)\,\mathrm{d}x$$

$$=\frac{1}{2\pi}\int_{-\pi}^{\pi}f(x)\cos n'x\,\mathrm{d}x+i\frac{1}{2\pi}\int_{-\pi}^{\pi}f(x)\sin n'x\,\mathrm{d}x=\frac{a_{n'}+i\,b_{n'}}{2}$$

$$=\frac{a_{-n}+i\,b_{-n}}{2} \qquad (n=-1,-2,\cdots)$$

この一般化された整数 n に対する複素数 c_n の表式を用いて，関数 $f(x)$ のフーリエ級数は次のように表現できる．

$$f(x)=\frac{a_0}{2}+\sum_{n=1}^{\infty}\frac{a_n-ib_n}{2}e^{inx}+\sum_{n=1}^{\infty}\frac{a_n+ib_n}{2}e^{-inx}$$

$$=\frac{a_0}{2}+\sum_{n=1}^{\infty}\frac{a_n-ib_n}{2}e^{inx}+\sum_{n'=-\infty}^{-1}\frac{a_{-n'}+ib_{-n'}}{2}e^{in'x} \qquad (n'=-n)$$

$$=c_0+\sum_{n=1}^{\infty}c_ne^{inx}+\sum_{n'=-\infty}^{-1}c_{n'}e^{in'x}=c_0e^{i0x}+\sum_{n=1}^{\infty}c_ne^{inx}+\sum_{n=-\infty}^{-1}c_ne^{inx}=\sum_{n=-\infty}^{\infty}c_ne^{inx}$$

以上をまとめると，次のようになる．

$$f(x)=\sum_{n=-\infty}^{\infty}c_ne^{inx}$$

$$c_n=\frac{1}{2\pi}\int_{-\pi}^{\pi}f(x)\,e^{-inx}\mathrm{d}x \qquad (n=0,\pm1,\pm2,\cdots)$$

これを，**複素フーリエ級数**（complex Fourier series）といい，c_n を**複素フーリエ係数**（complex Fourier coefficients）という．複素フーリエ係数 c_n の複素共役には，次のような特徴がある．

$$c_n^*=(c_n)^*=\frac{1}{2\pi}\int_{\pi}^{\pi}f(x)\,(e^{-inx})^*\mathrm{d}x=\frac{1}{2\pi}\int_{-\pi}^{\pi}f(x)\,e^{inx}\mathrm{d}x=c_{-n}$$

一般に，周期 T をもつ関数 $f(t)$ の複素フーリエ級数は，次で与えられる．

$$f(t)=\sum_{n=-\infty}^{\infty}c_n e^{in\omega t}$$

$$c_n=\frac{1}{T}\int_{-T/2}^{T/2}f(t)\,e^{-in\omega t}\mathrm{d}t \qquad (n=0,\pm1,\pm2,\cdots)$$

もしくは，

$$f(t)=\sum_{n=-\infty}^{\infty}c_n e^{in\omega t}$$

$$c_n=\frac{1}{T}\int_{0}^{T}f(t)\,e^{-in\omega t}\mathrm{d}t \qquad (n=0,\pm1,\pm2,\cdots)$$

ただし，$\omega=2\pi/T$ である．本書では，この式の具体的な導出は行わないので，興味がある場合は 5.7 節で述べた方法を参考にして各自確認してほしい．

なお，実際に複素フーリエ係数を計算する際に，任意の整数 n に対して次が成り立つことを覚えておくと便利である．

$$e^{in\pi}=\cos n\pi+i\sin n\pi=(-1)^n \qquad (n=0,\pm1,\pm2,\cdots)$$

ところで，太陽光や蛍光灯などの白色光は，さまざまな周波数（または，波長）をもつ電磁波の集まりであるが，その色は周波数によって決まるので，多数の色をもつ光が集まって白色光になっている．そこで，太陽光をプリズムに通すと，異なる波長の光は屈折率が違うので，虹のように光が分解される．この光の分解をスペクトル分光という．分解前のもとの光を関数 $f(t)$ と考えると，分光された n 番目の光の強度は $f(t)$ に対する複素フーリエ係数の大きさ $C_n=|c_n|$ に比例する．5.4 節で述べた A_n, B_n と同様に，この C_n もスペクトルという．したがって，複素フーリエ係数 c_n を計算することを，「関数 $f(t)$ のスペクトルを求める」とか，「関数 $f(t)$ をスペクトルに分解する」という場合もある．

また，スペクトル C_n を変数 n に対応する周波数でプロットすると，連続ではなく離散的となる．そこで，C_n を**離散周波数スペクトル**（discrete frequency spectra）あるいは**線スペクトル**（line spectra）ともいう．線スペクトルの分布を調べると，もとの周期関数 $f(t)$ に含まれる各周波数成分の大きさが判別できる．

【例題 6.3】　周期 2π をもつ次の関数 $f(x)$ を複素フーリエ級数に展開せよ．

$$f(x)=|x| \qquad (-\pi<x\leq\pi)$$

（解）

$$c_0=\frac{1}{2\pi}\int_{-\pi}^{\pi}f(x)\,\mathrm{d}x=\frac{1}{\pi}\int_0^{\pi}x\,\mathrm{d}x=\frac{1}{\pi}\left[\frac{x^2}{2}\right]_0^{\pi}=\frac{\pi}{2}$$

$$c_n=\frac{1}{2\pi}\int_{-\pi}^{\pi}f(x)\,e^{-inx}\mathrm{d}x=\frac{1}{2\pi}\int_{-\pi}^{0}(-x)\,e^{-inx}\mathrm{d}x+\frac{1}{2\pi}\int_0^{\pi}xe^{-inx}\mathrm{d}x$$

$$=-\frac{1}{2\pi}\left[x\frac{e^{-inx}}{-in}\right]_{-\pi}^{0}+\frac{1}{2\pi}\int_{-\pi}^{0}\frac{e^{-inx}}{-in}\,\mathrm{d}x+\frac{1}{2\pi}\left[x\frac{e^{-inx}}{-in}\right]_0^{\pi}-\frac{1}{2\pi}\int_0^{\pi}\frac{e^{-inx}}{-in}\,\mathrm{d}x$$

$$=\frac{1}{2i}\frac{(-1)^n}{n}+\frac{1}{2\pi}\left[\frac{e^{-inx}}{(-in)^2}\right]_{-\pi}^{0}-\frac{1}{2i}\frac{(-1)^n}{n}-\frac{1}{2\pi}\left[\frac{e^{-inx}}{(-in)^2}\right]_0^{\pi}$$

$$=\frac{1}{2\pi}\frac{(-1)^n-1}{n^2}-\frac{1}{2\pi}\frac{1-(-1)^n}{n^2}=-\frac{1}{\pi}\frac{1-(-1)^n}{n^2}\qquad(n\neq 0)$$

$$\therefore\ f(x)=\sum_{n=-\infty}^{\infty}c_ne^{inx}=\frac{\pi}{2}-\frac{1}{\pi}\sum_{\substack{n=-\infty\\ n\neq 0}}^{\infty}\frac{1+(-1)^{n-1}}{n^2}e^{inx}$$

例題 6.3 で求めた関数 $f(x)$ に対する複素フーリエ級数の和を，自然数の区間のみに変形してみよう．

$$f(x)=\frac{\pi}{2}-\frac{1}{\pi}\sum_{\substack{n=-\infty\\ n\neq 0}}^{\infty}\frac{1+(-1)^{n-1}}{n^2}e^{inx}$$

$$=\frac{\pi}{2}-\frac{1}{\pi}\sum_{n=-\infty}^{-1}\frac{1+(-1)^{n-1}}{n^2}e^{inx}-\frac{1}{\pi}\sum_{n=1}^{\infty}\frac{1+(-1)^{n-1}}{n^2}e^{inx}$$

$$=\frac{\pi}{2}-\frac{1}{\pi}\sum_{n'=1}^{\infty}\frac{1+(-1)^{-n'-1}}{(-n')^2}e^{-in'x}-\frac{1}{\pi}\sum_{n=1}^{\infty}\frac{1+(-1)^{n-1}}{n^2}e^{inx}\qquad(n'=-n)$$

$$=\frac{\pi}{2}-\frac{1}{\pi}\sum_{n'=1}^{\infty}\frac{1+(-1)^{n'-1}}{(n')^2}e^{-in'x}-\frac{1}{\pi}\sum_{n=1}^{\infty}\frac{1+(-1)^{n-1}}{n^2}e^{inx}$$

$$=\frac{\pi}{2}-\frac{2}{\pi}\sum_{n=1}^{\infty}\frac{1+(-1)^{n-1}}{n^2}\cos nx\qquad\left(\because\ \cos nx=\frac{e^{inx}+e^{-inx}}{2}\right)$$

これは，例題 5.3 で求めた関数 $f(x)$ に対するフーリエ級数の表式そのものである．つまり，フーリエ級数は三角関数の半無限級数，複素フーリエ級数は複素指数関数の全無限級数であるが，両者は全く同一なものの別表現であることがわかる．

【例題 6.4】 周期 2π をもつ次の関数 $f(x)$ を複素フーリエ級数に展開せよ．

$$f(x)=\begin{cases}\dfrac{x}{|x|}e^{|x|} & (0<|x|<\pi)\\[2mm] 0 & (x=0,\pi)\end{cases}$$

(解)

$$c_n=\frac{1}{2\pi}\int_{-\pi}^{\pi}f(x)\,e^{-inx}\mathrm{d}x=\frac{1}{2\pi}\int_{-\pi}^{0}(-e^{-x})\,e^{-inx}\mathrm{d}x+\frac{1}{2\pi}\int_{0}^{\pi}e^{x}e^{-inx}\mathrm{d}x$$

$$=-\frac{1}{2\pi}\left[\frac{e^{-x}e^{-inx}}{-(1+in)}\right]_{-\pi}^{0}+\frac{1}{2\pi}\left[\frac{e^{x}e^{-inx}}{1-in}\right]_{0}^{\pi}$$

$$=\frac{1}{2\pi}\frac{1-(-1)^n e^{\pi}}{1+in}+\frac{1}{2\pi}\frac{(-1)^n e^{\pi}-1}{1-in}$$

$$=\frac{i}{\pi}\frac{n}{1+n^2}\{(-1)^n e^{\pi}-1\}$$

$$\therefore\ f(x)=\sum_{n=-\infty}^{\infty}c_n e^{inx}=\frac{i}{\pi}\sum_{n=-\infty}^{\infty}\frac{n}{1+n^2}\{(-1)^n e^{\pi}-1\}e^{inx}$$

【例題 6.5】 周期 T をもつ次の関数 $f(t)$ を複素フーリエ級数に展開せよ（図 6.2 参照）．ただし，$A>0, 0<d<T$ とする．

$$f(t)=\begin{cases} A & \left(-\dfrac{d}{2}<t<\dfrac{d}{2}\right) \\ \dfrac{A}{2} & \left(t=\pm\dfrac{d}{2}\right) \\ 0 & \left(-\dfrac{T}{2}<t<-\dfrac{d}{2},\quad \dfrac{d}{2}<t\leq\dfrac{T}{2}\right) \end{cases}$$

（なお，この波形を振幅 A，パルス幅 d の矩形パルス列という．）

(解)

$$c_0=\frac{1}{T}\int_{-T/2}^{T/2}f(t)\,\mathrm{d}t=\frac{1}{T}\int_{-d/2}^{d/2}A\,\mathrm{d}t=\frac{Ad}{T}$$

$$c_n=\frac{1}{T}\int_{-T/2}^{T/2}f(t)\,e^{-in\omega t}\mathrm{d}t=\frac{1}{T}\int_{-d/2}^{d/2}Ae^{-in\omega t}\mathrm{d}t=\frac{A}{T}\left[\frac{e^{-in\omega t}}{-in\omega}\right]_{-d/2}^{d/2}\qquad(n\neq 0)$$

$$=\frac{A}{2\pi}\frac{e^{-ix_n}-e^{-ix_n}}{-in}\qquad\left(x_n=\frac{n\omega d}{2}=\frac{\pi nd}{T}\right)$$

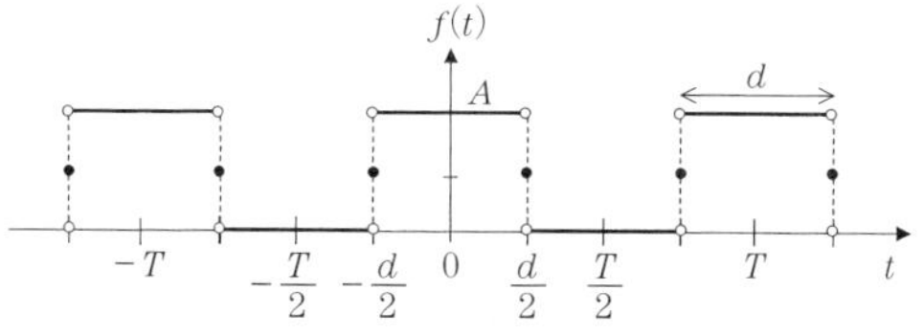

図 6.2　矩形パルス列

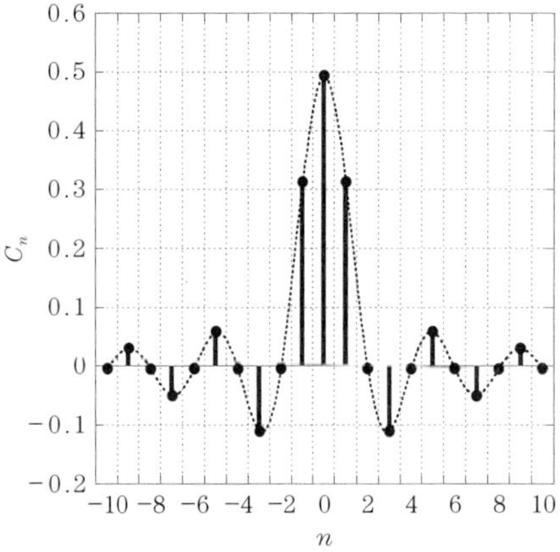

図 6.3　スペクトル分布

$$=\frac{A}{\pi}\frac{\sin x_n}{n} \qquad \left(\because \sin x_n=\frac{e^{ix_n}-e^{-ix_n}}{2i}\right)$$

$$\therefore f(t)=\frac{Ad}{T}+\frac{A}{\pi}\sum_{\substack{n=-\infty\\ n\neq 0}}^{\infty}\frac{\sin x_n}{n}e^{in\omega t}$$

$$=\frac{Ad}{T}\sum_{n=-\infty}^{\infty}\frac{\sin x_n}{x_n}e^{2ix_nt/d} \qquad \left(\because \lim_{x\to 0}\frac{\sin x}{x}=1\right)$$

一例として，$A=1, d=2, T=4$ の矩形パルス列に対するスペクトル C_n の分布を，図 6.3 に示す．ところで，例題 6.5 で求めた複素フーリエ級数の表式において，

$$\frac{\sin x_n}{x_n}$$

を**サンプリング関数**（sampling function）という．このサンプリング関数は，電気工学において非常に重要な関数の 1 つとして知られている．

演習問題

6.1　任意の整数 n に対して，次の複素積分を証明せよ．

$$\int_{-\pi}^{\pi} e^{inx}\mathrm{d}x = \begin{cases} 0 & (n \neq 0) \\ 2\pi & (n = \pm 1, \pm 2, \cdots) \end{cases}$$

6.2　周期 2π をもつ次の関数 $f(x)$ を複素フーリエ級数に展開せよ．

$$f(x) = \begin{cases} x & (-\pi < x < \pi) \\ 0 & (x = \pi) \end{cases}$$

6.3　周期 2π をもつ次の関数 $f(x)$ を複素フーリエ級数に展開せよ．

$$f(x) = x^2 \qquad (-\pi < x \leq \pi)$$

6.4　周期 2π をもつ次の関数 $f(x)$ を複素フーリエ級数に展開せよ．

$$f(x) = \begin{cases} x^3 & (-\pi < x < \pi) \\ 0 & (x = \pi) \end{cases}$$

6.5　周期 2π をもつ次の関数 $f(x)$ を複素フーリエ級数に展開せよ．

$$f(x) = e^{|x|} \qquad (-\pi < x \leq \pi)$$

7. フーリエ変換

これまでに，周期関数に対してフーリエ級数を適用することにより，三角関数や指数関数の無限級数に展開できることを学んだ．これに対して，関数が周期性をもたない場合には，連続的な成分をもち，かつ級数和が無限積分に置き換わったフーリエ変換を適用できる．ここでは，周期性をもたない関数が，周期関数における周期が無限大の極限になったものと等価的に考えることにより，複素フーリエ係数と複素フーリエ級数の表式がそれぞれ，フーリエ変換および逆変換に移行することを説明する．また，フーリエ級数とフーリエ変換の対応関係についても述べる．

7.1 フーリエ変換と逆変換

非周期関数（aperiodic function）$f(t)$ とは周期をもたない関数であり，一般に $f(t+T)=f(t)$ を満足する実数 $T(>0)$ が存在しないものである．非周期関数はまた，周期 T の関数をあらかじめ想定し，その周期が $T\to\infty$ となったものと考えることもできる．ここでは，後者の考え方を用いて，前章までに述べたフーリエ級数をフーリエ変換へ移行することにする．

まず，周期 T をもつ関数 $g(t)$ に対して，次のような複素フーリエ級数を考える（6.4 節参照）．

$$g(t)=\sum_{n=-\infty}^{\infty}c_n e^{in\Delta\omega t}$$

$$c_n=\frac{1}{T}\int_{-T/2}^{T/2}g(t)\,e^{-in\Delta\omega t}\mathrm{d}t \qquad (n=0,\pm1,\pm2,\cdots)$$

ただし，$\Delta\omega=2\pi/T$ である．ここで，無限に続く離散点 $\omega_n=n\Delta\omega\,(n=0,\pm1,\pm2,\cdots)$ を考えると，$\Delta\omega$ は各点の間隔とみなせる．そこで，極限 $T\to\infty$ すなわち $\Delta\omega\to0$ をとると，次のように変数 ω は連続となり，級数和 $\sum$ は積分 $\int$ に

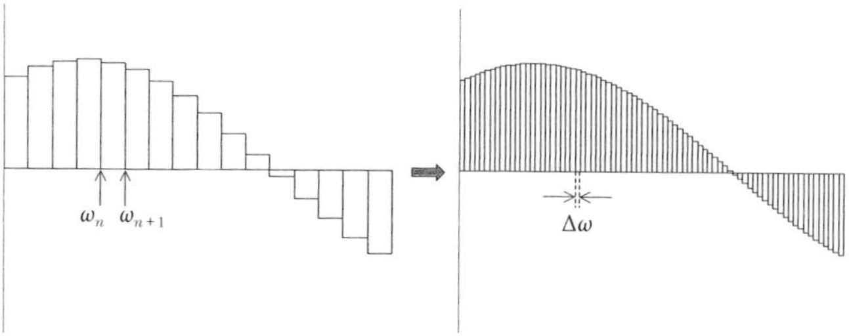

図 7.1 フーリエ変換のイメージ

移行する（図 7.1 参照）.

$$\begin{cases} \omega = \lim_{\Delta\omega\to 0} \omega_n = \lim_{\Delta\omega\to 0} n\Delta\omega = \lim_{T\to\infty} \dfrac{2n\pi}{T} \\ \displaystyle\int_{-\infty}^{\infty} \mathrm{d}\omega = \lim_{\Delta\omega\to 0} \sum_{n=-\infty}^{\infty} \Delta\omega = \lim_{T\to\infty} \sum_{n=-\infty}^{\infty} \dfrac{2\pi}{T} \end{cases}$$

したがって，複素フーリエ級数 $g(t)$ の周期 T が無限大の極限をとると，次のような非周期関数 $f(t)$ の表式が得られる.

$$\begin{aligned} f(t) &= \lim_{T\to\infty} g(t) \\ &= \lim_{\Delta\omega\to 0} \sum_{n=-\infty}^{\infty} c_n e^{in\Delta\omega t} = \lim_{\Delta\omega\to 0} \sum_{n=-\infty}^{\infty} \left\{ \frac{\Delta\omega}{2\pi} \int_{-T/2}^{T/2} g(t)\, e^{-in\Delta\omega t} \mathrm{d}t \right\} e^{in\Delta\omega t} \\ &= \int_{-\infty}^{\infty} \mathrm{d}\omega \left\{ \frac{1}{2\pi} \int_{-\infty}^{\infty} f(t)\, e^{-i\omega t} \mathrm{d}t \right\} e^{i\omega t} = \frac{1}{\sqrt{2\pi}} \int_{-\infty}^{\infty} \left\{ \frac{1}{\sqrt{2\pi}} \int_{-\infty}^{\infty} f(t)\, e^{-i\omega t} \mathrm{d}t \right\} e^{i\omega t} \mathrm{d}\omega \end{aligned}$$

ここで，この式を 2 つに分解すると，次のようになる.

$$F(\omega) = \frac{1}{\sqrt{2\pi}} \int_{-\infty}^{\infty} f(t)\, e^{-i\omega t} \mathrm{d}t$$

$$f(t) = \frac{1}{\sqrt{2\pi}} \int_{-\infty}^{\infty} F(\omega)\, e^{i\omega t} \mathrm{d}\omega$$

一般に，$F(\omega)$を関数 $f(t)$ の**フーリエ変換**（Fourier transform）という．また逆に，$f(t)$ を $F(\omega)$ の**フーリエ逆変換**（inverse Fourier transform）あるいは**フーリエ積分**（Fourier integral）という．この関数 $f(t)$ は，周期 T をもつ関数を仮定し極限 $T\to\infty$ をとったものなので，非周期関数である．したがって，上式は非周期関数に対するフーリエ級数展開の拡張と考えることができる.

上述の導出方法からわかるように，係数 $1/\sqrt{2\pi}$ には任意性がある．つまり，

$F(\omega)$ と $f(t)$ の係数の積が $1/2\pi$ となるように適当に定義できる．参考図書や利用者の背景・立場によって係数の取り方がいろいろと変わるので，定義を事前に確認する必要がある．ただし，本書では，上記のように両者が同一係数をもつものと定義する．

フーリエ変換では関数 $f(t)$ に $e^{-i\omega t}$ を乗じて無限区間を t で積分するのに対して，フーリエ逆変換では関数 $F(\omega)$ に $e^{i\omega t}$ を乗じて無限区間を ω で積分する．電気工学では，特に電気回路を利用する際に，t を時間とすると，ω は角周波数となり，フーリエ変換では両者の積が指数関数内に現れる．また，フーリエ変換は，時間表現 $f(t)$ を角周波数表現 $F(\omega)$ に移行するものとも解釈でき，数学的には一種の**写像**（mapping）とみなせる．つまり，同一事象を異なる変数 t, ω で表現しているだけであり，フーリエ変換または逆変換により片方から他方へ移行できる．一方，ある物理量の空間変化もフーリエ変換を用いて評価されるが，この場合の位置 x に対応する変数は**波数**（wavenumber）k であり，$e^{\pm ikx}$ を乗じて積分することにより，**実空間**（real space）x と**波数空間**（wavenumber space）k の間をたがいに移行できる．

ある関数をフーリエ変換し，さらにフーリエ逆変換したものがもとの関数と一致するかどうかの収束性について，簡単に述べる．必要があれば，詳細は巻末の参考図書を参照されたい．上述のように，周期 T をもつ関数のフーリエ級数に対して，極限 $T \to \infty$ をとることにより非周期関数のフーリエ変換に移行できるので，フーリエ変換の収束性もフーリエ級数の場合と同様に考えることができる．つまり，無限区間 $(-\infty, \infty)$ で定義される関数 $f(t)$ とその微分 $f'(t)$ がともに区分的に連続な場合，$f(t)$ のフーリエ変換 $F(\omega)$ をフーリエ逆変換したものについて次が成り立つ．

$$\frac{1}{\sqrt{2\pi}}\int_{-\infty}^{\infty} F(\omega)\, e^{i\omega t} \mathrm{d}\omega = \frac{f(t-0)+f(t+0)}{2}$$

そこで，本書では，区分的に連続な関数 $f(t)$ として，不連続点では左側極限と右側極限の平均値をとるものだけを考察対象とするので，収束性を気にする必要はない．

フーリエ級数とフーリエ変換の対応をまとめると，以下のようになる．

《フーリエ級数》		《フーリエ変換》
周期関数（T）		非周期関数（∞）
$f(t)=\sum_{n=-\infty}^{\infty} c_n e^{i\omega t}$	$\Leftrightarrow$	$f(t)=\frac{1}{\sqrt{2\pi}}\int_{-\infty}^{\infty} F(\omega)\, e^{in\omega t}\mathrm{d}\omega$
$c_n=\frac{1}{T}\int_{-T/2}^{T/2} f(t)\, e^{-i\omega t}\mathrm{d}t$	$\Leftrightarrow$	$F(\omega)=\frac{1}{\sqrt{2\pi}}\int_{-\infty}^{\infty} f(t)\, e^{-in\omega t}\mathrm{d}t$

すなわち，非周期関数のフーリエ変換を求めるということは，周期関数のフーリエ係数を計算することに対応する．一方，フーリエ逆変換を求めることは，周期関数をフーリエ級数で表現することに相当する．

【例題 7.1】 次の関数 $f(t)$ をフーリエ変換せよ（図 7.2 参照）．

$$f(t)=\begin{cases} 1 & (|t|<1) \\ \dfrac{1}{2} & (|t|=1) \\ 0 & (|t|>1) \end{cases}$$

（解）

$$F(\omega)=\frac{1}{\sqrt{2\pi}}\int_{-\infty}^{\infty} f(t)\, e^{-i\omega t}\mathrm{d}t=\frac{1}{\sqrt{2\pi}}\int_{-1}^{1} e^{-i\omega t}\mathrm{d}t=\frac{1}{\sqrt{2\pi}}\left[\frac{e^{-i\omega t}}{-i\omega}\right]_{-1}^{1}$$

$$=\frac{1}{\sqrt{2\pi}}\frac{e^{-i\omega}-e^{i\omega}}{-i\omega}=\sqrt{\frac{2}{\pi}}\frac{\sin\omega}{\omega} \qquad \left(\because \sin\omega=\frac{e^{i\omega}-e^{-i\omega}}{2i}\right)$$

例題 7.1 で求めたフーリエ変換と，例題 6.5 で求めたフーリエ級数の比較を，図 7.3 に示す．図 7.3 からわかるように，周期 T が有限な場合のフーリエ級数では線スペクトル（A_n, B_n, C_n）が存在するのに対し，非周期関数の場合のフーリエ変換では $F(\omega)$ が連続的に変化する．したがって，$F(\omega)$ を**連続スペクトル**（continuous spectra）ともいう．また，スペクトル $F(\omega)$ は $\omega=\pm n\pi\,(n=1,2,\cdots)$ で 0 となることもわかる．

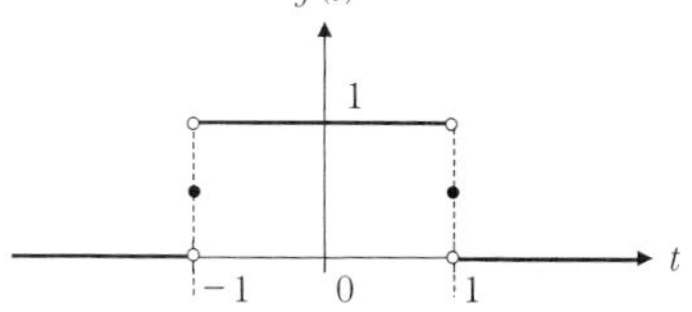

図 7.2　例題 7.1

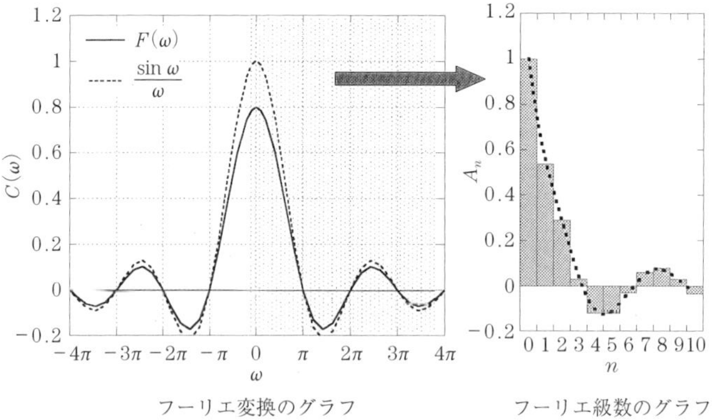

図7.3　フーリエ変換とフーリエ級数の比較

【例題 7.2】　次の定積分を求めよ．

$$\int_0^{\infty}\frac{\sin\omega}{\omega}\mathrm{d}\omega$$

（解）　例題 7.1 において，関数 $f(t)$ は区分的に連続なので，得られた $F(\omega)$ をフーリエ逆変換すると次のようになる．

$$f(t)=\frac{1}{\sqrt{2\pi}}\int_{-\infty}^{\infty}F(\omega)\,e^{i\omega t}\mathrm{d}\omega=\frac{1}{\sqrt{2\pi}}\int_{-\infty}^{\infty}\sqrt{\frac{2}{\pi}}\,\frac{\sin\omega}{\omega}e^{i\omega t}\mathrm{d}\omega=\begin{cases}1 & (|t|<1)\\ \dfrac{1}{2} & (|t|=1)\\ 0 & (|t|>1)\end{cases}$$

$$\therefore\ f(0)=\frac{1}{\pi}\int_{-\infty}^{\infty}\frac{\sin\omega}{\omega}\mathrm{d}\omega=1$$

$$\therefore\ \int_{-\infty}^{\infty}\frac{\sin\omega}{\omega}\mathrm{d}\omega=\pi$$

被積分関数は偶関数なので，半無限区間での積分値は，次のように全無限区間の半分となる．

$$\int_0^{\infty}\frac{\sin\omega}{\omega}\mathrm{d}\omega=\frac{\pi}{2}$$

7.2　偶関数のフーリエ余弦変換

周期関数の場合と同様に，非周期関数でもその対称性に着目して，偶関数と奇関数の性質を利用することで，フーリエ変換の表式を簡略化できる．まず，偶関数の場合について本節で述べる．

無限区間（$-\infty,\infty$）で定義される区分的に連続な関数 $f(t)$ が偶関数の場合，そのフーリエ変換 $F(\omega)$ の表式は，次のようになる．

$$\begin{aligned}F(\omega)&=\frac{1}{\sqrt{2\pi}}\int_{-\infty}^{\infty}f(t)\,e^{-i\omega t}\mathrm{d}t=\frac{1}{\sqrt{2\pi}}\int_{-\infty}^{0}f(t)\,e^{-i\omega t}\mathrm{d}t+\frac{1}{\sqrt{2\pi}}\int_{0}^{\infty}f(t)\,e^{-i\omega t}\mathrm{d}t\\&=\frac{1}{\sqrt{2\pi}}\int_{\infty}^{0}f(-t')\,e^{i\omega t'}(-\mathrm{d}t')+\frac{1}{\sqrt{2\pi}}\int_{0}^{\infty}f(t)\,e^{-i\omega t}\mathrm{d}t\qquad(t'=-t)\\&=\frac{1}{\sqrt{2\pi}}\int_{0}^{\infty}f(t)\,(e^{i\omega t}+e^{-i\omega t})\,\mathrm{d}t\\&=\sqrt{\frac{2}{\pi}}\int_{0}^{\infty}f(t)\cos\omega t\,\mathrm{d}t\qquad\left(\because\ \cos\omega t=\frac{e^{i\omega t}+e^{-i\omega t}}{2}\right)\end{aligned}$$

これを特に，**フーリエ余弦変換**（Fourier cosine transform）という．次に示すように，関数 $F(\omega)$ は偶関数である．

$$F(-\omega)=\sqrt{\frac{2}{\pi}}\int_{0}^{\infty}f(t)\cos(-\omega t)\,\mathrm{d}t=\sqrt{\frac{2}{\pi}}\int_{0}^{\infty}f(t)\cos\omega t\,\mathrm{d}t=F(\omega)$$

そこで，フーリエ逆変換 $f(t)$ の表式も同様に，次のようになる．

$$\begin{aligned}f(t)&=\frac{1}{\sqrt{2\pi}}\int_{-\infty}^{\infty}F(\omega)\,e^{i\omega t}\mathrm{d}\omega=\frac{1}{\sqrt{2\pi}}\int_{-\infty}^{0}F(\omega)\,e^{i\omega t}\mathrm{d}\omega+\frac{1}{\sqrt{2\pi}}\int_{0}^{\infty}F(\omega)\,e^{i\omega t}\mathrm{d}\omega\\&=\frac{1}{\sqrt{2\pi}}\int_{-\infty}^{0}F(-\omega')\,e^{-i\omega' t}(-\mathrm{d}\omega')+\frac{1}{\sqrt{2\pi}}\int_{0}^{\infty}F(\omega)\,e^{i\omega t}\mathrm{d}\omega\qquad(\omega'=-\omega)\\&=\frac{1}{\sqrt{2\pi}}\int_{0}^{\infty}F(\omega)\,(e^{-i\omega t}+e^{i\omega t})\,\mathrm{d}\omega=\sqrt{\frac{2}{\pi}}\int_{0}^{\infty}F(\omega)\cos\omega t\,\mathrm{d}\omega\end{aligned}$$

以上をまとめると，偶関数 $f(t)$ のフーリエ変換 $F(\omega)$ と逆変換の表式は，次で与えられる．

$$F(\omega)=\sqrt{\frac{2}{\pi}}\int_{0}^{\infty}f(t)\cos\omega t\,\mathrm{d}t$$

$$f(t)=\sqrt{\frac{2}{\pi}}\int_{0}^{\infty}F(\omega)\cos\omega t\,\mathrm{d}\omega$$

【例題 7.3】　次の関数 $f(t)$ をフーリエ変換せよ（図 7.4 参照）．

$$f(t)=\begin{cases}1-|t| & (|t|\leq 1)\\ 0 & (|t|>1)\end{cases}$$

（解）　$f(t)$ は偶関数である．

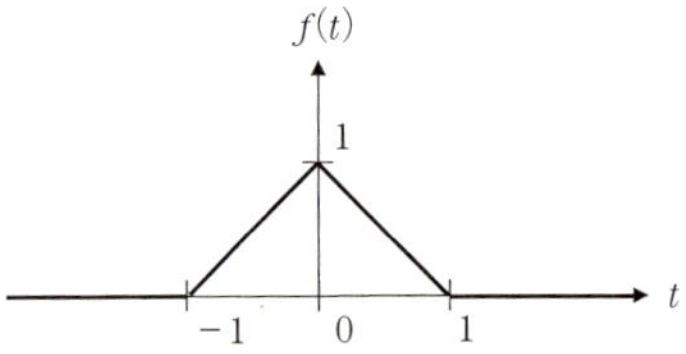

図 7.4　例題 7.3

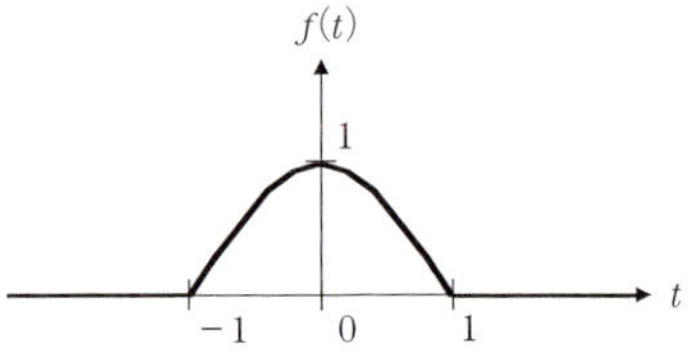

図 7.5　例題 7.4

$$\therefore F(\omega)=\sqrt{\frac{2}{\pi}}\int_0^\infty f(t)\cos\omega t\,\mathrm{d}t=\sqrt{\frac{2}{\pi}}\int_0^1(1-t)\cos\omega t\,\mathrm{d}t$$
$$=\sqrt{\frac{2}{\pi}}\left[\frac{\sin\omega t}{\omega}\right]_0^1-\sqrt{\frac{2}{\pi}}\left[t\frac{\sin\omega t}{\omega}\right]_0^1+\sqrt{\frac{2}{\pi}}\int_0^1\frac{\sin\omega t}{\omega}\mathrm{d}t$$
$$=\sqrt{\frac{2}{\pi}}\frac{\sin\omega}{\omega}-\sqrt{\frac{2}{\pi}}\frac{\sin\omega}{\omega}+\sqrt{\frac{2}{\pi}}\left[\frac{-\cos\omega t}{\omega^2}\right]_0^1=\sqrt{\frac{2}{\pi}}\frac{1-\cos\omega}{\omega^2}$$

【例題 7.4】　次の関数 $f(t)$ をフーリエ変換せよ（図 7.5 参照）．

$$f(t)=\begin{cases}\cos t & \left(|t|\leq\dfrac{\pi}{2}\right)\\ 0 & \left(|t|>\dfrac{\pi}{2}\right)\end{cases}$$

（解）　$f(t)$ は偶関数である．

$$\therefore F(\omega)=\sqrt{\frac{2}{\pi}}\int_0^\infty f(t)\cos\omega t\,\mathrm{d}t=\sqrt{\frac{2}{\pi}}\int_0^{\pi/2}\cos t\cos\omega t\,\mathrm{d}t$$
$$=\frac{1}{\sqrt{2\pi}}\int_0^{\pi/2}\{\cos(1+\omega)t+\cos(1-\omega)t\}\mathrm{d}t$$
$$=\frac{1}{\sqrt{2\pi}}\left[\frac{\sin(1+\omega)t}{1+\omega}+\frac{\sin(1-\omega)t}{1-\omega}\right]_0^{\pi/2}$$
$$=\frac{1}{\sqrt{2\pi}}\left\{\frac{1}{1+\omega}\sin\frac{\pi(1+\omega)}{2}+\frac{1}{1-\omega}\sin\frac{\pi(1-\omega)}{2}\right\}$$
$$=\frac{1}{\sqrt{2\pi}}\left\{\frac{1}{1+\omega}\cos\frac{\pi\omega}{2}+\frac{1}{1-\omega}\cos\frac{\pi\omega}{2}\right\}=\sqrt{\frac{2}{\pi}}\frac{1}{(1+\omega)(1-\omega)}\cos\frac{\pi\omega}{2}$$

7.3　奇関数のフーリエ正弦変換

前節で述べた偶関数と同様に，奇関数の場合もフーリエ変換の表式を簡略化できる．無限区間 $(-\infty,\infty)$ で定義される区分的に連続な関数 $f(t)$ が奇関数の場合，そのフーリエ変換 $F(\omega)$ の表式は，次のようになる．

$$
\begin{aligned}
F(\omega) &= \frac{1}{\sqrt{2\pi}}\int_{-\infty}^{\infty} f(t)\,e^{-i\omega t}\mathrm{d}t = \frac{1}{\sqrt{2\pi}}\int_{-\infty}^{0} f(t)\,e^{-i\omega t}\mathrm{d}t + \frac{1}{\sqrt{2\pi}}\int_{0}^{\infty} f(t)\,e^{-i\omega t}\mathrm{d}t \\
&= \frac{1}{\sqrt{2\pi}}\int_{\infty}^{0} f(-t')\,e^{i\omega t'}(-\mathrm{d}t') + \frac{1}{\sqrt{2\pi}}\int_{0}^{\infty} f(t)\,e^{-i\omega t}\mathrm{d}t \qquad (t'=-t) \\
&= \frac{1}{\sqrt{2\pi}}\int_{0}^{\infty} f(t)\,(-e^{i\omega t}+e^{-i\omega t})\,\mathrm{d}t \\
&= -i\sqrt{\frac{2}{\pi}}\int_{0}^{\infty} f(t)\sin\omega t\,\mathrm{d}t \qquad \left(\because \sin\omega t = \frac{e^{i\omega t}-e^{-i\omega t}}{2i}\right)
\end{aligned}
$$

$$
\therefore F'(\omega) = iF(\omega) = \sqrt{\frac{2}{\pi}}\int_{0}^{\infty} f(t)\sin\omega t\,\mathrm{d}t
$$

これらを特に，**フーリエ正弦変換**（Fourier sine transform）という．次に示すように，関数 $F(\omega), F'(\omega)$ はともに奇関数である．

$$
F(-\omega) = -i\sqrt{\frac{2}{\pi}}\int_{0}^{\infty} f(t)\sin(-\omega t)\,\mathrm{d}t = i\sqrt{\frac{2}{\pi}}\int_{0}^{\infty} f(t)\sin\omega t\,\mathrm{d}t = -F(\omega)
$$

$$
F'(-\omega) = \sqrt{\frac{2}{\pi}}\int_{0}^{\infty} f(t)\sin(-\omega t)\,\mathrm{d}t = -\sqrt{\frac{2}{\pi}}\int_{0}^{\infty} f(t)\sin\omega t\,\mathrm{d}t = -F'(\omega)
$$

そこで，フーリエ逆変換 $f(t)$ の表式も同様に，次のようになる．

$$
\begin{aligned}
f(t) &= \frac{1}{\sqrt{2\pi}}\int_{-\infty}^{\infty} F(\omega)\,e^{i\omega t}\mathrm{d}\omega = \frac{1}{\sqrt{2\pi}}\int_{-\infty}^{0} F(\omega)\,e^{i\omega t}\mathrm{d}\omega + \frac{1}{\sqrt{2\pi}}\int_{0}^{\infty} F(\omega)\,e^{i\omega t}\mathrm{d}\omega \\
&= \frac{1}{\sqrt{2\pi}}\int_{-\infty}^{0} F(-\omega')\,e^{-i\omega' t}(-\mathrm{d}\omega') + \frac{1}{\sqrt{2\pi}}\int_{0}^{\infty} F(\omega)\,e^{i\omega t}\mathrm{d}\omega \qquad (\omega'=-\omega) \\
&= \frac{1}{\sqrt{2\pi}}\int_{0}^{\infty} F(\omega)\,(-e^{-i\omega t}+e^{i\omega t})\,\mathrm{d}\omega \\
&= i\sqrt{\frac{2}{\pi}}\int_{0}^{\infty} F(\omega)\sin\omega t\,\mathrm{d}\omega = \sqrt{\frac{2}{\pi}}\int_{0}^{\infty} F'(\omega)\sin\omega t\,\mathrm{d}\omega
\end{aligned}
$$

以上をまとめると，奇関数 $f(t)$ のフーリエ変換 $F(\omega)$ と逆変換の表式は，次で与えられる．

$$
F(\omega) = -i\sqrt{\frac{2}{\pi}}\int_{0}^{\infty} f(t)\sin\omega t\,\mathrm{d}t
$$

$$
f(t) = i\sqrt{\frac{2}{\pi}}\int_{0}^{\infty} F(\omega)\sin\omega t\,\mathrm{d}\omega
$$

もしくは，

$$F'(\omega)=\sqrt{\frac{2}{\pi}}\int_0^\infty f(t)\sin\omega t\,\mathrm{d}t$$

$$f(t)=\sqrt{\frac{2}{\pi}}\int_0^\infty F'(\omega)\sin\omega t\,\mathrm{d}\omega$$

ただし，$F'(\omega)=iF(\omega)$ である．

【例題 7.5】 次の関数 $f(t)$ をフーリエ変換せよ（図 7.6 参照）．

$$f(t)=\begin{cases} t & (|t|<1) \\ \dfrac{t}{2|t|} & (|t|=1) \\ 0 & (|t|>1) \end{cases}$$

（解） $f(t)$ は奇関数である．

$$\therefore\ F'(\omega)=\sqrt{\frac{2}{\pi}}\int_0^\infty f(t)\sin\omega t\,\mathrm{d}t=\sqrt{\frac{2}{\pi}}\int_0^1 t\sin\omega t\,\mathrm{d}t$$

$$=\sqrt{\frac{2}{\pi}}\left[-\frac{t\cos\omega t}{\omega}+\frac{\sin\omega t}{\omega^2}\right]_0^1=\sqrt{\frac{2}{\pi}}\frac{\sin\omega-\omega\cos\omega}{\omega^2}$$

$$\therefore\ F(\omega)=-iF'(\omega)=-i\sqrt{\frac{2}{\pi}}\frac{\sin\omega-\omega\cos\omega}{\omega^2}$$

【例題 7.6】 次の関数 $f(t)$ をフーリエ変換せよ（図 7.7 参照）．

$$f(t)=\begin{cases} \dfrac{t}{|t|}e^{-|t|} & (|t|>0) \\ 0 & (t=0) \end{cases}$$

（解） $f(t)$ は奇関数である．

$$\therefore\ F'(\omega)=\sqrt{\frac{2}{\pi}}\int_0^\infty f(t)\sin\omega t\,\mathrm{d}t=\sqrt{\frac{2}{\pi}}\int_0^\infty e^{-t}\sin\omega t\,\mathrm{d}t$$

$$I=\int e^{-t}\sin\omega t\,\mathrm{d}t=e^{-t}\frac{-\cos\omega t}{\omega}-\int(-e^{-t})\frac{-\cos\omega t}{\omega}\mathrm{d}t$$

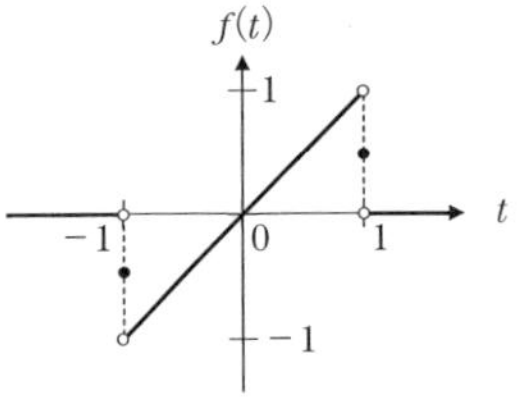

図 7.6 例題 7.5

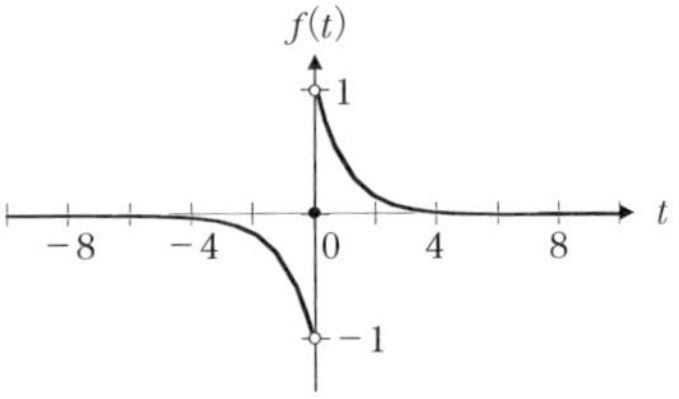

図 7.7 例題 7.6

$$= -\frac{e^{-t}\cos\omega t}{\omega} - e^{-t}\frac{\sin\omega t}{\omega^2} + \int(-e^{-t})\frac{\sin\omega t}{\omega^2}\mathrm{d}t$$

$$= -\frac{e^{-t}(\sin\omega t + \omega\cos\omega t)}{\omega^2} - \frac{I}{\omega^2}$$

$$\therefore\ I = \int e^{-t}\sin\omega t\,\mathrm{d}t = -\frac{e^{-t}(\sin\omega t + \omega\cos\omega t)}{1+\omega^2}$$

$$\therefore\ F'(\omega) = \sqrt{\frac{2}{\pi}}\left[-\frac{e^{-t}(\sin\omega t + \omega\cos\omega t)}{1+\omega^2}\right]_0^\infty = \sqrt{\frac{2}{\pi}}\frac{\omega}{1+\omega^2}$$

$$\therefore\ F(\omega) = -iF'(\omega) = -i\sqrt{\frac{2}{\pi}}\frac{\omega}{1+\omega^2}$$

演習問題

7.1　次の関数 $f(t)$ をフーリエ変換せよ．

$$f(t)=\begin{cases} 1 & (0<t<1) \\ \dfrac{1}{2} & (t=0,1) \\ 0 & (t<0,\ t>1) \end{cases}$$

7.2　次の関数 $f(t)$ をフーリエ変換せよ．

$$f(t)=\begin{cases} t & (0\leq t<1) \\ \dfrac{1}{2} & (t=1) \\ 0 & (t<0,\ t>1) \end{cases}$$

7.3　次の関数 $f(t)$ をフーリエ変換せよ．

$$f(t)=\begin{cases} \dfrac{t}{|t|} & (0<|t|<1) \\ \dfrac{t}{2|t|} & (|t|=1) \\ 0 & (t=0,\ |t|>1) \end{cases}$$

7.4　次の関数 $f(t)$ をフーリエ変換せよ．

$$f(t)=\begin{cases} \sin t & (|t|\leq\pi) \\ 0 & (|t|>\pi) \end{cases}$$

7.5　次の関数 $f(t)$ をフーリエ変換せよ．

$$f(t)=\begin{cases} t^2 & (|t|<1) \\ \dfrac{1}{2} & (|t|=1) \\ 0 & (|t|>1) \end{cases}$$

7.6　次の関数 $f(t)$ をフーリエ変換せよ．

$$f(t)=e^{-|t|}$$

7.7　次の定積分を求めよ．

$$\int_0^\infty \frac{(1-\cos\omega)\sin\omega}{\omega}\,\mathrm{d}\omega$$

7.8　次の積分方程式を満たす関数 $f(t)$ を求めよ．ただし，$\omega>0$ とする．

$$\int_0^\infty f(t)\cos\omega t\,\mathrm{d}t=e^{-\omega}$$

7.9　次の積分方程式を満たす関数 $f(t)$ を求めよ．ただし，$\omega>0$ とする．

$$\int_0^\infty f(t)\sin\omega t\,\mathrm{d}t=e^{-\omega}$$

参考図書

〔微積分〕

高木貞治：『解析概論 改訂第三版』，岩波書店（1983）．

M.R. Spiegel 著，水町　浩訳：『マグロウヒル大学演習 微積分（上），（下）』，オーム社（1995）．

石村園子：『すぐわかる微分積分』，東京図書（1993）．

石村園子：『やさしく学べる微分積分』，共立出版（1999）．

〔ベクトル解析〕

安達忠次：『ベクトル解析 改訂版』，培風館（1961）．

山内正敏：『詳説演習 ベクトル解析』，培風館（1988）．

高木隆司：『キーポイント ベクトル解析』，岩波書店（1993）．

太田浩一：『電磁気学 I，II』，丸善（2000）．

宮　健三：『解析電磁気学と電磁構造』，養賢堂（1995）．

〔フーリエ解析〕

樋口禎一・八高隆雄：『理工系数学の基礎・基本（3）　フーリエ級数とラプラス変換の基礎・基本』，牧野書店（2000）．

松下泰雄：『フーリエ解析—基礎と応用』，培風館（2001）．

船越満明：『理工系数学のキーポイント 9 キーポントフーリエ解析』，岩波書店（1997）．

H.P. スウ著，佐藤平八訳：『工学基礎演習シリーズ 1 フーリエ解析』，森北出版（1979）．

江沢　洋：『理工学者が書いた数学の本 6 フーリエ解析』，講談社（1987）．

演習問題解答

〔第 1 章〕

1.1

$$a\boldsymbol{A}+b\boldsymbol{B}=a(A_1,A_2,A_3)+b(B_1,B_2,B_3)=(aA_1,aA_2,aA_3)+(bB_1,bB_2,bB_3)$$
$$=(aA_1+bB_1,aA_2+bB_2,aA_3+bB_3)$$

1.2 (1) $\boldsymbol{A}=(A_1,A_2,A_3)$, $\boldsymbol{B}=(B_1,B_2,B_3)$, $\boldsymbol{C}=(C_1,C_2,C_3)$ とする．

$$\therefore\ \boldsymbol{A}\cdot(\boldsymbol{B}+\boldsymbol{C})=(A_1,A_2,A_3)\cdot(B_1+C_1,B_2+C_2,B_3+C_3)$$
$$=A_1(B_1+C_1)+A_2(B_2+C_2)+A_3(B_3+C_3)$$
$$=(A_1B_1+A_2B_2+A_3B_3)+(A_1C_1+A_2C_2+A_3C_3)$$
$$=\boldsymbol{A}\cdot\boldsymbol{B}+\boldsymbol{A}\cdot\boldsymbol{C}$$

(2) $\boldsymbol{A}=(A_1,A_2,A_3)$ とする．

$$\therefore\ \boldsymbol{A}\cdot\boldsymbol{A}=(A_1,A_2,A_3)\cdot(A_1,A_2,A_3)=A_1{}^2+A_2{}^2+A_3{}^2=|\boldsymbol{A}|^2 \qquad \therefore\ |\boldsymbol{A}|=\sqrt{\boldsymbol{A}\cdot\boldsymbol{A}}$$

(3) ベクトル $\boldsymbol{A},\boldsymbol{B}$ のなす角を $\theta(0\leq\theta\leq\pi)$ とすると，$|\cos\theta|\leq 1$ なので，次が得られる．

$$|\boldsymbol{A}\cdot\boldsymbol{B}|=|\boldsymbol{A}||\boldsymbol{B}||\cos\theta|\leq|\boldsymbol{A}||\boldsymbol{B}|$$

1.3 (1) $\boldsymbol{A}=(A_1,A_2,A_3)$, $\boldsymbol{B}=(B_1,B_2,B_3)$, $\boldsymbol{C}=(C_1,C_2,C_3)$ とする．x 成分について計算すると，次のようになる．

$$[\boldsymbol{A}\times(\boldsymbol{B}+\boldsymbol{C})]_x=[(A_1,A_2,A_3)\times(B_1+C_1,B_2+C_2,B_3+C_3)]_x$$
$$=A_2(B_3+C_3)-A_3(B_2+C_2)$$
$$=(A_2B_3-A_3B_2)+(A_2C_3-A_3C_2)$$
$$=[\boldsymbol{A}\times\boldsymbol{B}]_x+[\boldsymbol{A}\times\boldsymbol{C}]_x$$

y,z 成分についても同様である．

$$\therefore\ \boldsymbol{A}\times(\boldsymbol{B}+\boldsymbol{C})=\boldsymbol{A}\times\boldsymbol{B}+\boldsymbol{A}\times\boldsymbol{C}$$

(2) $\boldsymbol{A}=(A_1,A_2,A_3)$ とする．x 成分について計算すると，次のようになる．

$$[\boldsymbol{A}\times\boldsymbol{A}]_x=[(A_1,A_2,A_3)\times(A_1,A_2,A_3)]_x=A_2A_3-A_3A_2=0$$

y,z 成分についても同様である．

$$\therefore\ \boldsymbol{A}\times\boldsymbol{A}=\boldsymbol{0}$$

(3) ベクトル $\boldsymbol{A}, \boldsymbol{B}$ のなす角を $\theta (0 \leq \theta \leq \pi)$ とすると，$0 \leq \sin\theta \leq 1$ なので，次が得られる．

$$|\boldsymbol{A} \times \boldsymbol{B}| = |\boldsymbol{A}||\boldsymbol{B}|\sin\theta \leq |\boldsymbol{A}||\boldsymbol{B}|$$

1.4 (1)

$$\boldsymbol{A} \cdot (\boldsymbol{B} \times \boldsymbol{C}) = (A_1, A_2, A_3) \cdot (B_2C_3 - B_3C_2, B_3C_1 - B_1C_3, B_1C_2 - B_2C_1)$$
$$= A_1(B_2C_3 - B_3C_2) + A_2(B_3C_1 - B_1C_3) + A_3(B_1C_2 - B_2C_1)$$

$$\begin{vmatrix} A_1 & A_2 & A_3 \\ B_1 & B_2 & B_3 \\ C_1 & C_2 & C_3 \end{vmatrix} = A_1 \begin{vmatrix} B_2 & B_3 \\ C_2 & C_3 \end{vmatrix} + A_2 \begin{vmatrix} B_3 & B_1 \\ C_3 & C_1 \end{vmatrix} + A_3 \begin{vmatrix} B_1 & B_2 \\ C_1 & C_2 \end{vmatrix}$$
$$= A_1(B_2C_3 - B_3C_2) + A_2(B_3C_1 - B_1C_3) + A_3(B_1C_2 - B_2C_1)$$

$$\therefore \boldsymbol{A} \cdot (\boldsymbol{B} \times \boldsymbol{C}) = \begin{vmatrix} A_1 & A_2 & A_3 \\ B_1 & B_2 & B_3 \\ C_1 & C_2 & C_3 \end{vmatrix}$$

(2)

$$\boldsymbol{B} \cdot (\boldsymbol{C} \times \boldsymbol{A}) = \begin{vmatrix} B_1 & B_2 & B_3 \\ C_1 & C_2 & C_3 \\ A_1 & A_2 & A_3 \end{vmatrix}$$
$$= B_1(C_2A_3 - C_3A_2) + B_2(C_3A_1 - C_1A_3) + B_3(C_1A_2 - C_2A_1)$$
$$= A_1(B_2C_3 - B_3C_2) + A_2(B_3C_1 - B_1C_3) + A_3(B_1C_2 - B_2C_1)$$

$$\boldsymbol{C} \cdot (\boldsymbol{A} \times \boldsymbol{B}) = \begin{vmatrix} C_1 & C_2 & C_3 \\ A_1 & A_2 & A_3 \\ B_1 & B_2 & B_3 \end{vmatrix}$$
$$= C_1(A_2B_3 - A_3B_2) + C_2(A_3B_1 - A_1B_3) + C_3(A_1B_2 - A_2B_1)$$
$$= A_1(B_2C_3 - B_3C_2) + A_2(B_3C_1 - B_1C_3) + A_3(B_1C_2 - B_2C_1)$$

$$\therefore \boldsymbol{A} \cdot (\boldsymbol{B} \times \boldsymbol{C}) = \boldsymbol{B} \cdot (\boldsymbol{C} \times \boldsymbol{A}) = \boldsymbol{C} \cdot (\boldsymbol{A} \times \boldsymbol{B})$$

(3) x 成分について計算すると，次のようになる．

$$[\boldsymbol{A} \times (\boldsymbol{B} \times \boldsymbol{C})]_x = [(A_1, A_2, A_3) \times (B_2C_3 - B_3C_2, B_3C_1 - B_1C_3, B_1C_2 - B_2C_1)]_x$$
$$= A_2(B_1C_2 - B_2C_1) - A_3(B_3C_1 - B_1C_3)$$
$$= (A_1C_1 + A_2C_2 + A_3C_3)B_1 - (A_1B_1 + A_2B_2 + A_3B_3)C_1$$
$$= (\boldsymbol{A} \cdot \boldsymbol{C})B_1 - (\boldsymbol{A} \cdot \boldsymbol{B})C_1$$

y, z 成分についても同様である．

$$\therefore \boldsymbol{A} \times (\boldsymbol{B} \times \boldsymbol{C}) = (\boldsymbol{A} \cdot \boldsymbol{C})\boldsymbol{B} - (\boldsymbol{A} \cdot \boldsymbol{B})\boldsymbol{C}$$

(4)

$$\boldsymbol{B} \times (\boldsymbol{C} \times \boldsymbol{A}) = (\boldsymbol{B} \cdot \boldsymbol{A})\boldsymbol{C} - (\boldsymbol{B} \cdot \boldsymbol{C})\boldsymbol{A} = (\boldsymbol{A} \cdot \boldsymbol{B})\boldsymbol{C} - (\boldsymbol{B} \cdot \boldsymbol{C})\boldsymbol{A}$$
$$\boldsymbol{C} \times (\boldsymbol{A} \times \boldsymbol{B}) = (\boldsymbol{C} \cdot \boldsymbol{B})\boldsymbol{A} - (\boldsymbol{C} \cdot \boldsymbol{A})\boldsymbol{B} = (\boldsymbol{B} \cdot \boldsymbol{C})\boldsymbol{A} - (\boldsymbol{A} \cdot \boldsymbol{C})\boldsymbol{B}$$

$\therefore\ \boldsymbol{A}\times(\boldsymbol{B}\times\boldsymbol{C})+\boldsymbol{B}\times(\boldsymbol{C}\times\boldsymbol{A})+\boldsymbol{C}\times(\boldsymbol{A}\times\boldsymbol{B})=\boldsymbol{0}$

1.5 (1) $\boldsymbol{b}-\boldsymbol{a}=(b_1-a_1, b_2-a_2, b_3-a_3)$, $\boldsymbol{c}-\boldsymbol{a}=(c_1-a_1, c_2-a_2, c_3-a_3)$ なので，次のようになる。

$$
\begin{aligned}
\boldsymbol{r}&=\boldsymbol{a}+u(\boldsymbol{b}-\boldsymbol{a})+v(\boldsymbol{c}-\boldsymbol{a})\\
&=\{a_1+u(b_1-a_1)+v(c_1-a_1)\}\boldsymbol{i}+\{a_2+u(b_2-a_2)+v(c_2-a_2)\}\boldsymbol{j}\\
&\quad+\{a_3+u(b_3-a_3)+v(c_3-a_3)\}\boldsymbol{k}\\
&=x\boldsymbol{i}+y\boldsymbol{j}+z\boldsymbol{k}
\end{aligned}
$$

$$
\therefore \begin{cases} x-a_1=u(b_1-a_1)+v(c_1-a_1)\\ y-a_2=u(b_2-a_2)+v(c_2-a_2)\\ z-a_3=u(b_3-a_3)+v(c_3-a_3)\end{cases}
$$

パラメータ u, v を消去すると，証明すべき表式が得られる．

(2) 4 点 $\mathrm{A}(a_1, a_2, a_3)$，$\mathrm{B}(b_1, b_2, b_3)$，$\mathrm{C}(c_1, c_2, c_3)$，$\mathrm{R}(x, y, z)$ は同一平面上にあるので，3 つのベクトル $\boldsymbol{r}-\boldsymbol{a}, \boldsymbol{b}-\boldsymbol{a}, \boldsymbol{c}-\boldsymbol{a}$ も同一平面上にあり，それらがつくる平行六面体の体積（スカラー三重積）は 0 となる．

$$
\therefore\ (\boldsymbol{r}-\boldsymbol{a})\cdot\{(\boldsymbol{b}-\boldsymbol{a})\times(\boldsymbol{c}-\boldsymbol{a})\}=\begin{vmatrix} x-a_1 & y-a_2 & z-a_3\\ b_1-a_1 & b_2-a_2 & b_3-a_3\\ c_1-a_1 & c_2-a_2 & c_3-a_3\end{vmatrix}=0
$$

(3)

$$
\begin{aligned}
\boldsymbol{N}=(\boldsymbol{b}-\boldsymbol{a})\times(\boldsymbol{c}-\boldsymbol{a})&=(b_1-a_1, b_2-a_2, b_3-a_3)\times(c_1-a_1, c_2-a_2, c_3-a_3)\\
&=\{(b_2-a_2)(c_3-a_3)-(b_3-a_3)(c_2-a_2)\}\boldsymbol{i}\\
&\quad+\{(b_3-a_3)(c_1-a_1)-(b_1-a_1)(c_3-a_3)\}\boldsymbol{j}\\
&\quad+\{(b_1-a_1)(c_2-a_2)-(b_2-a_2)(c_1-a_1)\}\boldsymbol{k}\\
&=\{a_2(b_3-c_3)-a_3(b_2-c_2)+(b_2c_3-b_3c_2)\}\boldsymbol{i}\\
&\quad+a_3(b_1-c_1)-a_1(b_3-c_3)+(b_3c_1-b_1c_3)\}\boldsymbol{j}\\
&\quad+\{a_1(b_2-c_2)-a_2(b_1-c_1)+(b_1c_2-b_2c_1)\}\boldsymbol{k}
\end{aligned}
$$

〔第 2 章〕

2.1 (1)

$$
\frac{\mathrm{d}z}{\mathrm{d}t}=\frac{\partial z}{\partial x}\frac{\mathrm{d}x}{\mathrm{d}t}+\frac{\partial z}{\partial y}\frac{\mathrm{d}y}{\mathrm{d}t}=4t^3+2(1-t)=2(1+t)(1-2t+2t^2)
$$

(2)

$$
\frac{\mathrm{d}z}{\mathrm{d}t}=\frac{\partial z}{\partial x}\frac{\mathrm{d}x}{\mathrm{d}t}+\frac{\partial z}{\partial y}\frac{\mathrm{d}y}{\mathrm{d}t}=2t(1-t)^2-2t^2(1-t)=2t(1-t)(1-2t)
$$

2.2 (1)

$$z_u=\frac{\partial z}{\partial u}=\frac{\partial z}{\partial x}\frac{\partial x}{\partial u}+\frac{\partial z}{\partial y}\frac{\partial y}{\partial u}=2(u+v)-\frac{2u}{v^2}=2\left(u+v-\frac{u}{v^2}\right)$$

$$z_v=\frac{\partial z}{\partial v}=\frac{\partial z}{\partial x}\frac{\partial x}{\partial v}+\frac{\partial z}{\partial y}\frac{\partial y}{\partial v}=2(u+v)+\frac{2u^2}{v^3}=2\left(u+v+\frac{u^2}{v^3}\right)$$

(2)

$$z_u=\frac{\partial z}{\partial u}=\frac{\partial z}{\partial x}\frac{\partial x}{\partial u}+\frac{\partial z}{\partial y}\frac{\partial y}{\partial u}=\frac{u^2}{v^2}+\frac{2u(u+v)}{v^2}=\frac{u(3u+2v)}{v^2}$$

$$z_v=\frac{\partial z}{\partial v}=\frac{\partial z}{\partial x}\frac{\partial x}{\partial v}+\frac{\partial z}{\partial y}\frac{\partial y}{\partial v}=\frac{u^2}{v^2}-\frac{2u^2(u+v)}{v^3}=-\frac{u^2(2u+v)}{v^3}$$

2.3 (1) $\boldsymbol{A}=(A_1,A_2,A_3)$ とする.

$$\therefore \frac{\mathrm{d}}{\mathrm{d}t}(\varphi\boldsymbol{A})=\frac{\mathrm{d}}{\mathrm{d}t}(\varphi A_1,\varphi A_2,\varphi A_3)$$

$$=\left(\frac{\mathrm{d}\varphi}{\mathrm{d}t}A_1+\varphi\frac{\mathrm{d}A_1}{\mathrm{d}t},\frac{\mathrm{d}\varphi}{\mathrm{d}t}A_2+\varphi\frac{\mathrm{d}A_2}{\mathrm{d}t},\frac{\mathrm{d}\varphi}{\mathrm{d}t}A_3+\varphi\frac{\mathrm{d}A_3}{\mathrm{d}t}\right)$$

$$=\frac{\mathrm{d}\varphi}{\mathrm{d}t}(A_1,A_2,A_3)+\varphi\left(\frac{\mathrm{d}A_1}{\mathrm{d}t},\frac{\mathrm{d}A_2}{\mathrm{d}t},\frac{\mathrm{d}A_3}{\mathrm{d}t}\right)=\frac{\mathrm{d}\varphi}{\mathrm{d}t}\boldsymbol{A}+\varphi\frac{\mathrm{d}\boldsymbol{A}}{\mathrm{d}t}$$

(2) $\boldsymbol{A}=(A_1,A_2,A_3)$, $\boldsymbol{B}=(B_1,B_2,B_3)$ とする.

$$\therefore \frac{\mathrm{d}}{\mathrm{d}t}(\boldsymbol{A}\cdot\boldsymbol{B})=\frac{\mathrm{d}}{\mathrm{d}t}(A_1B_1+A_2B_2+A_3B_3)$$

$$=\frac{\mathrm{d}A_1}{\mathrm{d}t}B_1+A_1\frac{\mathrm{d}B_1}{\mathrm{d}t}+\frac{\mathrm{d}A_2}{\mathrm{d}t}B_2+A_2\frac{\mathrm{d}B_2}{\mathrm{d}t}+\frac{\mathrm{d}A_3}{\mathrm{d}t}B_3+A_3\frac{\mathrm{d}B_3}{\mathrm{d}t}$$

$$=\left(\frac{\mathrm{d}A_1}{\mathrm{d}t}B_1+\frac{\mathrm{d}A_2}{\mathrm{d}t}B_2+\frac{\mathrm{d}A_3}{\mathrm{d}t}B_3\right)+\left(A_1\frac{\mathrm{d}B_1}{\mathrm{d}t}+A_2\frac{\mathrm{d}B_2}{\mathrm{d}t}+A_3\frac{\mathrm{d}B_3}{\mathrm{d}t}\right)$$

$$=\frac{\mathrm{d}\boldsymbol{A}}{\mathrm{d}t}\cdot\boldsymbol{B}+\boldsymbol{A}\cdot\frac{\mathrm{d}\boldsymbol{B}}{\mathrm{d}t}$$

(3) $\boldsymbol{A}=(A_1,A_2,A_3)$, $\boldsymbol{B}=(B_1,B_2,B_3)$ とする. x 成分について計算すると, 次のようになる.

$$\left[\frac{\mathrm{d}}{\mathrm{d}t}(\boldsymbol{A}\times\boldsymbol{B})\right]_x=\frac{\mathrm{d}}{\mathrm{d}t}[\boldsymbol{A}\times\boldsymbol{B}]_x=\frac{\mathrm{d}}{\mathrm{d}t}(A_2B_3-A_3B_2)$$

$$=\frac{\mathrm{d}A_2}{\mathrm{d}t}B_3+A_2\frac{\mathrm{d}B_3}{\mathrm{d}t}-\frac{\mathrm{d}A_3}{\mathrm{d}t}B_2-A_3\frac{\mathrm{d}B_2}{\mathrm{d}t}$$

$$=\left(\frac{\mathrm{d}A_2}{\mathrm{d}t}B_3-\frac{\mathrm{d}A_3}{\mathrm{d}t}B_2\right)+\left(A_2\frac{\mathrm{d}B_3}{\mathrm{d}t}-A_3\frac{\mathrm{d}B_2}{\mathrm{d}t}\right)$$

$$=\left[\frac{\mathrm{d}\boldsymbol{A}}{\mathrm{d}t}\times\boldsymbol{B}\right]_x+\left[\boldsymbol{A}\times\frac{\mathrm{d}\boldsymbol{B}}{\mathrm{d}t}\right]_x$$

y, z 成分についても同様である.

$$\therefore \frac{\mathrm{d}}{\mathrm{d}t}(\boldsymbol{A}\times\boldsymbol{B})=\frac{\mathrm{d}\boldsymbol{A}}{\mathrm{d}t}\times\boldsymbol{B}+\boldsymbol{A}\times\frac{\mathrm{d}\boldsymbol{B}}{\mathrm{d}t}$$

(4)

$$\frac{\mathrm{d}}{\mathrm{d}t}\{\boldsymbol{A}\cdot(\boldsymbol{B}\times\boldsymbol{C})\}=\frac{\mathrm{d}\boldsymbol{A}}{\mathrm{d}t}\cdot(\boldsymbol{B}\times\boldsymbol{C})+\boldsymbol{A}\cdot\frac{\mathrm{d}}{\mathrm{d}t}(\boldsymbol{B}\times\boldsymbol{C})$$
$$=\frac{\mathrm{d}\boldsymbol{A}}{\mathrm{d}t}\cdot(\boldsymbol{B}\times\boldsymbol{C})+\boldsymbol{A}\cdot\left(\frac{\mathrm{d}\boldsymbol{B}}{\mathrm{d}t}\times\boldsymbol{C}+\boldsymbol{B}\times\frac{\mathrm{d}\boldsymbol{C}}{\mathrm{d}t}\right)$$
$$=\frac{\mathrm{d}\boldsymbol{A}}{\mathrm{d}t}\cdot(\boldsymbol{B}\times\boldsymbol{C})+\boldsymbol{A}\cdot\left(\frac{\mathrm{d}\boldsymbol{B}}{\mathrm{d}t}\times\boldsymbol{C}\right)+\boldsymbol{A}\cdot\left(\boldsymbol{B}\times\frac{\mathrm{d}\boldsymbol{C}}{\mathrm{d}t}\right)$$

(5)

$$\frac{\mathrm{d}}{\mathrm{d}t}\{\boldsymbol{A}\times(\boldsymbol{B}\times\boldsymbol{C})\}=\frac{\mathrm{d}\boldsymbol{A}}{\mathrm{d}t}\times(\boldsymbol{B}\times\boldsymbol{C})+\boldsymbol{A}\times\frac{\mathrm{d}}{\mathrm{d}t}(\boldsymbol{B}\times\boldsymbol{C})$$
$$=\frac{\mathrm{d}\boldsymbol{A}}{\mathrm{d}t}\times(\boldsymbol{B}\times\boldsymbol{C})+\boldsymbol{A}\times\left(\frac{\mathrm{d}\boldsymbol{B}}{\mathrm{d}t}\times\boldsymbol{C}+\boldsymbol{B}\times\frac{\mathrm{d}\boldsymbol{C}}{\mathrm{d}t}\right)$$
$$=\frac{\mathrm{d}\boldsymbol{A}}{\mathrm{d}t}\times(\boldsymbol{B}\times\boldsymbol{C})+\boldsymbol{A}\times\left(\frac{\mathrm{d}\boldsymbol{B}}{\mathrm{d}t}\times\boldsymbol{C}\right)+\boldsymbol{A}\times\left(\boldsymbol{B}\times\frac{\mathrm{d}\boldsymbol{C}}{\mathrm{d}t}\right)$$

2.4 (1)

$$\nabla(\varphi\psi)=\left(\frac{\partial(\varphi\psi)}{\partial x},\frac{\partial(\varphi\psi)}{\partial y},\frac{\partial(\varphi\psi)}{\partial z}\right)=\left(\varphi\frac{\partial\psi}{\partial x}+\psi\frac{\partial\varphi}{\partial x},\varphi\frac{\partial\psi}{\partial y}+\psi\frac{\partial\varphi}{\partial y},\varphi\frac{\partial\psi}{\partial z}+\psi\frac{\partial\varphi}{\partial z}\right)$$
$$=\varphi\left(\frac{\partial\psi}{\partial x},\frac{\partial\psi}{\partial y},\frac{\partial\psi}{\partial z}\right)+\psi\left(\frac{\partial\varphi}{\partial x},\frac{\partial\varphi}{\partial y},\frac{\partial\varphi}{\partial z}\right)=\varphi\nabla\psi+\psi\nabla\varphi$$

(2) $\nabla\frac{1}{\varphi}=\left(\frac{\partial}{\partial x}\frac{1}{\varphi},\frac{\partial}{\partial y}\frac{1}{\varphi},\frac{\partial}{\partial z}\frac{1}{\varphi}\right)=\left(-\frac{1}{\varphi^2}\frac{\partial\varphi}{\partial x},-\frac{1}{\varphi^2}\frac{\partial\varphi}{\partial y},-\frac{1}{\varphi^2}\frac{\partial\varphi}{\partial z}\right)=-\frac{1}{\varphi^2}\nabla\varphi$ なので，前問に代入すると，次が得られる．

$$\nabla\frac{\psi}{\varphi}=\frac{1}{\varphi}\nabla\psi+\psi\nabla\frac{1}{\varphi}=\frac{1}{\varphi}\nabla\psi-\frac{\psi}{\varphi^2}\nabla\varphi=\frac{\varphi\nabla\psi-\psi\nabla\varphi}{\varphi^2}$$

(3) $\boldsymbol{A}=(A_1,A_2,A_3)$ とする．

$$\therefore\ \nabla\cdot(\varphi\boldsymbol{A})=\nabla\cdot(\varphi A_1,\varphi A_2,\varphi A_3)=\frac{\partial(\varphi A_1)}{\partial x}+\frac{\partial(\varphi A_2)}{\partial y}+\frac{\partial(\varphi A_3)}{\partial z}$$
$$=\frac{\partial\varphi}{\partial x}A_1+\varphi\frac{\partial A_1}{\partial x}+\frac{\partial\varphi}{\partial y}A_2+\varphi\frac{\partial A_2}{\partial y}+\frac{\partial\varphi}{\partial z}A_3+\varphi\frac{\partial A_3}{\partial z}$$
$$=\left(\frac{\partial\varphi}{\partial x}A_1+\frac{\partial\varphi}{\partial y}A_2+\frac{\partial\varphi}{\partial z}A_3\right)+\varphi\left(\frac{\partial A_1}{\partial x}+\frac{\partial A_2}{\partial y}+\frac{\partial A_3}{\partial z}\right)$$
$$=(\nabla\varphi)\cdot\boldsymbol{A}+\varphi(\nabla\cdot\boldsymbol{A})$$

(4) $\boldsymbol{A}=(A_1,A_2,A_3)$ とする．x 成分について計算すると，次のようになる．

$$[\nabla\times(\varphi\boldsymbol{A})]_x=[\nabla\times(\varphi A_1,\varphi A_2,\varphi A_3)]_x=\frac{\partial(\varphi A_3)}{\partial y}-\frac{\partial(\varphi A_2)}{\partial z}$$
$$=\frac{\partial\varphi}{\partial y}A_3+\varphi\frac{\partial A_3}{\partial y}-\frac{\partial\varphi}{\partial z}A_2-\varphi\frac{\partial A_2}{\partial z}=\left(\frac{\partial\varphi}{\partial y}A_3-\frac{\partial\varphi}{\partial z}A_2\right)+\varphi\left(\frac{\partial A_3}{\partial y}-\frac{\partial A_2}{\partial z}\right)$$
$$=[(\nabla\varphi)\times\boldsymbol{A}]_x+\varphi[\nabla\times\boldsymbol{A}]_x$$

y, z 成分についても同様である．

$\therefore\ \nabla\times(\varphi\boldsymbol{A})=(\nabla\varphi)\times\boldsymbol{A}+\varphi(\nabla\times\boldsymbol{A})$

2.5 (1)　$r=\sqrt{x^2+y^2+z^2}$ である．x 成分について計算すると，次のようになる．

$$[\nabla f]_x=\frac{\partial f}{\partial x}=\frac{\mathrm{d}f}{\mathrm{d}r}\frac{\partial r}{\partial x}=f'\frac{x}{\sqrt{x^2+y^2+z^2}}=f'\frac{x}{r}$$

y, z 成分についても同様である．

$$\therefore\ \nabla f=f'\frac{\boldsymbol{r}}{r}$$

(2)

$$\nabla\cdot(f\boldsymbol{r})=(\nabla f)\cdot\boldsymbol{r}+f(\nabla\cdot\boldsymbol{r})=\left(f'\frac{\boldsymbol{r}}{r}\right)\cdot\boldsymbol{r}+3f=rf'+3f$$

(3)

$$\nabla\times(f\boldsymbol{r})=(\nabla f)\times\boldsymbol{r}+f(\nabla\times\boldsymbol{r})=\left(f'\frac{\boldsymbol{r}}{r}\right)\times\boldsymbol{r}=\boldsymbol{0}$$

(4)

$$\nabla^2 f=\nabla\cdot(\nabla f)=\nabla\cdot\left(f'\frac{\boldsymbol{r}}{r}\right)=r\frac{\mathrm{d}}{\mathrm{d}r}\frac{f'}{r}+3\frac{f'}{r}=r\left(\frac{f''}{r}-\frac{f'}{r^2}\right)+3\frac{f'}{r}=f''+\frac{2}{r}f'$$

2.6 (1)　前問 (1) で $f(r)=r^n$ とすると，$\nabla r^n=nr^{n-1}(\boldsymbol{r}/r)=nr^{n-2}\boldsymbol{r}$ となる．ただし，$r\to 0$ のとき，その大きさは次のようになる．

$$\lim_{r\to 0}|\nabla r^n|=\begin{cases}0 & (n\geq 0)\\ \infty & (n\leq -1)\end{cases}$$

(2)　前問 (2) で $f(r)=r^{n-1}$ とすると，$\nabla\cdot(r^{n-1}\boldsymbol{r})=r(n-1)r^{n-2}+3r^{n-1}=(n+2)r^{n-1}$ となる．ただし，$r\to 0$ のとき，次のようになる．

$$\lim_{r\to 0}\nabla\cdot(r^{n-1}\boldsymbol{r})=\begin{cases}0 & (n\geq 2)\\ 3 & (n=1)\\ \infty & (n=0,-1)\\ -\infty & (n\leq -3)\end{cases}$$

$n=-2$ の場合は，例題 3.24 を参照のこと．

(3)　前問 (3) で $f(r)=r^{n-1}$ とすると，$\nabla\times(r^{n-1}\boldsymbol{r})=\boldsymbol{0}$ となる．ただし，$r\to 0$ のとき，その大きさは $\lim_{r\to 0}|\nabla\times(r^{n-1}\boldsymbol{r})|=0$ となる．

(4)　前問 (4) で $f(r)=r^n$ とすると，$\nabla^2 r^n=n(n-1)r^{n-2}+(2/r)nr^{n-1}=n(n+1)r^{n-2}$ となる．ただし，$r\to 0$ のとき，次のようになる．

$$\lim_{r\to 0}\nabla^2 r^n=\begin{cases}0 & (n\geq 3, n=0)\\ 6 & (n=2)\\ \infty & (n=1, n\leq -2)\end{cases}$$

$n=-1$ の場合は，例題 3.24 を参照のこと．

2.7 (1)　$\boldsymbol{A}=(A_1,A_2,A_3)$, $\boldsymbol{B}=(B_1,B_2,B_3)$ とする．

$$\therefore\ \nabla\cdot(\boldsymbol{A}\times\boldsymbol{B})=\nabla\cdot(A_2B_3-A_3B_2,A_3B_1-A_1B_3,A_1B_2-A_2B_1)$$

$$=\frac{\partial}{\partial x}(A_2B_3-A_3B_2)+\frac{\partial}{\partial y}(A_3B_1-A_1B_3)+\frac{\partial}{\partial z}(A_1B_2-A_2B_1)$$

$$=B_3\frac{\partial A_2}{\partial x}+A_2\frac{\partial B_3}{\partial x}-A_3\frac{\partial B_2}{\partial x}-B_2\frac{\partial A_3}{\partial x}+B_1\frac{\partial A_3}{\partial y}+A_3\frac{\partial B_1}{\partial y}-A_1\frac{\partial B_3}{\partial y}$$

$$-B_3\frac{\partial A_1}{\partial y}+B_2\frac{\partial A_1}{\partial z}+A_1\frac{\partial B_2}{\partial z}-A_2\frac{\partial B_1}{\partial z}-B_1\frac{\partial A_2}{\partial z}$$

$$=B_1\left(\frac{\partial A_3}{\partial y}-\frac{\partial A_2}{\partial z}\right)+B_2\left(\frac{\partial A_1}{\partial z}-\frac{\partial A_3}{\partial x}\right)+B_3\left(\frac{\partial A_2}{\partial x}-\frac{\partial A_1}{\partial y}\right)$$

$$-A_1\left(\frac{\partial B_3}{\partial y}-\frac{\partial B_2}{\partial z}\right)-A_2\left(\frac{\partial B_1}{\partial z}-\frac{\partial B_3}{\partial x}\right)-A_3\left(\frac{\partial B_2}{\partial x}-\frac{\partial B_1}{\partial y}\right)$$

$$=\boldsymbol{B}\cdot(\nabla\times\boldsymbol{A})-\boldsymbol{A}\cdot(\nabla\times\boldsymbol{B})$$

(2)　$\boldsymbol{A}=(A_1,A_2,A_3)$, $\boldsymbol{B}=(B_1,B_2,B_3)$ とする．x 成分について計算すると，次のようになる．

$$[\nabla\times(\boldsymbol{A}\times\boldsymbol{B})]_x=[\nabla\times(A_2B_3-A_3B_2,A_3B_1-A_1B_3,A_1B_2-A_2B_1)]_x$$

$$=\frac{\partial}{\partial y}(A_1B_2-A_2B_1)-\frac{\partial}{\partial z}(A_3B_1-A_1B_3)$$

$$=A_1\frac{\partial B_2}{\partial y}+B_2\frac{\partial A_1}{\partial y}-A_2\frac{\partial B_1}{\partial y}-B_1\frac{\partial A_2}{\partial y}-A_3\frac{\partial B_1}{\partial z}-B_1\frac{\partial A_3}{\partial z}$$

$$+A_1\frac{\partial B_3}{\partial z}+B_3\frac{\partial A_1}{\partial z}$$

$$=\left(B_1\frac{\partial A_1}{\partial x}+B_2\frac{\partial A_1}{\partial y}+B_3\frac{\partial A_1}{\partial z}\right)-\left(A_1\frac{\partial B_1}{\partial x}+A_2\frac{\partial B_1}{\partial y}+A_3\frac{\partial B_1}{\partial z}\right)$$

$$+A_1\left(\frac{\partial B_1}{\partial x}+\frac{\partial B_2}{\partial y}+\frac{\partial B_3}{\partial z}\right)-B_1\left(\frac{\partial A_1}{\partial x}+\frac{\partial A_2}{\partial y}+\frac{\partial A_3}{\partial z}\right)$$

$$=(\boldsymbol{B}\cdot\nabla)A_1-(\boldsymbol{A}\cdot\nabla)B_1+A_1(\nabla\cdot\boldsymbol{B})-B_1(\nabla\cdot\boldsymbol{A})$$

y, z 成分についても同様である．

$$\therefore\ \nabla\times(\boldsymbol{A}\times\boldsymbol{B})=(\boldsymbol{B}\cdot\nabla)\boldsymbol{A}-(\boldsymbol{A}\cdot\nabla)\boldsymbol{B}+\boldsymbol{A}(\nabla\cdot\boldsymbol{B})-\boldsymbol{B}(\nabla\cdot\boldsymbol{A})$$

(3)　$\boldsymbol{A}=(A_1,A_2,A_3)$, $\boldsymbol{B}=(B_1,B_2,B_3)$ とする．x 成分について計算すると，次のようになる．

$$[\nabla(\boldsymbol{A}\cdot\boldsymbol{B})]_x=[\nabla(A_1B_1+A_2B_2+A_3B_3)]_x=\frac{\partial}{\partial x}(A_1B_1+A_2B_2+A_3B_3)$$

$$=A_1\frac{\partial B_1}{\partial x}+B_1\frac{\partial A_1}{\partial x}+A_2\frac{\partial B_2}{\partial x}+B_2\frac{\partial A_2}{\partial x}+A_3\frac{\partial B_3}{\partial x}+B_3\frac{\partial A_3}{\partial x}$$

$$=\left(B_1\frac{\partial A_1}{\partial x}+B_2\frac{\partial A_1}{\partial y}+B_3\frac{\partial A_1}{\partial z}\right)+\left(A_1\frac{\partial B_1}{\partial x}+A_2\frac{\partial B_1}{\partial y}+A_3\frac{\partial B_1}{\partial z}\right)$$

$$+A_2\left(\frac{\partial B_2}{\partial x}-\frac{\partial B_1}{\partial y}\right)-A_3\left(\frac{\partial B_1}{\partial z}-\frac{\partial B_3}{\partial x}\right)+B_2\left(\frac{\partial A_2}{\partial x}-\frac{\partial A_1}{\partial y}\right)$$
$$-B_3\left(\frac{\partial A_1}{\partial z}-\frac{\partial A_3}{\partial x}\right)$$
$$=(\boldsymbol{B}\cdot\nabla)A_1+(\boldsymbol{A}\cdot\nabla)B_1+[\boldsymbol{A}\times(\nabla\times\boldsymbol{B})]_x+[\boldsymbol{B}\times(\nabla\times\boldsymbol{A})]_x$$

y,z 成分についても同様である．

$$\therefore\ \nabla(\boldsymbol{A}\cdot\boldsymbol{B})=(\boldsymbol{B}\cdot\nabla)\boldsymbol{A}+(\boldsymbol{A}\cdot\nabla)\boldsymbol{B}+\boldsymbol{A}\times(\nabla\times\boldsymbol{B})+\boldsymbol{B}\times(\nabla\times\boldsymbol{A})$$

2.8 $\boldsymbol{u}=(u_1,u_2,u_3)$ とする．

$$\therefore\ (\boldsymbol{u}\cdot\nabla)\varphi=\left(u_1\frac{\partial}{\partial x}+u_2\frac{\partial}{\partial y}+u_3\frac{\partial}{\partial z}\right)\varphi=u_1\frac{\partial\varphi}{\partial x}+u_2\frac{\partial\varphi}{\partial y}+u_3\frac{\partial\varphi}{\partial z}=\boldsymbol{u}\cdot(\nabla\varphi)$$

2.9 (1)

$$(\boldsymbol{u}\times\nabla)\varphi=\left(u_2\frac{\partial}{\partial z}-u_3\frac{\partial}{\partial y},u_3\frac{\partial}{\partial x}-u_1\frac{\partial}{\partial z},u_1\frac{\partial}{\partial y}-u_2\frac{\partial}{\partial x}\right)\varphi$$
$$=\left(u_2\frac{\partial\varphi}{\partial z}-u_3\frac{\partial\varphi}{\partial y},u_3\frac{\partial\varphi}{\partial x}-u_1\frac{\partial\varphi}{\partial z},u_1\frac{\partial\varphi}{\partial y}-u_2\frac{\partial\varphi}{\partial x}\right)$$
$$=\boldsymbol{u}\times(\nabla\varphi)$$

(2) $\boldsymbol{A}=(A_1,A_2,A_3)$ とする．

$$\therefore\ (\boldsymbol{u}\times\nabla)\cdot\boldsymbol{A}=\left(u_2\frac{\partial}{\partial z}-u_3\frac{\partial}{\partial y},u_3\frac{\partial}{\partial x}-u_1\frac{\partial}{\partial z},u_1\frac{\partial}{\partial y}-u_2\frac{\partial}{\partial x}\right)\cdot(A_1,A_2,A_3)$$
$$=u_2\frac{\partial A_1}{\partial z}-u_3\frac{\partial A_1}{\partial y}+u_3\frac{\partial A_2}{\partial x}-u_1\frac{\partial A_2}{\partial z}+u_1\frac{\partial A_3}{\partial y}-u_2\frac{\partial A_3}{\partial x}$$
$$=u_1\left(\frac{\partial A_3}{\partial y}-\frac{\partial A_2}{\partial z}\right)+u_2\left(\frac{\partial A_1}{\partial z}-\frac{\partial A_3}{\partial x}\right)+u_3\left(\frac{\partial A_2}{\partial x}-\frac{\partial A_1}{\partial y}\right)$$
$$=\boldsymbol{u}\cdot(\nabla\times\boldsymbol{A})$$

(3) $\boldsymbol{A}=(A_1,A_2,A_3)$ とする．x 成分について計算すると，次のようになる．

$$[(\boldsymbol{u}\times\nabla)\times\boldsymbol{A}]_x=\left[\left(u_2\frac{\partial}{\partial z}-u_3\frac{\partial}{\partial y},u_3\frac{\partial}{\partial x}-u_1\frac{\partial}{\partial z},u_1\frac{\partial}{\partial y}-u_2\frac{\partial}{\partial x}\right)\times(A_1,A_2,A_3)\right]_x$$
$$=\left(u_3\frac{\partial A_3}{\partial x}-u_1\frac{\partial A_3}{\partial z}\right)-\left(u_1\frac{\partial A_2}{\partial y}-u_2\frac{\partial A_2}{\partial x}\right)$$
$$=u_2\left(\frac{\partial A_2}{\partial x}-\frac{\partial A_1}{\partial y}\right)-u_3\left(\frac{\partial A_1}{\partial z}-\frac{\partial A_3}{\partial x}\right)$$
$$+\left(u_1\frac{\partial A_1}{\partial x}+u_2\frac{\partial A_1}{\partial y}+u_3\frac{\partial A_1}{\partial z}\right)-u_1\left(\frac{\partial A_1}{\partial x}+\frac{\partial A_2}{\partial y}+\frac{\partial A_3}{\partial z}\right)$$
$$=[\boldsymbol{u}\times(\nabla\times\boldsymbol{A})]_x+(\boldsymbol{u}\cdot\nabla)A_1-u_1(\nabla\cdot\boldsymbol{A})$$

y,z 成分についても同様である．

$$\therefore\ (\boldsymbol{u}\times\nabla)\times\boldsymbol{A}=\boldsymbol{u}\times(\nabla\times\boldsymbol{A})+(\boldsymbol{u}\cdot\nabla)\boldsymbol{A}-\boldsymbol{u}(\nabla\cdot\boldsymbol{A})$$

〔第3章〕

3.1 (1)

$$\int_0^1 \frac{1}{\sqrt{1-x^2}}\,\mathrm{d}x=[\arcsin x]_0^1=\frac{\pi}{2}-0=\frac{\pi}{2}$$

(2)

$$\int_0^{\pi/2}\tan x\,\mathrm{d}x=[-\ln|\cos x|]_0^{\pi/2}=\infty-0=\infty$$

(3)

$$\begin{aligned}
\int_0^2 \frac{1}{2}\ln\left|\frac{1+x}{1-x}\right|\mathrm{d}x&=\int_0^1\frac{1}{2}\ln\left(\frac{1+x}{1-x}\right)\mathrm{d}x+\int_1^2\frac{1}{2}\ln\left(\frac{x+1}{x-1}\right)\mathrm{d}x\\
&=\int_0^1\operatorname{arctanh} x\,\mathrm{d}x+\int_1^2\operatorname{arctanh}\frac{1}{x}\,\mathrm{d}x\\
&=\lim_{\varepsilon\to 0}\left(\int_0^{1-\varepsilon}\operatorname{arctanh} x\,\mathrm{d}x+\int_{1+\varepsilon}^2\operatorname{arctanh}\frac{1}{x}\,\mathrm{d}x\right)\\
&=\lim_{\varepsilon\to 0}\left\{\left[x\operatorname{arctanh} x+\frac{\ln(1-x^2)}{2}\right]_0^{1-\varepsilon}\right.\\
&\qquad\left.+\left[x\operatorname{arctanh}\frac{1}{x}+\frac{\ln(x^2-1)}{2}\right]_{1+\varepsilon}^2\right\}\\
&=\lim_{\varepsilon\to 0}\left\{(1-\varepsilon)\operatorname{arctanh}(1-\varepsilon)+\frac{\ln[\varepsilon(2-\varepsilon)]}{2}-0\right.\\
&\qquad\left.+2\operatorname{arctanh}\frac{1}{2}+\frac{\ln 3}{2}-(1+\varepsilon)\operatorname{arctanh}\frac{1}{1+\varepsilon}-\frac{\ln[\varepsilon(2-\varepsilon)]}{2}\right\}\\
&=\ln 3+\frac{\ln 3}{2}=\frac{3}{2}\ln 3
\end{aligned}$$

(4)

$$\int_1^\infty\frac{1}{x}\,\mathrm{d}x=[\ln|x|]_1^\infty=\infty-0=\infty$$

(5)

$$\int_1^\infty\frac{1}{x^2}\,\mathrm{d}x=\left[-\frac{1}{x}\right]_1^\infty=0-(-1)=1$$

(6)

$$\int_{-\infty}^\infty\frac{1}{1+x^2}\,\mathrm{d}x=[\arctan x]_{-\infty}^\infty=\frac{\pi}{2}-\left(-\frac{\pi}{2}\right)=\pi$$

(7)

$I=\int_{-\infty}^\infty\frac{1}{\sqrt{2\pi}}e^{-x^2/2}\,\mathrm{d}x$ とおくと，その平方は次で与えられる．

$$I^2=\left(\int_{-\infty}^\infty\frac{1}{\sqrt{2\pi}}e^{-x^2/2}\,\mathrm{d}x\right)\left(\int_{-\infty}^\infty\frac{1}{\sqrt{2\pi}}e^{-y^2/2}\,\mathrm{d}y\right)=\frac{1}{2\pi}\int_{-\infty}^\infty\mathrm{d}y\int_{-\infty}^\infty e^{-(x^2+y^2)/2}\,\mathrm{d}x$$

ここで，デカルト座標 (x, y, z) を円柱座標 (ρ, φ, z) に変換すると，次のようになる．

$$I^2=\frac{1}{2\pi}\int_0^{2\pi}\mathrm{d}\varphi\int_0^{\infty}e^{-\rho^2/2}\rho\,\mathrm{d}\rho=\frac{1}{2\pi}\int_0^{2\pi}\left[-e^{-\rho^2/2}\right]_0^{\infty}\mathrm{d}\varphi=\frac{1}{2\pi}\int_0^{2\pi}\{0-(-1)\}\,\mathrm{d}\varphi=1$$

被積分関数は常に正なので，その積分も正となり，$I=1$ が得られる．

3.2 (1)

$$\varphi=2(1+t)(1-t)-4t^2=2-6t^2 \qquad \because\ \boldsymbol{r}=(x, y, z)=(1+t, 1-t, 2t)$$

$$\frac{\mathrm{d}\boldsymbol{r}}{\mathrm{d}t}=(1, -1, 2) \qquad \therefore\ \left|\frac{\mathrm{d}\boldsymbol{r}}{\mathrm{d}t}\right|=\sqrt{1^2+(-1)^2+2^2}=\sqrt{6}$$

$$\therefore\ \int_{\mathrm{C}}\varphi\,\mathrm{d}r=\int_1^2\varphi\left|\frac{\mathrm{d}\boldsymbol{r}}{\mathrm{d}t}\right|\mathrm{d}t=\int_1^2\sqrt{6}(2-6t^2)\,\mathrm{d}t=\sqrt{6}\,[2t-2t^3]_1^2=-12\sqrt{6}$$

(2)

$$\varphi=2t(\cos^2 t+\sin^2 t)=2t \qquad \because\ \boldsymbol{r}=(x, y, z)=(\cos t, \sin t, 2t)$$

$$\frac{\mathrm{d}\boldsymbol{r}}{\mathrm{d}t}=(-\sin t, \cos t, 2) \qquad \therefore\ \left|\frac{\mathrm{d}\boldsymbol{r}}{\mathrm{d}t}\right|=\sqrt{(-\sin t)^2+\cos^2 t+2^2}=\sqrt{5}$$

$$\therefore\ \int_{\mathrm{C}}\varphi\,\mathrm{d}r=\int_0^{\pi}\varphi\left|\frac{\mathrm{d}\boldsymbol{r}}{\mathrm{d}t}\right|\mathrm{d}t=\int_0^{\pi}2\sqrt{5}t\,\mathrm{d}t=\sqrt{5}\,[t^2]_0^{\pi}=\sqrt{5}\pi^2$$

(3)

$$\boldsymbol{A}=(2t^2+3t^3, 2t^2-t, -2t) \qquad \because\ \boldsymbol{r}=(x, y, z)=(t, t^2, t^3)$$

$$\frac{\mathrm{d}\boldsymbol{r}}{\mathrm{d}t}=(1, 2t, 3t^2)$$

$$\therefore\ \int_{\mathrm{C}}\boldsymbol{A}\cdot\mathrm{d}\boldsymbol{r}=\int_0^2\boldsymbol{A}\cdot\frac{\mathrm{d}\boldsymbol{r}}{\mathrm{d}t}\,\mathrm{d}t=\int_0^2(2t^2+3t^3, 2t^2-t, -2t)\cdot(1, 2t, 3t^2)\,\mathrm{d}t$$

$$=\int_0^2 t^3\,\mathrm{d}t=\left[\frac{t^4}{4}\right]_0^2=4$$

(4)

$$\boldsymbol{A}=(3t^2\sin t, -3t^2\cos t, 0) \qquad \because\ \boldsymbol{r}=(x, y, z)=(\cos t, \sin t, 3t^2)$$

$$\frac{\mathrm{d}\boldsymbol{r}}{\mathrm{d}t}=(-\sin t, \cos t, 6t)$$

$$\therefore\ \int_{\mathrm{C}}\boldsymbol{A}\cdot\mathrm{d}\boldsymbol{r}=\int_0^{\pi}\boldsymbol{A}\cdot\frac{\mathrm{d}\boldsymbol{r}}{\mathrm{d}t}\,\mathrm{d}t=\int_0^{\pi}(3t^2\sin t, -3t^2\cos t, 0)\cdot(-\sin t, \cos t, 6t)\,\mathrm{d}t$$

$$=\int_0^{\pi}(-3t^2)\,\mathrm{d}t=[-t^3]_0^{\pi}=-\pi^3$$

3.3 (1)

$$\boldsymbol{r}(\varphi, z)=(\rho_0\cos\varphi, \rho_0\sin\varphi, z) \qquad \left(\rho_0=\frac{a(h-z)}{h}\right)$$

$$\therefore\ \boldsymbol{r}_{\varphi}=(-\rho_0\sin\varphi, \rho_0\cos\varphi, 0), \qquad \boldsymbol{r}_z=\left(-\frac{a\cos\varphi}{h}, -\frac{a\sin\varphi}{h}, 1\right)$$

$$\therefore\ \boldsymbol{r}_\varphi\times\boldsymbol{r}_z=\left(\rho_0\cos\varphi,\rho_0\sin\varphi,\frac{a\rho_0\sin^2\varphi}{h}+\frac{a\rho_0\cos^2\varphi}{h}\right)=\rho_0\left(\cos\varphi,\sin\varphi,\frac{a}{h}\right)$$

$$\therefore\ |\boldsymbol{r}_\varphi\times\boldsymbol{r}_z|=\rho_0\sqrt{\cos^2\varphi+\sin^2\varphi+\frac{a^2}{h^2}}=\frac{\sqrt{a^2+h^2}}{h}\rho_0$$

$$\therefore\ \int_S\phi\,\mathrm{d}S=\int_S\mathrm{d}S=\int_0^h\mathrm{d}z\int_0^{2\pi}|\boldsymbol{r}_\varphi\times\boldsymbol{r}_z|\,\mathrm{d}\varphi=\int_0^h\mathrm{d}z\int_0^{2\pi}\frac{\sqrt{a^2+h^2}}{h}\rho_0\,\mathrm{d}\varphi$$

$$=\frac{2\pi a\sqrt{a^2+h^2}}{h^2}\int_0^h(h-z)\,\mathrm{d}z=\frac{2\pi a\sqrt{a^2+h^2}}{h^2}\left[hz-\frac{z^2}{2}\right]_0^h=\pi a\sqrt{a^2+h^2}$$

これは，半径 $\sqrt{a^2+h^2}$，弧の長さ $2\pi a$ をもつ扇形の面積に等しい．

(2)　$z=f(x,y)=1-x-y$ とすると，$z\geq 0$ より $1-x\geq y\geq 0$ なので，$1\geq x\geq 0$ である．

$$\therefore\ \frac{\partial f}{\partial x}=-1,\quad \frac{\partial f}{\partial y}=-1$$

$$\therefore\ \int_S\varphi\,\mathrm{d}S=\int_0^1\mathrm{d}x\int_0^{1-x}\varphi\sqrt{1+\left(\frac{\partial f}{\partial x}\right)^2+\left(\frac{\partial f}{\partial y}\right)^2}\,\mathrm{d}y$$

$$=\int_0^1\mathrm{d}x\int_0^{1-x}\sqrt{3}\{x^2+y^2+(1-x-y)^2\}\,\mathrm{d}y$$

$$=\sqrt{3}\int_0^1\mathrm{d}x\int_0^{1-x}\{(1-2x+2x^2)-2(1-x)y+2y^2\}\,\mathrm{d}y$$

$$=\sqrt{3}\int_0^1\left[(1-2x+2x^2)y-(1-x)y^2+\frac{2}{3}y^3\right]_0^{1-x}\mathrm{d}x$$

$$=\sqrt{3}\int_0^1\left(\frac{2}{3}-2x+3x^2-\frac{5}{3}x^3\right)\mathrm{d}x=\sqrt{3}\left[\frac{2}{3}x-x^2+x^3-\frac{5}{12}x^4\right]_0^1=\frac{\sqrt{3}}{4}$$

(3)　$z=f(x,y)=2(1-x-y)$ とすると，$z\geq 0$ より $1-x\geq y\geq 0$ なので，$1\geq x\geq 0$ である．

$$\therefore\ \frac{\partial f}{\partial x}=-2,\quad \frac{\partial f}{\partial y}=-2$$

$$\therefore\ \int_S\varphi\,\mathrm{d}S=\int_0^1\mathrm{d}x\int_0^{1-x}\varphi\sqrt{1+\left(\frac{\partial f}{\partial x}\right)^2+\left(\frac{\partial f}{\partial y}\right)^2}\,\mathrm{d}y$$

$$=\int_0^1\mathrm{d}x\int_0^{1-x}3\{4(1-x-y)^2+8(1-x)y\}\,\mathrm{d}y$$

$$=4\int_0^1\mathrm{d}x\int_0^{1-x}3\{(1-x)^2+y^2\}\,\mathrm{d}y=4\int_0^1[3(1-x)^2y+y^3]_0^{1-x}\,\mathrm{d}x$$

$$=4\int_0^1 4(1-x)^3\,\mathrm{d}x=4[-(1-x)^4]_0^1=4$$

(4)　$z=f(x,y)=3(2-2x-y)$ とすると，$z\geq 0$ より $2(1-x)\geq y\geq 0$ なので，$1\geq x\geq 0$ である．

$$\therefore\ \frac{\partial f}{\partial x}=-6,\quad \frac{\partial f}{\partial y}=-3$$

$$\therefore \int_S \boldsymbol{A}\cdot \mathrm{d}\boldsymbol{S}=\int_0^1 \mathrm{d}x\int_0^{2(1-x)}\left(-\frac{\partial f}{\partial x}A_1-\frac{\partial f}{\partial y}A_2+A_3\right)\mathrm{d}y$$
$$=\int_0^1 \mathrm{d}x\int_0^{2(1-x)}\{6y(2-2x-y)+3x(2-2x-y)+xy\}\,\mathrm{d}y$$
$$=\int_0^1 \mathrm{d}x\int_0^{2(1-x)}\{6x(1-x)+2(6-7x)y-6y^2\}\,\mathrm{d}y$$
$$=\int_0^1 [6x(1-x)y+(6-7x)y^2-2y^3]_0^{2(1-x)}\,\mathrm{d}x=\int_0^1 8(1-x)^2\,\mathrm{d}x$$
$$=\left[-\frac{8}{3}(1-x)^3\right]_0^1=\frac{8}{3}$$

(5)　$z=f(x,y)=2(1-x-y)$ とすると，$z\geq 0$ より $1-x\geq y\geq 0$ なので，$1\geq x\geq 0$ である．

$$\therefore \frac{\partial f}{\partial x}=-2,\quad \frac{\partial f}{\partial y}=-2$$

$$\therefore \int_S \boldsymbol{A}\cdot \mathrm{d}\boldsymbol{S}=\int_0^1 \mathrm{d}x\int_0^{1-x}\left(-\frac{\partial f}{\partial x}A_1-\frac{\partial f}{\partial y}A_2+A_3\right)\mathrm{d}y$$
$$=\int_0^1 \mathrm{d}x\int_0^{1-x}\{4(1-x-y)(x^2+y^2)-8xy(1-x-y)+0\}\,\mathrm{d}y$$
$$=\int_0^1 \mathrm{d}x\int_0^{1-x}4\{x^2(1-x)-x(2-x)y+(1+x)y^2-y^3\}\,\mathrm{d}y$$
$$=\int_0^1\left[4x^2(1-x)y-2x(2-x)y^2+\frac{4(1+x)}{3}y^3-y^4\right]_0^{1-x}\mathrm{d}x$$
$$=\int_0^1\frac{1-8x+24x^2-28x^3+11x^4}{3}\,\mathrm{d}x=\frac{1}{3}\left[x-4x^2+8x^3-7x^4+\frac{11}{5}x^5\right]_0^1$$
$$=\frac{1}{15}$$

3.4 (1)　デカルト座標 (x,y,z) では，$\rho_0=a(1-z/h)$ として，次のようになる．

$$\int_V \phi\,\mathrm{d}V=\int_V \mathrm{d}V=\int_0^h \mathrm{d}z\int_{-\rho_0}^{\rho_0}\mathrm{d}y\int_{-\sqrt{\rho_0^2-y^2}}^{\sqrt{\rho_0^2-y^2}}\mathrm{d}x=\int_0^h \mathrm{d}z\int_{-\rho_0}^{\rho_0}2\sqrt{\rho_0^2-y^2}\,\mathrm{d}y$$
$$=\int_0^h\left[y\sqrt{\rho_0^2-y^2}+\rho_0^2\arcsin\frac{y}{\rho_0}\right]_{-\rho_0}^{\rho_0}\mathrm{d}z=\int_0^h \pi\rho_0^2\,\mathrm{d}z$$
$$=\pi a^2\int_0^h\left(1-\frac{z}{h}\right)^2\mathrm{d}z=\pi a^2\left[-\frac{h}{3}\left(1-\frac{z}{h}\right)^3\right]_0^h=\frac{\pi a^2 h}{3}$$

円柱座標 (ρ,φ,z) では，次のようになる．

$$\int_V \phi\,\mathrm{d}V=\int_V \mathrm{d}V=\int_0^h \mathrm{d}z\int_0^{2\pi}\mathrm{d}\varphi\int_0^{\rho_0}\rho\,\mathrm{d}\rho=\int_0^h \mathrm{d}z\int_0^{2\pi}\left[\frac{\rho^2}{2}\right]_0^{\rho_0}\mathrm{d}\varphi=\int_0^h \pi\rho_0^2\,\mathrm{d}z=\frac{\pi a^2 h}{3}$$

(2)

$$\int_V \phi\,\mathrm{d}V=\int_V \mathrm{d}V=\int_{-c}^{c}\mathrm{d}z\int_{-b\sqrt{1-z^2/c^2}}^{b\sqrt{1-z^2/c^2}}\mathrm{d}y\int_{-a\sqrt{1-y^2/b^2-z^2/c^2}}^{a\sqrt{1-y^2/b^2-z^2/c^2}}\mathrm{d}x$$

$$=\int_{-c}^{c}\mathrm{d}z\int_{-b\sqrt{1-z^2/c^2}}^{b\sqrt{1-z^2/c^2}}2a\sqrt{1-\frac{y^2}{b^2}-\frac{z^2}{c^2}}\,\mathrm{d}y$$

$$=a\int_{-c}^{c}\left[y\sqrt{1-\frac{y^2}{b^2}-\frac{z^2}{c^2}}+b\left(1-\frac{z^2}{c^2}\right)\arcsin\frac{cy}{b\sqrt{c^2-z^2}}\right]_{-b\sqrt{1-z^2/c^2}}^{b\sqrt{1-z^2/c^2}}\mathrm{d}z$$

$$=a\int_{-c}^{c}\pi b\left(1-\frac{z^2}{c^2}\right)\mathrm{d}z=\pi ab\left[z-\frac{z^3}{3c^2}\right]_{-c}^{c}=\frac{4\pi abc}{3}$$

3.5 (1)

$$\int_{S_{x=-2}}\boldsymbol{A}\cdot\boldsymbol{n}\,\mathrm{d}S=\int_{S_{x=-2}}\boldsymbol{A}\cdot(-\boldsymbol{i})\,\mathrm{d}S=\int_0^1\mathrm{d}z\int_{-1}^{2}[-z(x^2+y^2)]_{x=-2}\,\mathrm{d}y$$

$$=\int_0^1\left[-z\left(4y+\frac{y^3}{3}\right)\right]_{-1}^{2}\mathrm{d}z=\int_0^1(-15z)\,\mathrm{d}z=\left[-\frac{15}{2}z^2\right]_0^1=-\frac{15}{2}$$

$$\int_{S_{x=3}}\boldsymbol{A}\cdot\boldsymbol{n}\,\mathrm{d}S=\int_{S_{x=3}}\boldsymbol{A}\cdot\boldsymbol{i}\,\mathrm{d}S=\int_0^1\mathrm{d}z\int_{-1}^{2}[z(x^2+y^2)]_{x=3}\,\mathrm{d}y=\int_0^1\left[z\left(9y+\frac{y^3}{3}\right)\right]_{-1}^{2}\mathrm{d}z$$

$$=\int_0^1 30z\,\mathrm{d}z=[15z^2]_0^1=15$$

$$\int_{S_{y=-1}}\boldsymbol{A}\cdot\boldsymbol{n}\,\mathrm{d}S=\int_{S_{y=-1}}\boldsymbol{A}\cdot(-\boldsymbol{j})\,\mathrm{d}S=\int_{-2}^{3}\mathrm{d}x\int_0^1[2xyz]_{y=-1}\,\mathrm{d}z=\int_{-2}^{3}[-xz^2]_0^1\,\mathrm{d}x$$

$$=\int_{-2}^{3}(-x)\,\mathrm{d}x=\left[-\frac{x^2}{2}\right]_{-2}^{3}=-\frac{5}{2}$$

$$\int_{S_{y=2}}\boldsymbol{A}\cdot\boldsymbol{n}\,\mathrm{d}S=\int_{S_{y=2}}\boldsymbol{A}\cdot\boldsymbol{j}\,\mathrm{d}S=\int_{-2}^{3}\mathrm{d}x\int_0^1[-2xyz]_{y=2}\,\mathrm{d}z=\int_{-2}^{3}[-2xz^2]_0^1\,\mathrm{d}x$$

$$=\int_{-2}^{3}(-2x)\,\mathrm{d}x=[-x^2]_{-2}^{3}=-5$$

$$\int_{S_{z=0}}\boldsymbol{A}\cdot\boldsymbol{n}\,\mathrm{d}S=\int_{S_{z=0}}\boldsymbol{A}\cdot(-\boldsymbol{k})\,\mathrm{d}S=\int_{-1}^{2}\mathrm{d}y\int_{-2}^{3}[0]_{z=0}\,\mathrm{d}x=0$$

$$\int_{S_{z=1}}\boldsymbol{A}\cdot\boldsymbol{n}\,\mathrm{d}S=\int_{S_{z=1}}\boldsymbol{A}\cdot\boldsymbol{k}\,\mathrm{d}S=\int_{-1}^{2}\mathrm{d}y\int_{-2}^{3}[0]_{z=1}\,\mathrm{d}x=0$$

$$\therefore\ \oint_S\boldsymbol{A}\cdot\boldsymbol{n}\,\mathrm{d}S=-\frac{15}{2}+15-\frac{5}{2}-5+0+0=0$$

$$\int_V(\nabla\cdot\boldsymbol{A})\,\mathrm{d}V=\int_0^1\mathrm{d}z\int_{-1}^{2}\mathrm{d}y\int_{-2}^{3}(2xz-2xz+0)\,\mathrm{d}x=0$$

$$\therefore\ \oint_S\boldsymbol{A}\cdot\boldsymbol{n}\,\mathrm{d}S=\int_V(\nabla\cdot\boldsymbol{A})\,\mathrm{d}V$$

(2) それぞれの平面を S_0,S_1,S_2,S_3 とすると閉曲面 S は $S=S_0+S_1+S_2+S_3$ と表せるが，平面 S_0 に対する面積分はすでに，演習問題 3.3 (4) で導出している．S_0 と x,y,z 軸の交点はそれぞれ $(1,0,0)$, $(0,2,0)$, $(0,0,6)$ なので，その他の面積分は次のようになる．

$$\int_{S_1}\boldsymbol{A}\cdot\boldsymbol{n}\,\mathrm{d}S=\int_{S_1}\boldsymbol{A}\cdot(-\boldsymbol{k})\,\mathrm{d}S=\int_0^1\mathrm{d}x\int_0^{2(1-x)}[-xy]_{z=0}\,\mathrm{d}y=\int_0^1\left[-\frac{x}{2}y^2\right]_0^{2(1-x)}\mathrm{d}x$$

$$=\int_0^1(-2x+4x^2-2x^3)\,\mathrm{d}z=\left[-x^2+\frac{4}{3}x^3-\frac{1}{2}x^4\right]_0^1=-\frac{1}{6}$$

$$\int_{S_2}\boldsymbol{A}\cdot\boldsymbol{n}\,\mathrm{d}S=\int_{S_2}\boldsymbol{A}\cdot(-\boldsymbol{i})\,\mathrm{d}S=\int_0^2\mathrm{d}y\int_0^{3(2-y)}\left[-\frac{yz}{3}\right]_{x=0}\mathrm{d}z=\int_0^2\left[-\frac{y}{6}z^2\right]_0^{3(2-y)}\mathrm{d}y$$

$$=\int_0^2\left(-6y+6y^2-\frac{3}{2}y^3\right)\mathrm{d}y=\left[-3y^2+2y^3-\frac{3}{8}y^4\right]_0^2=-2$$

$$\int_{S_3}\boldsymbol{A}\cdot\boldsymbol{n}\,\mathrm{d}S=\int_{S_3}\boldsymbol{A}\cdot(-\boldsymbol{j})\,\mathrm{d}S=\int_0^1\mathrm{d}x\int_0^{6(1-x)}\left[-\frac{zx}{3}\right]_{y=0}\mathrm{d}z=\int_0^1\left[-\frac{x}{6}z^2\right]_0^{6(1-x)}\mathrm{d}x$$

$$=\int_0^1(-6x+12x^2-6x^3)\,\mathrm{d}x=\left[-3x^2+4x^3-\frac{3}{2}x^4\right]_0^1=-\frac{1}{2}$$

$$\therefore\ \oint_S\boldsymbol{A}\cdot\boldsymbol{n}\,\mathrm{d}S=\frac{8}{3}-\frac{1}{6}-2-\frac{1}{2}=0$$

$$\int_V(\nabla\cdot\boldsymbol{A})\,\mathrm{d}V=\iiint_V(0+0+0)\,\mathrm{d}x\mathrm{d}y\mathrm{d}z=0$$

$$\therefore\ \oint_S\boldsymbol{A}\cdot\boldsymbol{n}\,\mathrm{d}S=\int_V(\nabla\cdot\boldsymbol{A})\,\mathrm{d}V$$

(3) $\nabla\times\boldsymbol{A}=(y/6,z/3,x)$ なので，その三角形領域Sに対する面積分はすでに，例題3.13で導出している．三角形領域Sと xy,yz,zx 平面の交わる線路をそれぞれ C_1,C_2,C_3 とすると，Sを囲む閉曲線Cは $C=C_1+C_2+C_3$ と表せる．Sと x,y,z 軸の交点はそれぞれ $(1,0,0),(0,2,0),(0,0,6)$ なので，線路 C_1,C_2,C_3 の位置ベクトル $\boldsymbol{r}$ はそれぞれ $(x,2(1-x),0),(0,y,3(2-y)),(x,0,6(1-x))$ となり，その線積分は次のようになる．

$$\int_{C_1}\boldsymbol{A}\cdot\mathrm{d}\boldsymbol{r}=-\int_0^1\boldsymbol{A}\cdot\frac{\mathrm{d}\boldsymbol{r}}{\mathrm{d}x}\mathrm{d}x=-\int_0^1\left(0,\frac{x^2}{2},\frac{(1-x)^2}{3}\right)\cdot(1,-2,0)\,\mathrm{d}x=-\int_0^1(-x^2)\,\mathrm{d}x$$

$$=-\left[-\frac{x^3}{3}\right]_0^1=\frac{1}{3}$$

$$\int_{C_2}\boldsymbol{A}\cdot\mathrm{d}\boldsymbol{r}=-\int_0^2\boldsymbol{A}\cdot\frac{\mathrm{d}\boldsymbol{r}}{\mathrm{d}y}\mathrm{d}y=-\int_0^2\left(\frac{3(2-y)^2}{2},0,\frac{y^2}{12}\right)\cdot(0,1,-3)\,\mathrm{d}y=-\int_0^2\left(-\frac{y^2}{4}\right)\mathrm{d}y$$

$$=-\left[-\frac{y^3}{12}\right]_0^2=\frac{2}{3}$$

$$\int_{C_3}\boldsymbol{A}\cdot\mathrm{d}\boldsymbol{r}=\int_0^1\boldsymbol{A}\cdot\frac{\mathrm{d}\boldsymbol{r}}{\mathrm{d}x}\mathrm{d}x=\int_0^1\left(6(1-x)^2,\frac{x^2}{2},0\right)\cdot(1,0,-6)\,\mathrm{d}x=\int_0^1 6(1-x)^2\mathrm{d}x$$

$$=[-2(1-x)^3]_0^1=2$$

$$\therefore\ \oint_C\boldsymbol{A}\cdot\mathrm{d}\boldsymbol{r}=\frac{1}{3}+\frac{2}{3}+2=3$$

$$\therefore\ \oint_C\boldsymbol{A}\cdot\mathrm{d}\boldsymbol{r}=\int_S(\nabla\times\boldsymbol{A})\cdot\mathrm{d}\boldsymbol{S}$$

(4) $\nabla\times\boldsymbol{A}=(z(x^2+y^2),-2xyz,0)$ なので，その三角形領域Sに対する面積分はすでに，演習問題3.3 (5) で導出している．Sと x,y,z 軸の交点はそれぞれ

$(1,0,0)$, $(0,1,0)$, $(0,0,2)$ なので，線路 C_1, C_2, C_3 の位置ベクトル $\boldsymbol{r}$ はそれぞれ $(1-y, y, 0)$, $(0, y, 2(1-y))$, $(x, 0, 2(1-x))$ となり，その線積分は次のようになる．

$$\int_{C_1} \boldsymbol{A}\cdot \mathrm{d}\boldsymbol{r} = \int_0^1 \boldsymbol{A}\cdot\frac{\mathrm{d}\boldsymbol{r}}{\mathrm{d}y}\mathrm{d}y = \int_0^1 (0,0,0)\cdot(-1,1,0)\,\mathrm{d}y = 0$$

$$\int_{C_2} \boldsymbol{A}\cdot \mathrm{d}\boldsymbol{r} = -\int_0^1 \boldsymbol{A}\cdot\frac{\mathrm{d}\boldsymbol{r}}{\mathrm{d}y}\mathrm{d}y = -\int_0^1 \left(0,0,\frac{2y^3(1-y)}{3}\right)\cdot(0,1,-2)\,\mathrm{d}y$$

$$= -\int_0^1 \left(-\frac{4}{3}y^3 + \frac{4}{3}y^4\right)\mathrm{d}y = -\left[-\frac{1}{3}y^4 + \frac{4}{15}y^5\right]_0^1 \frac{1}{15}$$

$$\int_{C_3} \boldsymbol{A}\cdot \mathrm{d}\boldsymbol{r} = \int_0^1 \boldsymbol{A}\cdot\frac{\mathrm{d}\boldsymbol{r}}{\mathrm{d}x}\mathrm{d}x = \int_0^1 (0,0,0)\cdot(1,0,-2)\,\mathrm{d}x = 0$$

$$\therefore \oint_C \boldsymbol{A}\cdot \mathrm{d}\boldsymbol{r} = 0 + \frac{1}{15} + 0 = \frac{1}{15}$$

$$\therefore \oint_C \boldsymbol{A}\cdot \mathrm{d}\boldsymbol{r} = \int_S (\nabla\times\boldsymbol{A})\cdot \mathrm{d}\boldsymbol{S}$$

(5)

$$\int_{C_{x=0}} \boldsymbol{A}\cdot\boldsymbol{t}\,\mathrm{d}r = \int_{C_{x=0}} \boldsymbol{A}\cdot(-\boldsymbol{j})\,\mathrm{d}r = \int_0^1 [-x^2+z^2]_{x=0,z=1}\,\mathrm{d}y = 1$$

$$\int_{C_{x=1}} \boldsymbol{A}\cdot\boldsymbol{t}\,\mathrm{d}r = \int_{C_{x=1}} \boldsymbol{A}\cdot\boldsymbol{j}\,\mathrm{d}r = \int_0^1 [x^2-z^2]_{x=1,z=1}\,\mathrm{d}y = 0$$

$$\int_{C_{y=0}} \boldsymbol{A}\cdot\boldsymbol{t}\,\mathrm{d}r = \int_{C_{y=0}} \boldsymbol{A}\cdot\boldsymbol{i}\,\mathrm{d}r = \int_0^1 [y^2+z^2]_{y=0,z=1}\,\mathrm{d}x = 1$$

$$\int_{C_{y=1}} \boldsymbol{A}\cdot\boldsymbol{t}\,\mathrm{d}r = \int_{C_{y=1}} \boldsymbol{A}\cdot(-\boldsymbol{i})\,\mathrm{d}r = \int_0^1 [-y^2-z^2]_{y=1,z=1}\,\mathrm{d}x = -2$$

$$\therefore \oint_C \boldsymbol{A}\cdot\boldsymbol{t}\,\mathrm{d}r = 1+0+1-2 = 0$$

$$\int_S (\nabla\times\boldsymbol{A})\cdot\boldsymbol{n}\,\mathrm{d}S = \int_S (\nabla\times\boldsymbol{A})\cdot\boldsymbol{k}\,\mathrm{d}S = \int_0^1 \mathrm{d}y \int_0^1 [2x-2y]_{z=1}\,\mathrm{d}x = \int_0^1 [x^2-2yx]_0^1\,\mathrm{d}y$$

$$= \int_0^1 (1-2y)\,\mathrm{d}y = [y-y^2]_0^1 = 0$$

$$\therefore \oint_C \boldsymbol{A}\cdot\boldsymbol{t}\,\mathrm{d}r = \int_S (\nabla\times\boldsymbol{A})\cdot\boldsymbol{n}\,\mathrm{d}S$$

3.6 空間内の任意の曲面 S を取り囲む閉曲線 C について，ストークスの定理を適用すると，2.6 節より

$$\int_S \{\nabla\times(\nabla\varphi)\}\cdot \mathrm{d}\boldsymbol{S} = \oint_C (\nabla\varphi)\cdot \mathrm{d}\boldsymbol{r} = \oint_C \mathrm{d}\varphi = 0$$

となる．この式が任意の曲面 S に対して成り立つので，$\nabla\times(\nabla\varphi) = \boldsymbol{0}$ でなければならない．

3.7 空間内の任意の領域 V を取り囲む閉曲面 S について，ガウスの定理を適用すると，次のようになる．

$$\int_V \nabla\cdot(\nabla\times\boldsymbol{A})\,\mathrm{d}V=\oint_S(\nabla\times\boldsymbol{A})\cdot\mathrm{d}\boldsymbol{S}$$

ここで，閉曲面Sを2つの曲面S_1,S_2に分割し，右辺に対してストークスの定理を適用すると，

$$\oint_S(\nabla\times\boldsymbol{A})\cdot\mathrm{d}\boldsymbol{S}=\int_{S_1}(\nabla\times\boldsymbol{A})\cdot\mathrm{d}\boldsymbol{S}+\int_{S_2}(\nabla\times\boldsymbol{A})\cdot\mathrm{d}\boldsymbol{S}=\oint_C\boldsymbol{A}\cdot\mathrm{d}\boldsymbol{r}+\oint_{-C}\boldsymbol{A}\cdot\mathrm{d}\boldsymbol{r}=0$$

$$\therefore\ \int_V\nabla\cdot(\nabla\times\boldsymbol{A})\,\mathrm{d}V=0$$

となる．ただし，Cは曲面S_1を取り囲む閉曲線であるが，曲面S_2に対しては完全に逆向きとなることを利用した．この式が任意の領域Vに対して成り立つので，$\nabla\cdot(\nabla\times\boldsymbol{A})=0$でなければならない．

3.8 (1)

$$\oint_C(\varphi\boldsymbol{c})\cdot\boldsymbol{t}\,\mathrm{d}r=\boldsymbol{c}\cdot\oint_C\varphi\boldsymbol{t}\,\mathrm{d}r$$

$$\int_S\{\nabla\times(\varphi\boldsymbol{c})\}\cdot\boldsymbol{n}\,\mathrm{d}S=\int_S\{(\nabla\varphi)\times\boldsymbol{c}+\varphi(\nabla\times\boldsymbol{c})\}\cdot\boldsymbol{n}\,\mathrm{d}S=\int_S\{(\nabla\varphi)\times\boldsymbol{c}\}\cdot\boldsymbol{n}\,\mathrm{d}S$$

$$=\int_S\boldsymbol{c}\cdot\{\boldsymbol{n}\times(\nabla\varphi)\}\,\mathrm{d}S=\boldsymbol{c}\cdot\int_S\boldsymbol{n}\times(\nabla\varphi)\,\mathrm{d}S$$

$$\therefore\ \boldsymbol{c}\cdot\oint_C\varphi\boldsymbol{t}\,\mathrm{d}r=\boldsymbol{c}\cdot\int_S\boldsymbol{n}\times(\nabla\varphi)\,\mathrm{d}S$$

任意のベクトル$\boldsymbol{c}$に対して両辺は等しいので，証明すべき関係式が得られる．

(2)

$$\oint_S(\boldsymbol{A}\times\boldsymbol{c})\cdot\boldsymbol{n}\,\mathrm{d}S=\oint_S\boldsymbol{c}\cdot(\boldsymbol{n}\times\boldsymbol{A})\,\mathrm{d}S=\boldsymbol{c}\cdot\oint_S\boldsymbol{n}\times\boldsymbol{A}\,\mathrm{d}S$$

$$\int_V\nabla\cdot(\boldsymbol{A}\times\boldsymbol{c})\,\mathrm{d}V=\int_V\{\boldsymbol{c}\cdot(\nabla\times\boldsymbol{A})-\boldsymbol{A}\cdot(\nabla\times\boldsymbol{c})\}\,\mathrm{d}V=\int_V\boldsymbol{c}\cdot(\nabla\times\boldsymbol{A})\,\mathrm{d}V$$

$$=\boldsymbol{c}\cdot\int_V\nabla\times\boldsymbol{A}\,\mathrm{d}V$$

$$\therefore\ \boldsymbol{c}\cdot\oint_S\boldsymbol{n}\times\boldsymbol{A}\,\mathrm{d}S=\boldsymbol{c}\cdot\int_V\nabla\times\boldsymbol{A}\,\mathrm{d}V$$

任意のベクトル$\boldsymbol{c}$に対して両辺は等しいので，証明すべき関係式が得られる．

(3)　任意の一定なベクトル$\boldsymbol{c}$を用いて，$\boldsymbol{A}$に対するベクトル$\boldsymbol{A}\times\boldsymbol{c}$にストークスの定理を適用することにより証明できるが，式変形が非常に複雑となる．この証明方法は各自挑戦してもらうことにし，ここでは別の方法を用いる．$\boldsymbol{A}=A_1\boldsymbol{i}+A_2\boldsymbol{j}+A_3\boldsymbol{k}$とする．たとえば，

$$(\boldsymbol{n}\times\nabla)\times(A_1\boldsymbol{i})=\{(\boldsymbol{n}\times\nabla)\times\boldsymbol{i}\}A_1=\{-\boldsymbol{i}\times(\boldsymbol{n}\times\nabla)\}A_1=-\boldsymbol{i}\times\{(\boldsymbol{n}\times\nabla)A_1\}$$

と変形できるので，3.8節で述べた積分公式（6）も用いて，次が得られる．

$$\int_S(\boldsymbol{n}\times\nabla)\times\boldsymbol{A}\,\mathrm{d}S=\int_S(\boldsymbol{n}\times\nabla)\times(A_1\boldsymbol{i}+A_2\boldsymbol{j}+A_3\boldsymbol{k})\,\mathrm{d}S$$

$$=-\boldsymbol{i}\times\int_S(\boldsymbol{n}\times\nabla)A_1\,\mathrm{d}S-\boldsymbol{j}\times\int_S(\boldsymbol{n}\times\nabla)A_2\,\mathrm{d}S$$

$$-\boldsymbol{k}\times\int_S(\boldsymbol{n}\times\nabla)A_3\,\mathrm{d}S$$

$$=-\boldsymbol{i}\times\oint_C A_1\boldsymbol{t}\,\mathrm{d}r-\boldsymbol{j}\times\oint_C A_2\boldsymbol{t}\,\mathrm{d}r-\boldsymbol{k}\times\oint_C A_3\boldsymbol{t}\,\mathrm{d}r$$

$$=-\oint_C A_1(\boldsymbol{i}\times\boldsymbol{t})\,\mathrm{d}r-\oint_C A_2(\boldsymbol{j}\times\boldsymbol{t})\,\mathrm{d}r-\oint_C A_3(\boldsymbol{k}\times\boldsymbol{t})\,\mathrm{d}r$$

$$=-\oint_C \boldsymbol{A}\times\boldsymbol{t}\,\mathrm{d}r$$

$$\therefore\ \int_S(\boldsymbol{n}\times\nabla)\times\boldsymbol{A}\,\mathrm{d}S=\oint_C\boldsymbol{t}\times\boldsymbol{A}\,\mathrm{d}r$$

〔第 4 章〕

4.1 勾配と発散の表式を組み合わせると，次が得られる．

$$\nabla^2\phi=\nabla\cdot(\nabla\phi)=\nabla\cdot\left(\frac{1}{h_1}\frac{\partial\phi}{\partial u}\boldsymbol{e}_u+\frac{1}{h_2}\frac{\partial\phi}{\partial v}\boldsymbol{e}_v+\frac{1}{h_3}\frac{\partial\phi}{\partial w}\boldsymbol{e}_w\right)$$

$$=\frac{1}{h_1h_2h_3}\left\{\frac{\partial}{\partial u}\left(\frac{h_2h_3}{h_1}\frac{\partial\phi}{\partial u}\right)+\frac{\partial}{\partial v}\left(\frac{h_3h_1}{h_2}\frac{\partial\phi}{\partial v}\right)+\frac{\partial}{\partial w}\left(\frac{h_1h_2}{h_3}\frac{\partial\phi}{\partial w}\right)\right\}$$

4.2 (1)　$h_\rho=1, h_\varphi=\rho, h_z=1$ なので，次のようになる．

$$\nabla\cdot\boldsymbol{A}=\frac{1}{\rho}\left\{\frac{\partial(\rho A_\rho)}{\partial\rho}+\frac{\partial A_\varphi}{\partial\varphi}+\frac{\partial(\rho A_z)}{\partial z}\right\}=\frac{1}{\rho}\frac{\partial(\rho A_\rho)}{\partial\rho}+\frac{1}{\rho}\frac{\partial A_\varphi}{\partial\varphi}+\frac{\partial A_z}{\partial z}$$

$$\nabla\times\boldsymbol{A}=\frac{1}{\rho}\left\{\frac{\partial A_z}{\partial\varphi}-\frac{\partial(\rho A_\varphi)}{\partial z}\right\}\boldsymbol{e}_\rho+\left(\frac{\partial A_\rho}{\partial z}-\frac{\partial A_z}{\partial\rho}\right)\boldsymbol{e}_\varphi+\frac{1}{\rho}\left\{\frac{\partial(\rho A_\varphi)}{\partial\rho}-\frac{\partial A_\rho}{\partial\varphi}\right\}\boldsymbol{e}_z$$

$$=\left(\frac{1}{\rho}\frac{\partial A_z}{\partial\varphi}-\frac{\partial A_\varphi}{\partial z}\right)\boldsymbol{e}_\rho+\left(\frac{\partial A_\rho}{\partial z}-\frac{\partial A_z}{\partial\rho}\right)\boldsymbol{e}_\varphi+\frac{1}{\rho}\left\{\frac{\partial(\rho A_\varphi)}{\partial\rho}-\frac{\partial A_\rho}{\partial\varphi}\right\}\boldsymbol{e}_z$$

(2)

$$\nabla\phi=\frac{\partial\phi}{\partial\rho}\boldsymbol{e}_\rho+\frac{1}{\rho}\frac{\partial\phi}{\partial\varphi}\boldsymbol{e}_\varphi+\frac{\partial\phi}{\partial z}\boldsymbol{e}_z$$

$$\nabla^2\phi=\frac{1}{\rho}\left\{\frac{\partial}{\partial\rho}\left(\rho\frac{\partial\phi}{\partial\rho}\right)+\frac{\partial}{\partial\varphi}\left(\frac{1}{\rho}\frac{\partial\phi}{\partial\varphi}\right)+\frac{\partial}{\partial z}\left(\rho\frac{\partial\phi}{\partial z}\right)\right\}=\frac{1}{\rho}\frac{\partial}{\partial\rho}\left(\rho\frac{\partial\phi}{\partial\rho}\right)+\frac{1}{\rho^2}\frac{\partial^2\phi}{\partial\varphi^2}+\frac{\partial^2\phi}{\partial z^2}$$

4.3 (1)　$h_r=1, h_\theta=r, h_\varphi=r\sin\theta$ なので，次のようになる．

$$\nabla\cdot\boldsymbol{A}=\frac{1}{r^2\sin\theta}\left\{\frac{\partial(r^2A_r\sin\theta)}{\partial r}+\frac{\partial(rA_\theta\sin\theta)}{\partial\theta}+\frac{\partial(rA_\varphi)}{\partial\varphi}\right\}$$

$$=\frac{1}{r^2}\frac{\partial(r^2A_r)}{\partial r}+\frac{1}{r\sin\theta}\frac{\partial(A_\theta\sin\theta)}{\partial\theta}+\frac{1}{r\sin\theta}\frac{\partial A_\varphi}{\partial\varphi}$$

$$\nabla\times\boldsymbol{A}=\frac{1}{r^2\sin\theta}\left\{\frac{\partial(rA_\varphi\sin\theta)}{\partial\theta}-\frac{\partial(rA_\theta)}{\partial\varphi}\right\}\boldsymbol{e}_r+\frac{1}{r\sin\theta}\left\{\frac{\partial A_r}{\partial\varphi}-\frac{\partial(rA_\varphi\sin\theta)}{\partial r}\right\}\boldsymbol{e}_\theta$$

$$+\frac{1}{r}\left\{\frac{\partial(rA_\theta)}{\partial r}-\frac{\partial A_r}{\partial\theta}\right\}\boldsymbol{e}_\varphi$$

$$=\frac{1}{r\sin\theta}\left\{\frac{\partial(A_\varphi\sin\theta)}{\partial\theta}-\frac{\partial A_\theta}{\partial\varphi}\right\}\boldsymbol{e}_r+\frac{1}{r}\left\{\frac{1}{\sin\theta}\frac{\partial A_r}{\partial\varphi}-\frac{\partial(rA_\varphi)}{\partial r}\right\}\boldsymbol{e}_\theta$$
$$+\frac{1}{r}\left\{\frac{\partial(rA_\theta)}{\partial r}-\frac{\partial A_r}{\partial\theta}\right\}\boldsymbol{e}_\varphi$$

(2)

$$\nabla\phi=\frac{\partial\phi}{\partial r}\boldsymbol{e}_r+\frac{1}{r}\frac{\partial\phi}{\partial\theta}\boldsymbol{e}_\theta+\frac{1}{r\sin\theta}\frac{\partial\phi}{\partial\varphi}\boldsymbol{e}_\varphi$$

$$\nabla^2\phi=\frac{1}{r^2\sin\theta}\left\{\frac{\partial}{\partial r}\left(r^2\sin\theta\frac{\partial\phi}{\partial r}\right)+\frac{\partial}{\partial\theta}\left(\sin\theta\frac{\partial\phi}{\partial\theta}\right)+\frac{\partial}{\partial\varphi}\left(\frac{1}{\sin\theta}\frac{\partial\phi}{\partial\varphi}\right)\right\}$$
$$=\frac{1}{r^2}\frac{\partial}{\partial r}\left(r^2\frac{\partial\phi}{\partial r}\right)+\frac{1}{r^2\sin\theta}\frac{\partial}{\partial\theta}\left(\sin\theta\frac{\partial\phi}{\partial\theta}\right)+\frac{1}{r^2\sin^2\theta}\frac{\partial^2\phi}{\partial\varphi^2}$$

〔第 5 章〕

5.1

$$a_0=\frac{1}{\pi}\int_{-\pi}^{\pi}f(x)\,\mathrm{d}x=\frac{1}{\pi}\int_0^{\pi}x\,\mathrm{d}x=\frac{1}{\pi}\left[\frac{x^2}{2}\right]_0^{\pi}=\frac{\pi}{2}$$

$$a_n=\frac{1}{\pi}\int_{-\pi}^{\pi}f(x)\cos nx\,\mathrm{d}x=\frac{1}{\pi}\int_0^{\pi}x\cos nx\,\mathrm{d}x=\frac{1}{\pi}\left[x\frac{\sin nx}{n}\right]_0^{\pi}-\frac{1}{\pi}\int_0^{\pi}\frac{\sin nx}{n}\mathrm{d}x$$
$$=-\frac{1}{\pi}\left[-\frac{\cos nx}{n^2}\right]_0^{\pi}=\frac{1}{\pi}\frac{(-1)^n-1}{n^2}$$

$$b_n=\frac{1}{\pi}\int_{-\pi}^{\pi}f(x)\sin nx\,\mathrm{d}x=\frac{1}{\pi}\int_0^{\pi}x\sin nx\,\mathrm{d}x=\frac{1}{\pi}\left[x\frac{-\cos nx}{n}\right]_0^{\pi}$$
$$-\frac{1}{\pi}\int_0^{\pi}\frac{-\cos nx}{n}\mathrm{d}x$$
$$=-\frac{(-1)^n}{n}+\frac{1}{\pi}\left[\frac{\sin nx}{n^2}\right]_0^{\pi}=\frac{(-1)^{n-1}}{n}$$

$$\therefore f(x)=\frac{\pi}{4}+\sum_{n=1}^{\infty}\left\{-\frac{1+(-1)^{n-1}}{\pi n^2}\cos nx+\frac{(-1)^{n-1}}{n}\sin nx\right\}$$

5.2

$$a_0=\frac{1}{\pi}\int_{-\pi}^{\pi}f(x)\,\mathrm{d}x=\frac{1}{\pi}\int_0^{\pi}x(x-\pi)\,\mathrm{d}x=\frac{1}{\pi}\left[\frac{x^3}{3}-\frac{\pi}{2}x^2\right]_0^{\pi}=-\frac{\pi^2}{6}$$

$$a_n=\frac{1}{\pi}\int_{-\pi}^{\pi}f(x)\cos nx\,\mathrm{d}x=\frac{1}{\pi}\int_0^{\pi}x(x-\pi)\cos nx\,\mathrm{d}x$$
$$=\frac{1}{\pi}\left[x^2\frac{\sin nx}{n}\right]_0^{\pi}-\frac{1}{\pi}\int_0^{\pi}2x\frac{\sin nx}{n}\mathrm{d}x-\left[x\frac{\sin nx}{n}\right]_0^{\pi}+\int_0^{\pi}\frac{\sin nx}{n}\mathrm{d}x$$
$$=-\frac{2}{\pi}\left[x\frac{-\cos nx}{n^2}\right]_0^{\pi}+\frac{2}{\pi}\int_0^{\pi}\frac{-\cos nx}{n^2}\mathrm{d}x+\left[\frac{-\cos nx}{n^2}\right]_0^{\pi}$$
$$=2\frac{(-1)^n}{n^2}-\frac{2}{\pi}\left[\frac{\sin nx}{n^3}\right]_0^{\pi}+\frac{1-(-1)^n}{n^2}=\frac{1+(-1)^n}{n^2}$$

$$b_n=\frac{1}{\pi}\int_{-\pi}^{\pi}f(x)\sin nx\,dx=\frac{1}{\pi}\int_0^{\pi}x(x-\pi)\sin nx\,dx$$

$$=\frac{1}{\pi}\left[x^2\frac{-\cos nx}{n}\right]_0^{\pi}-\frac{1}{\pi}\int_0^{\pi}2x\frac{-\cos nx}{n}dx-\left[x\frac{-\cos nx}{n}\right]_0^{\pi}+\int_0^{\pi}\frac{-\cos nx}{n}dx$$

$$=-\pi\frac{(-1)^n}{n}+\frac{2}{\pi}\left[x\frac{\sin nx}{n^2}\right]_0^{\pi}-\frac{2}{\pi}\int_0^{\pi}\frac{\sin nx}{n^2}dx+\pi\frac{(-1)^n}{n}-\left[\frac{\sin nx}{n^2}\right]_0^{\pi}$$

$$=-\frac{2}{\pi}\left[\frac{-\cos nx}{n^3}\right]_0^{\pi}=\frac{2}{\pi}\,\frac{(-1)^n-1}{n^3}$$

$$\therefore\ f(x)=-\frac{\pi^2}{12}+\sum_{n=1}^{\infty}\left[\frac{1+(-1)^n}{n^2}\cos nx-\frac{2}{\pi}\,\frac{1+(-1)^{n-1}}{n^3}\sin nx\right]$$

5.3 $f(x)$ は奇関数なので，$a_n=0$ である．

$$b_n=\frac{2}{\pi}\int_0^{\pi}f(x)\sin nx\,dx=\frac{2}{\pi}\int_0^{\pi}\sin nx\,dx=\frac{2}{\pi}\left[\frac{-\cos nx}{n}\right]_0^{\pi}=\frac{2}{\pi}\,\frac{1-(-1)^n}{n}$$

$$\therefore\ f(x)=\frac{2}{\pi}\sum_{n=1}^{\infty}\frac{1+(-1)^{n-1}}{n}\sin nx=\frac{4}{\pi}\left(\frac{\sin x}{1}+\frac{\sin 3x}{3}+\frac{\sin 5x}{5}+\cdots\right)$$

5.4 $f(x)$ は奇関数なので，$a_n=0$ である．

$$b_n=\frac{2}{\pi}\int_0^{\pi}f(x)\sin nx\,dx=\frac{2}{\pi}\int_0^{\pi}x^2\sin nx\,dx$$

$$=\frac{2}{\pi}\left[x^2\frac{-\cos nx}{n}\right]_0^{\pi}-\frac{2}{\pi}\int_0^{\pi}2x\frac{-\cos nx}{n}dx$$

$$=2\pi\frac{(-1)^{n-1}}{n}+\frac{4}{\pi}\left[x\frac{\sin nx}{n^2}\right]_0^{\pi}-\frac{4}{\pi}\int_0^{\pi}\frac{\sin nx}{n^2}dx$$

$$=2\pi\frac{(-1)^{n-1}}{n}-\frac{4}{\pi}\left[-\frac{\cos nx}{n^3}\right]_0^{\pi}=2\pi\frac{(-1)^{n-1}}{n}+\frac{4}{\pi}\,\frac{(-1)^n-1}{n^3}$$

$$\therefore\ f(x)=\frac{4}{\pi}\sum_{n=1}^{\infty}\left\{\frac{\pi^2}{2}\,\frac{(-1)^{n-1}}{n}-\frac{1+(-1)^{n-1}}{n^3}\right\}\sin nx$$

5.5 $f(x)$ は偶関数なので，$b_n=0$ である．

$$a_0=\frac{2}{\pi}\int_0^{\pi}f(x)\,dx=\frac{2}{\pi}\int_0^{\pi}x^3\,dx=\frac{2}{\pi}\left[\frac{x^4}{4}\right]_0^{\pi}=\frac{\pi^3}{2}$$

$$a_n=\frac{2}{\pi}\int_0^{\pi}f(x)\cos nx\,dx=\frac{2}{\pi}\int_0^{\pi}x^3\cos nx\,dx=\frac{2}{\pi}\left[x^3\frac{\sin nx}{n}\right]_0^{\pi}$$

$$-\frac{2}{\pi}\int_0^{\pi}3x^2\frac{\sin nx}{n}dx$$

$$=-\frac{6}{\pi}\left[x^2\frac{-\cos nx}{n^2}\right]_0^{\pi}+\frac{6}{\pi}\int_0^{\pi}2x\frac{-\cos nx}{n^2}dx$$

$$=6\pi\frac{(-1)^n}{n^2}-\frac{12}{\pi}\left[x\frac{\sin nx}{n^3}\right]_0^{\pi}+\frac{12}{\pi}\int_0^{\pi}\frac{\sin nx}{n^3}dx$$

$$=6\pi\frac{(-1)^n}{n^2}+\frac{12}{\pi}\left[\frac{-\cos nx}{n^4}\right]_0^{\pi}=6\pi\frac{(-1)^n}{n^2}-\frac{12}{\pi}\,\frac{(-1)^n-1}{n^4}$$

$$\therefore\ f(x)=\frac{\pi^3}{4}+\frac{12}{\pi}\sum_{n=1}^{\infty}\left\{\frac{\pi^2}{2}\frac{(-1)^n}{n^2}+\frac{1+(-1)^{n-1}}{n^4}\right\}\cos nx$$

5.6 $f(x)$ は偶関数なので，$b_n=0$ である．

$$a_0=\frac{2}{\pi}\int_0^{\pi}f(x)\,\mathrm{d}x=\frac{2}{\pi}\int_0^{\pi}e^x\,\mathrm{d}x=\frac{2}{\pi}[e^x]_0^{\pi}=\frac{2}{\pi}(e^{\pi}-1)$$

$$a_n=\frac{2}{\pi}\int_0^{\pi}f(x)\cos nx\,\mathrm{d}x=\frac{2}{\pi}\int_0^{\pi}e^x\cos nx\,\mathrm{d}x$$

$$I=\int e^x\cos nx\,\mathrm{d}x=e^x\frac{\sin nx}{n}-\int e^x\frac{\sin nx}{n}\mathrm{d}x$$

$$=\frac{e^x\sin nx}{n}-e^x\frac{-\cos nx}{n^2}+\int e^x\frac{-\cos nx}{n^2}\mathrm{d}x=\frac{e^x(\cos nx+n\sin nx)}{n^2}-\frac{I}{n^2}$$

$$\therefore\ I=\int e^x\cos nx\,\mathrm{d}x=\frac{e^x(\cos nx+n\sin nx)}{n^2+1}$$

$$\therefore\ a_n=\frac{2}{\pi}\left[\frac{e^x(\cos nx+n\sin nx)}{n^2+1}\right]_0^{\pi}=\frac{2}{\pi}\frac{(-1)^n e^{\pi}-1}{n^2+1}$$

$$\therefore\ f(x)=\frac{e^{\pi}-1}{\pi}+\frac{2}{\pi}\sum_{n=1}^{\infty}\frac{(-1)^n e^{\pi}-1}{n^2+1}\cos nx$$

5.7 例題 5.3 の結果に対して，$x=0$ とする．

$$f(0)=\frac{\pi}{2}-\frac{2}{\pi}\sum_{n=1}^{\infty}\frac{1+(-1)^{n-1}}{n^2}=\frac{\pi}{2}-\frac{4}{\pi}\left(\frac{1}{1^2}+\frac{1}{3^2}+\frac{1}{5^2}+\cdots\right)=0$$

$$\therefore\ \sum_{n=1}^{\infty}\frac{1}{(2n-1)^2}=\frac{1}{1^2}+\frac{1}{3^2}+\frac{1}{5^2}+\cdots=\frac{\pi^2}{8}\qquad(=\alpha)$$

$$\sum_{n=1}^{\infty}\frac{1}{n^2}=\frac{1}{1^2}+\frac{1}{2^2}+\frac{1}{3^2}+\cdots\qquad(=\beta)$$

$$=\left(\frac{1}{1^2}+\frac{1}{3^2}+\frac{1}{5^2}+\cdots\right)+\left(\frac{1}{2^2}+\frac{1}{4^2}+\frac{1}{6^2}+\cdots\right)$$

$$=\left(\frac{1}{1^2}+\frac{1}{3^2}+\frac{1}{5^2}+\cdots\right)+\frac{1}{2^2}\left(\frac{1}{1^2}+\frac{1}{2^2}+\frac{1}{3^2}+\cdots\right)=\alpha+\frac{\beta}{4}$$

$$\therefore\ \beta=\sum_{n=1}^{\infty}\frac{1}{n^2}=\frac{4}{3}\alpha=\frac{\pi^2}{6}$$

$$\sum_{n=1}^{\infty}\frac{(-1)^{n-1}}{n^2}=\frac{1}{1^2}-\frac{1}{2^2}+\frac{1}{3^2}-+\cdots=\left(\frac{1}{1^2}+\frac{1}{3^2}+\frac{1}{5^2}+\cdots\right)-\left(\frac{1}{2^2}+\frac{1}{4^2}+\frac{1}{6^2}+\cdots\right)$$

$$=\left(\frac{1}{1^2}+\frac{1}{3^2}+\frac{1}{5^2}+\cdots\right)-\frac{1}{2^2}\left(\frac{1}{1^2}+\frac{1}{2^2}+\frac{1}{3^2}+\cdots\right)=\alpha-\frac{\beta}{4}=\frac{\pi^2}{12}$$

5.8 $T=2$ なので，$\omega=2\pi/T=\pi$ である．

$$a_0=\frac{2}{T}\int_{-T/2}^{T/2}f(t)\,\mathrm{d}t=\int_0^1 t\,\mathrm{d}t=\left[\frac{t^2}{2}\right]_0^1=\frac{1}{2}$$

$$a_n=\frac{2}{T}\int_{-T/2}^{T/2}f(t)\cos n\omega t\,\mathrm{d}t=\int_0^1 t\cos n\pi t\,\mathrm{d}t=\left[t\frac{\sin n\pi t}{n\pi}\right]_0^1-\int_0^1\frac{\sin n\pi t}{n\pi}\mathrm{d}t$$

$$=-\left[\frac{-\cos n\pi x}{(n\pi)^2}\right]_0^1=\frac{(-1)^n-1}{n^2\pi^2}$$

$$b_n=\frac{2}{T}\int_{-T/2}^{T/2}f(t)\sin n\omega t\,\mathrm{d}t=\int_0^1 t\sin n\omega t\,\mathrm{d}t=\left[t\frac{-\cos n\pi t}{n\pi}\right]_0^1-\int_0^1\frac{-\cos n\pi t}{n\pi}\mathrm{d}t$$

$$=-\frac{(-1)^n}{n\pi}+\left[\frac{\sin n\omega x}{(n\omega)^2}\right]_0^1=\frac{(-1)^{n-1}}{n\pi}$$

$$\therefore f(t)=\frac{1}{4}+\frac{1}{\pi}\sum_{n=1}^{\infty}\left\{-\frac{1+(-1)^{n-1}}{n^2\pi}\cos n\pi t+\frac{(-1)^{n-1}}{n}\sin n\pi t\right\}$$

5.9

$$a_0=\frac{2}{T}\int_{-T/2}^{T/2}f(t)\,\mathrm{d}t=\frac{2}{T}\int_0^{T/2}\sin\omega t\,\mathrm{d}t=\frac{2}{T}\left[-\frac{\cos\omega t}{\omega}\right]_0^{T/2}=\frac{2}{\pi}$$

$$a_n=\frac{2}{T}\int_{-T/2}^{T/2}f(t)\cos n\omega t\,\mathrm{d}t=\frac{2}{T}\int_0^{T/2}\sin\omega t\cos n\omega t\,\mathrm{d}t$$

$$=\frac{1}{T}\int_0^{T/2}\{\sin(n+1)\omega t-\sin(n-1)\omega t\}\,\mathrm{d}t$$

$$\therefore\begin{cases}a_1=\dfrac{1}{T}\displaystyle\int_0^{T/2}\sin 2\omega t\,\mathrm{d}t=\dfrac{1}{T}\left[-\dfrac{\cos 2\omega t}{2\omega}\right]_0^{T/2}=0\\ a_n=\dfrac{1}{T}\left[-\dfrac{\cos(n+1)\omega t}{(n+1)\omega}+\dfrac{\cos(n-1)\omega t}{(n-1)\omega}\right]_0^{T/2}=\dfrac{1}{\pi}\dfrac{(-1)^{n-1}-1}{(n-1)(n+1)}\qquad(n\geq 2)\end{cases}$$

$$b_n=\frac{2}{T}\int_{-T/2}^{T/2}f(t)\sin n\omega t\,\mathrm{d}t=\frac{2}{T}\int_0^{T/2}\sin\omega t\sin n\omega t\,\mathrm{d}t$$

$$=-\frac{1}{T}\int_0^{T/2}\{\cos(n+1)\omega t-\cos(n-1)\omega t\}\,\mathrm{d}t$$

$$\therefore\begin{cases}b_1=-\dfrac{1}{T}\displaystyle\int_0^{T/2}(\cos 2\omega t-1)\,\mathrm{d}t=-\dfrac{1}{T}\left[\dfrac{\sin 2\omega t}{2\omega}-t\right]_0^{T/2}=\dfrac{1}{2}\\ b_n=-\dfrac{1}{T}\left[\dfrac{\sin(n+1)\omega t}{(n+1)\omega}-\dfrac{\sin(n-1)\omega t}{(n-1)\omega}\right]_0^{T/2}=0\qquad(n\geq 2)\end{cases}$$

$$\therefore f(t)=\frac{1}{\pi}+\frac{\sin\omega t}{2}-\frac{1}{\pi}\sum_{n=2}^{\infty}\frac{1+(-1)^n}{(n-1)(n+1)}\cos n\omega t$$

$$=\frac{1}{\pi}+\frac{\sin\omega t}{2}-\frac{2}{\pi}\left(\frac{\cos 2\omega t}{1\cdot 3}+\frac{\cos 4\omega t}{3\cdot 5}+\frac{\cos 6\omega t}{5\cdot 7}+\cdots\right)$$

〔第 6 章〕

6.1

$$\int_{-\pi}^{\pi}e^{inx}\,\mathrm{d}x=\int_{-\pi}^{\pi}(\cos nx+i\sin nx)\,\mathrm{d}x$$

$$\therefore \int_{-\pi}^{\pi} e^{inx}\,dx = \begin{cases} \displaystyle\int_{-\pi}^{\pi} 1\,dx = 2\pi & (n=0) \\ \displaystyle\left[\frac{\sin nx}{n} - i\frac{\cos nx}{n}\right]_{-\pi}^{\pi} = 0 & (n=\pm 1, \pm 2, \cdots) \end{cases}$$

6.2

$$c_0 = \frac{1}{2\pi}\int_{-\pi}^{\pi} f(x)\,dx = \frac{1}{2\pi}\int_{-\pi}^{\pi} x\,dx = 0$$

$$c_n = \frac{1}{2\pi}\int_{-\pi}^{\pi} f(x)e^{-inx}\,dx = \frac{1}{2\pi}\int_{-\pi}^{\pi} xe^{-inx}\,dx = \frac{1}{2\pi}\left[x\frac{e^{-inx}}{-in}\right]_{-\pi}^{\pi} - \frac{1}{2\pi}\int_{-\pi}^{\pi}\frac{e^{-inx}}{-in}\,dx$$

$$= \frac{(-1)^n}{-in} - \frac{1}{2\pi}\left[\frac{e^{-inx}}{(-in)^2}\right]_{-\pi}^{\pi} = i\frac{(-1)^n}{n} \qquad (n \neq 0)$$

$$\therefore f(x) = i\sum_{\substack{n=-\infty \\ n\neq 0}}^{\infty} \frac{(-1)^n}{n} e^{inx}$$

6.3

$$c_0 = \frac{1}{2\pi}\int_{-\pi}^{\pi} f(x)\,dx = \frac{1}{2\pi}\int_{-\pi}^{\pi} x^2\,dx = \frac{1}{2\pi}\left[\frac{x^3}{3}\right]_{-\pi}^{\pi} = \frac{\pi^2}{3}$$

$$c_n = \frac{1}{2\pi}\int_{-\pi}^{\pi} f(x)e^{-inx}\,dx = \frac{1}{2\pi}\int_{-\pi}^{\pi} x^2e^{-inx}\,dx = \frac{1}{2\pi}\left[x^2\frac{e^{-inx}}{-in}\right]_{-\pi}^{\pi} - \frac{1}{2\pi}\int_{-\pi}^{\pi} 2x\frac{e^{-inx}}{-in}\,dx$$

$$= -\frac{1}{\pi}\left[x\frac{e^{-inx}}{(-in)^2}\right]_{-\pi}^{\pi} + \frac{1}{\pi}\int_{-\pi}^{\pi}\frac{e^{-inx}}{(-in)^2}\,dx = 2\frac{(-1)^n}{n^2} + \frac{1}{\pi}\left[\frac{e^{-inx}}{(-in)^3}\right]_{-\pi}^{\pi}$$

$$= 2\frac{(-1)^n}{n^2} \qquad (n \neq 0)$$

$$\therefore f(x) = \frac{\pi^2}{3} + 2\sum_{\substack{n=-\infty \\ n\neq 0}}^{\infty} \frac{(-1)^n}{n^2} e^{inx}$$

6.4

$$c_0 = \frac{1}{2\pi}\int_{-\pi}^{\pi} f(x)\,dx = \frac{1}{2\pi}\int_{-\pi}^{\pi} x^3\,dx = 0$$

$$c_n = \frac{1}{2\pi}\int_{-\pi}^{\pi} f(x)e^{-inx}\,dx = \frac{1}{2\pi}\int_{-\pi}^{\pi} x^3e^{-inx}\,dx = \frac{1}{2\pi}\left[x^3\frac{e^{-inx}}{-in}\right]_{-\pi}^{\pi} - \frac{1}{2\pi}\int_{-\pi}^{\pi} 3x^2\frac{e^{-inx}}{-in}\,dx$$

$$= \pi^2\frac{(-1)^n}{-in} - \frac{3}{2\pi}\left[x^2\frac{e^{-inx}}{(-in)^2}\right]_{-\pi}^{\pi} + \frac{3}{2\pi}\int_{-\pi}^{\pi} 2x\frac{e^{-inx}}{(-in)^2}\,dx$$

$$= \pi^2\frac{(-1)^n}{-in} + \frac{3}{\pi}\left[x\frac{e^{-inx}}{(-in)^3}\right]_{-\pi}^{\pi} - \frac{3}{\pi}\int_{-\pi}^{\pi}\frac{e^{-inx}}{(-in)^3}\,dx$$

$$= \pi^2\frac{(-1)^n}{-in} + 6\frac{(-1)^n}{(-in)^3} - \frac{3}{\pi}\left[\frac{e^{-inx}}{(-in)^4}\right]_{-\pi}^{\pi} = i(-1)^n\left(\frac{\pi^2}{n} - \frac{6}{n^3}\right) \qquad (n \neq 0)$$

$$\therefore f(x) = i\sum_{\substack{n=-\infty \\ n\neq 0}}^{\infty} (-1)^n\left(\frac{\pi^2}{n} - \frac{6}{n^3}\right)e^{inx}$$

6.5

$$c_n=\frac{1}{2\pi}\int_{-\pi}^{\pi}f(x)e^{-inx}\,\mathrm{d}x=\frac{1}{2\pi}\int_{-\pi}^{0}e^{-x}e^{-inx}\,\mathrm{d}x+\frac{1}{2\pi}\int_{0}^{\pi}e^{x}e^{-inx}\,\mathrm{d}x$$
$$=\frac{1}{2\pi}\left[\frac{e^{-x}e^{-inx}}{-(1+in)}\right]_{-\pi}^{0}+\frac{1}{2\pi}\left[\frac{e^{x}e^{-inx}}{1-in}\right]_{0}^{\pi}=-\frac{1}{2\pi}\frac{1-(-1)^{n}e^{\pi}}{1+in}+\frac{1}{2\pi}\frac{(-1)^{n}e^{\pi}-1}{1-in}$$
$$=\frac{1}{\pi}\frac{(-1)^{n}e^{\pi}-1}{1+n^{2}}$$
$$\therefore\ f(x)=\sum_{n=-\infty}^{\infty}c_ne^{inx}-\frac{1}{\pi}\sum_{n=-\infty}^{\infty}\frac{(-1)^{n}e^{\pi}-1}{n^{2}+1}e^{inx}$$

〔第7章〕

7.1

$$F(\omega)=\frac{1}{\sqrt{2\pi}}\int_{-\infty}^{\infty}f(t)e^{-i\omega t}\,\mathrm{d}t=\frac{1}{\sqrt{2\pi}}\int_{0}^{1}e^{-i\omega t}\,\mathrm{d}t=\frac{1}{\sqrt{2\pi}}\left[\frac{e^{-i\omega t}}{-i\omega}\right]_{0}^{1}=\frac{i}{\sqrt{2\pi}}\frac{e^{-i\omega}-1}{\omega}$$

7.2

$$F(\omega)=\frac{1}{\sqrt{2\pi}}\int_{-\infty}^{\infty}f(t)e^{-i\omega t}\,\mathrm{d}t=\frac{1}{\sqrt{2\pi}}\int_{0}^{1}te^{-i\omega t}\,\mathrm{d}t=\frac{1}{\sqrt{2\pi}}\left[t\frac{e^{-i\omega t}}{-i\omega}\right]_{0}^{1}-\frac{1}{\sqrt{2\pi}}\int_{0}^{1}\frac{e^{-i\omega t}}{-i\omega}\mathrm{d}t$$
$$=\frac{i}{\sqrt{2\pi}}\frac{e^{-i\omega}}{\omega}-\frac{1}{\sqrt{2\pi}}\left[\frac{e^{-i\omega t}}{(-i\omega)^{2}}\right]_{0}^{1}=\frac{i}{\sqrt{2\pi}}\frac{e^{-i\omega}}{\omega}+\frac{1}{\sqrt{2\pi}}\frac{e^{-i\omega}-1}{\omega^{2}}$$
$$=\frac{1}{\sqrt{2\pi}}\frac{(1+i\omega)e^{-i\omega}-1}{\omega^{2}}$$

7.3 $f(t)$ は奇関数である.

$$\therefore\ F'(\omega)=\sqrt{\frac{2}{\pi}}\int_{0}^{\infty}f(t)\sin\omega t\,\mathrm{d}t=\sqrt{\frac{2}{\pi}}\int_{0}^{1}\sin\omega t\,\mathrm{d}t=\sqrt{\frac{2}{\pi}}\left[-\frac{\cos\omega t}{\omega}\right]_{0}^{1}$$
$$=\sqrt{\frac{2}{\pi}}\frac{1-\cos\omega}{\omega}$$
$$\therefore\ F(\omega)=-iF'(\omega)=-i\sqrt{\frac{2}{\pi}}\frac{1-\cos\omega}{\omega}$$

7.4 $f(t)$ は奇関数である.

$$\therefore\ F'(\omega)=\sqrt{\frac{2}{\pi}}\int_{0}^{\infty}f(t)\sin\omega t\,\mathrm{d}t=\sqrt{\frac{2}{\pi}}\int_{0}^{\pi}\sin t\sin\omega t\,\mathrm{d}t$$
$$=-\frac{1}{\sqrt{2\pi}}\int_{0}^{\pi}\{\cos(1+\omega)t-\cos(1-\omega)t\}\,\mathrm{d}t$$
$$=-\frac{1}{\sqrt{2\pi}}\left[\frac{\sin(1+\omega)t}{1+\omega}-\frac{\sin(1-\omega)t}{1-\omega}\right]_{0}^{\pi}$$
$$=-\frac{1}{\sqrt{2\pi}}\left\{\frac{1}{1+\omega}\sin[\pi(1+\omega)]-\frac{1}{1-\omega}\sin[\pi(1-\omega)]\right\}$$

$$=-\frac{1}{\sqrt{2\pi}}\left\{\frac{1}{1+\omega}(-\sin\pi\omega)-\frac{1}{1-\omega}\sin\pi\omega\right\}=\sqrt{\frac{2}{\pi}}\frac{1}{(1+\omega)(1-\omega)}\sin\pi\omega$$

$$\therefore\ F(\omega)=-iF'(\omega)=-i\sqrt{\frac{2}{\pi}}\frac{1}{(1+\omega)(1-\omega)}\sin\pi\omega$$

7.5 $f(t)$ は偶関数である.

$$\therefore\ F(\omega)=\sqrt{\frac{2}{\pi}}\int_0^\infty f(t)\cos\omega t\,\mathrm{d}t=\sqrt{\frac{2}{\pi}}\int_0^1 t^2\cos\omega t\,\mathrm{d}t$$

$$=\sqrt{\frac{2}{\pi}}\left[t^2\frac{\sin\omega t}{\omega}\right]_0^1-\sqrt{\frac{2}{\pi}}\int_0^1 2t\frac{\sin\omega t}{\omega}\mathrm{d}t$$

$$=\sqrt{\frac{2}{\pi}}\frac{\sin\omega}{\omega}-2\sqrt{\frac{2}{\pi}}\left[t\frac{-\cos\omega t}{\omega^2}\right]_0^1+2\sqrt{\frac{2}{\pi}}\int_0^1\frac{-\cos\omega t}{\omega^2}\mathrm{d}t$$

$$=\sqrt{\frac{2}{\pi}}\frac{\sin\omega}{\omega}+2\sqrt{\frac{2}{\pi}}\frac{\cos\omega}{\omega^2}-2\sqrt{\frac{2}{\pi}}\left[\frac{\sin\omega t}{\omega^3}\right]_0^1$$

$$=\sqrt{\frac{2}{\pi}}\frac{\sin\omega}{\omega}+2\sqrt{\frac{2}{\pi}}\frac{\cos\omega}{\omega^2}-2\sqrt{\frac{2}{\pi}}\frac{\sin\omega}{\omega^3}$$

$$=\sqrt{\frac{2}{\pi}}\frac{(\omega^2-2)\sin\omega+2\omega\cos\omega}{\omega^3}$$

7.6 $f(t)$ は偶関数である.

$$\therefore\ F(\omega)=\sqrt{\frac{2}{\pi}}\int_0^\infty f(t)\cos\omega t\,\mathrm{d}t=\sqrt{\frac{2}{\pi}}\int_0^\infty e^{-t}\cos\omega t\,\mathrm{d}t$$

$$I=\int_\infty e^{-t}\cos\omega t\,\mathrm{d}t=e^{-t}\frac{\sin\omega t}{\omega}-\int(-e^{-t})\frac{\sin\omega t}{\omega}\mathrm{d}t$$

$$=\frac{e^{-t}\sin\omega t}{\omega}+e^{-t}\frac{-\cos\omega t}{\omega^2}-\int(-e^{-t})\frac{-\cos\omega t}{\omega^2}\mathrm{d}t$$

$$=-\frac{e^{-t}(\cos\omega t-\omega\sin\omega t)}{\omega^2}-\frac{I}{\omega^2}$$

$$\therefore\ I=\int e^{-t}\sin\omega t\,\mathrm{d}t=-\frac{e^{-t}(\cos\omega t-\omega\sin\omega t)}{1+\omega^2}$$

$$\therefore\ F(\omega)=\sqrt{\frac{2}{\pi}}\left[-\frac{e^{-t}(\cos\omega t-\omega\sin\omega t)}{1+\omega^2}\right]_0^\infty=\sqrt{\frac{2}{\pi}}\frac{1}{1+\omega^2}$$

7.7 演習問題 7.3 の結果をフーリエ逆変換する.

$$f(t)=\sqrt{\frac{2}{\pi}}\int_0^\infty F'(\omega)\sin\omega t\,\mathrm{d}\omega=\sqrt{\frac{2}{\pi}}\int_0^\infty\sqrt{\frac{2}{\pi}}\frac{1-\cos\omega}{\omega}\sin\omega t\,\mathrm{d}\omega$$

$$=\begin{cases}\dfrac{t}{|t|} & (0<|t|<1)\\[2mm] \dfrac{t}{2|t|} & (|t|=1)\\[2mm] 0 & (t=0,|t|>1)\end{cases}$$

$$\therefore\ f(1)=\frac{2}{\pi}\int_0^\infty \frac{(1-\cos\omega)\sin\omega}{\omega}\,\mathrm{d}\omega=\frac{1}{2}$$

$$\therefore\ \int_0^\infty \frac{(1-\cos\omega)\sin\omega}{\omega}\,\mathrm{d}\omega=\frac{\pi}{4}$$

7.8 $f(t)$ を偶関数とすると，そのフーリエ余弦変換 $F(\omega)$ も偶関数となる．

$$\therefore\ F(\omega)=\sqrt{\frac{2}{\pi}}\int_0^\infty f(t)\cos\omega t\,\mathrm{d}t=\sqrt{\frac{2}{\pi}}e^{-|\omega|}$$

さらに，フーリエ逆変換すると，次が得られる．

$$f(t)=\sqrt{\frac{2}{\pi}}\int_0^\infty F(\omega)\cos\omega t\,\mathrm{d}\omega=\sqrt{\frac{2}{\pi}}\int_0^\infty\sqrt{\frac{2}{\pi}}e^{-\omega}\frac{e^{i\omega t}+e^{-i\omega t}}{2}\mathrm{d}\omega$$

$$=\frac{1}{\pi}\left[\frac{e^{-\omega}e^{i\omega t}}{-(1-it)}+\frac{e^{-\omega}e^{-i\omega t}}{-(1+it)}\right]_0^\infty=\frac{1}{\pi}\left(\frac{1}{1-it}+\frac{1}{1+it}\right)=\frac{2}{\pi}\frac{1}{1+t^2}$$

7.9 $f(t)$ を奇関数とすると，そのフーリエ正弦変換 $F'(\omega)$ も奇関数となる．

$$\therefore\ F'(\omega)=\sqrt{\frac{2}{\pi}}\int_0^\infty f(t)\sin\omega t\,\mathrm{d}t=\begin{cases}\sqrt{\dfrac{2}{\pi}}\dfrac{\omega}{|\omega|}e^{-|\omega|} & (|\omega|>0)\\ 0 & (\omega=0)\end{cases}$$

さらに，フーリエ逆変換すると，次が得られる．

$$f(t)=\sqrt{\frac{2}{\pi}}\int_0^\infty F'(\omega)\sin\omega t\,\mathrm{d}\omega=\sqrt{\frac{2}{\pi}}\int_0^\infty\sqrt{\frac{2}{\pi}}e^{-\omega}\frac{e^{i\omega t}-e^{-i\omega t}}{2i}\mathrm{d}\omega$$

$$=\frac{1}{i\pi}\left[\frac{e^{-\omega}e^{i\omega t}}{-(1-it)}-\frac{e^{-\omega}e^{-i\omega t}}{-(1+it)}\right]_0^\infty=\frac{1}{i\pi}\left(\frac{1}{1-it}-\frac{1}{1+it}\right)=\frac{2}{\pi}\frac{t}{1+t^2}$$

索　　引

ナ　行

ハ　行

マ　行

ヤ　行

ラ　行

著者略歴

かじ かわ かず ひろ
杙 川 一 弘

1968年 神奈川県に生まれる
1992年 九州大学大学院工学研究科修士課程修了
現　在 九州大学大学院システム情報科学研究院
准教授・博士（工学）

かな や はる いち
金 谷 晴 一

1967年 山口県に生まれる
1994年 九州大学大学院工学研究科博士課程修了
現　在 九州大学大学院システム情報科学研究院
准教授・博士（工学）

電気電子工学シリーズ 17
ベクトル解析とフーリエ解析　　定価はカバーに表示

2007年11月30日　初版第1刷
2021年 3月25日　　第10刷

著　者　杙　川　一　弘
　　　　金　谷　晴　一
発行者　朝　倉　誠　造
発行所　株式会社　朝　倉　書　店
東京都新宿区新小川町6-29
郵便番号　162-8707
電　話　03（3260）0141
FAX　03（3260）0180
http://www.asakura.co.jp

〈検印省略〉

ISBN 978-4-254-22912-7　C 3354